# 自愈型配电网安全运行
# 主动控制理论

盛万兴　宋晓辉　孟晓丽　著

科学出版社

北京

# 内 容 简 介

本书阐述了自愈型配电网的基本特征以及配电网安全运行主动控制理论，主要内容包含三部分：一是自愈型配电网安全运行主动控制技术体系、主动控制模型等；二是基于主动控制模型的配电网故障诊断与阻断方法，以及基于多源信息融合的可信故障诊断方法；三是自愈型配电网风险辨识理论和方法、风险挖掘理论和方法、含分布式电源的配电网风险评估方法等。

本书适合电力系统及其自动化、配电网等领域的科研与开发人员以及相关专业的学生使用。

**图书在版编目（CIP）数据**

自愈型配电网安全运行主动控制理论 / 盛万兴，宋晓辉，孟晓丽著. —北京：科学出版社，2019.6
　ISBN 978-7-03-060228-2

Ⅰ.①自… Ⅱ.①盛… ②宋… ③孟… Ⅲ.①配电系统-电力系统运行-安全控制论 Ⅳ.①TM727

中国版本图书馆 CIP 数据核字（2018）第 291778 号

责任编辑：裴　育　陈　婕　纪四稳 / 责任校对：彭珍珍
责任印制：师艳茹 / 封面设计：陈　敬

科学出版社 出版
北京东黄城根北街 16 号
邮政编码：100717
http://www.sciencep.com

北京中科印刷有限公司 印刷
科学出版社发行　各地新华书店经销

\*

2019 年 6 月第　一　版　　开本：720×1000 1/16
2024 年 1 月第二次印刷　　印张：17 1/2
字数：340 000
定价：150.00 元

（如有印装质量问题，我社负责调换）

# 前　言

经过大规模建设改造，我国配电网规模已居世界首位，从单辐射、少联络网络向多分段多联络的有源网络转变，安全运行形势日益复杂、严峻。近年来，国内外城市配电网安全事故引发的大面积停电及人身损害、设备损毁、爆炸、火灾等公共安全事件，社会危害严重、经济损失巨大。保障配电网安全特别是城市配电网安全运行，对社会经济发展、公共安全具有重要意义，因此十分迫切需要全面提升我国配电网安全运行水平。

风险和故障是导致配电网安全运行事故的主要原因。传统配电网安全运行防御以事后的故障控制与供电恢复为主，属于被动防御。在国家自然科学基金项目(51177152、51377148)和国家电网公司科技计划项目支持下，作者提出自愈型配电网安全运行主动控制理论，构建"事前预防风险演变-事中阻断故障连锁-事后快速供电恢复"的自愈型配电网安全运行三级主动防御控制体系，以期促进配电网安全运行技术进步，实现配电网控制技术由被动控制到主动防御的转变，为我国配电网安全运行尽绵薄之力。

本书是中国电力出版社出版的《智能配电网自愈控制基础》一书的姊妹篇，是作者对近 20 年配电网运行控制研究及工程实践的总结。全书共 10 章。第 1 章绪论，阐述配电网主动控制的概念、体系和功能特征；第 2 章介绍配电网层次递阶主动控制模型，针对配电网点多面广、规模大及智能化发展要求，阐述基于多智能体技术的配电网主动控制模型及其关键环节；第 3 章是第 2 章的延续，阐述风险控制、紧急控制、优化控制、恢复控制等主动控制关键技术的概念、特征及主要内容等；第 4～6 章阐述故障诊断与控制技术，其中第 4 章介绍分布-集中协同的配电网故障处置理论及其在短路故障处置中的应用技术；第 5 章基于分布-集中协同故障处置理论，介绍单相接地、断线故障的处置技术及应用模式；第 6 章针对连锁故障的诊断与处置技术进行探索；第 7 章阐述多源信息在主动控制中的应用方法，起承上启下作用，一方面支撑故障诊断、提高故障诊断精度，另一方面为风险辨识提供技术支撑；第 8～10 章阐述风险辨识与预警技术，其中第 8 章提出配电网风险的概念及风险挖掘理论、三层风险挖掘技术体系；第 9 章重点阐述大规模分布式电源并网及电动汽车充放电条件下的配电网风险辨识技术；第 10 章阐述配电网运行风险的高效预防控制技术。

　　本书由盛万兴博士统稿，其中，盛万兴博士撰写了第 1、2、4、8 章；宋晓辉高级工程师撰写了第 5、7、9 章，孟晓丽高级工程师撰写了第 3、6、10 章。在本书的撰写过程中，研究团队成员张瑜、李雅洁、李建芳、高菲、赵珊珊等参与了部分章节的撰写、文字和图形整理工作，在此表示感谢。此外，本书参考了一些刊物上已公开发表的文献资料，在此对这些文献的作者表示衷心感谢。

　　由于作者水平所限，书中难免存在不妥之处，敬请广大读者批评指正。

作　者

2018 年 10 月于中国电力科学研究院

# 目　　录

# 第1章 绪  论

## 1.1 配电网结构特征与发展趋势

经过多次大规模配电网建设改造以及分布式电源、以电动汽车充放电为代表的柔性负荷的接入，我国配电网得到了较快发展，逐渐成为具有复杂结构、复杂运行方式和复杂环境特征的有源智能供电系统。

配电网结构演变大致经历了以下几种结构形态。

1) 辐射结构

辐射结构是配电网发展的最初结构形态，如图 1.1 所示。辐射结构具有单电源、无联络、串联供电、运行方式单一等特征，其控制设备为不具有遥测和遥控功能的普通开关和重合闸，主要目标为满足基本用电需求，保障一定的供电可靠性，可靠率为 99.2%～99.9%，年户均停电时间为 8～70h。在运行控制分析方面，它侧重于简单的保护控制，主要采用变电站出口主保护和重合闸配合的方式实现。

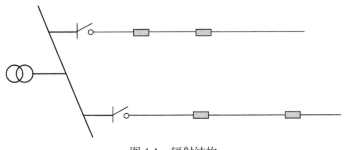

图 1.1  辐射结构

2) 手拉手联络结构

手拉手联络结构(图 1.2)，又称单环网、双环网结构。相对于辐射结构，手拉手联络结构有如下特征：

(1) 双电源、单联络。

(2) 遥测/遥控功能的开关、重合闸。

(3) 闭环设计、开环运行。

(4) 运行方式可调。

该结构在实现有电可用的基础上，可提高供电可靠率。供电可靠率通常为 99.9%～99.99%，年户均停电时间为 50min～8h。

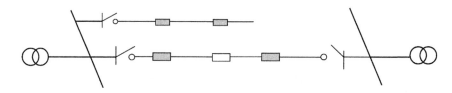

图 1.2 手拉手联络结构

手拉手联络结构运行安全保护的主要技术手段是馈线自动化,自动实现故障诊断和隔离。

3) 多分段多联络结构

多分段多联络结构是在手拉手联络结构的基础上增加了分段和联络电源,其基本特征如下:

(1) 3～5 分段、多电源。

(2) 具有一定的自动化装备。

(3) 网-荷相互影响、作用复杂。

(4) 运行方式多样。

多分段多联络结构在实现自动化的基础上,使供电可靠率达到 99.99%～99.999%,年户均停电时间为 5～50min,其实现的技术手段主要是高级配电自动化。

4) 网络状结构

网络状结构相对于多分段多联络结构更加复杂,其供电区域、关键供电节点可以从多个方向取得供电电源,其基本特征如下:

(1) 节点多电源相连。

(2) 具有智能化装备。

(3) 网-荷高度耦合。

(4) 运行方式灵活。

网络状结构供电可靠率可达到 99.999%～99.9999%,年户均停电时间为 30s～5min。当供电可靠率达到 99.995%以上时,结构、设备对提高供电可靠性的作用降低,运行控制对提升可靠性的作用突出。网络状结构运行控制的实现技术手段包括自愈控制、智能分析与控制。

随着分布式电源的发展,配电网将逐步成为有源网络。源-网-荷、多级配电网间交互复杂,特别是大型城市配电网,结构、运行、控制等日益复杂,逐渐呈现"3C(complex)"特征:①网络拓扑多分段、多联络,结构复杂;②与上级输电网及下级用户高度耦合,环境复杂;③运行方式多样且多变,运行复杂,这导致故障诊断与处理、运行控制困难,因此亟须改变传统的事故发生后被动处理和响应方式,以实现安全运行的主动控制。

## 1.2 自愈型配电网安全运行主动控制的概念

自愈型配电网是指具有自愈特征、可以自己"治愈"自己的配电网,即通过连续不断地评估从而发现、分析问题,再采取正确措施来解决问题,需要时还可快速恢复配电网中某些部件,以实现配电网的安全、可靠运行。

自愈型配电网的安全和可靠是两个紧密相关而又不完全相同且有不同内涵的概念。安全强调不出现人身、火灾等公共安全及大面积停电事故,而可靠是综合衡量电能质量合格与否以及中断供电时间长短,两者并不相同。从指标上看,供电可靠率较高时,仍可能发生严重安全事故,而安全事故多发甚至严重时,也可能会有较高的供电可靠率。

配电网安全运行主动控制是在配电网运行过程中,采取必需的分析、控制技术手段,提前、主动介入配电网运行,防范配电网发生大面积停电以及人身、火灾、设备损毁等公共安全事故。

配电网安全运行主动控制技术的关键是提前发现存在的安全隐患并将其快速处置,以态势感知、虚拟测量、风险预警、状态检修、安全防护、优化控制、在线辅助决策等技术为支撑,有效阻断配电网大面积停电演化过程,消除或减小事故影响,防范公共安全和大面积停电,提高供电可靠性。

配电网安全运行主动控制的作用主要体现在以下四个方面:

(1) 提升配电网抵御风险和应对故障的能力,减少年户均停电时间。

(2) 有效减少因停电造成的设备损毁、产品报废损失。

(3) 提升配电网光伏发电、风力发电等分布式电源的接纳能力,促进新能源发展与利用。

(4) 改变依靠重复建设提高供电可靠性的配电网发展方式,促进配电网安全优质、经济高效的发展。

配电网安全运行主动控制是一个综合性问题,涉及配电网结构,以及配电自动化、信息化、运维等各个方面,是一个极其复杂的系统工程。

## 1.3 配电网安全运行主动控制的技术体系

大量配电网安全事故发生都存在两个共同点:①潜在风险未能及时识别,突破边界发生故障;②故障未及时控制,持续传导至配电网薄弱环节,形成连锁、大面积停电事故(如图 1.3 所示)。不同的中间状态均具有一定的特征,事故状态向下一状态转移具有从秒级到分钟/小时级的时间间隔,在技术特征和时间上为实现主动控制提供了基本条件。

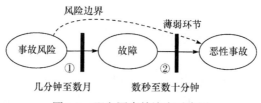

图 1.3　配电网事故演变示意图

图 1.4 给出了"事前预防风险演变-事中阻断故障连锁-事后快速供电恢复"的配电网安全运行三级主动防御控制体系,一级防御通过在线风险辨识与预防,避免潜在风险向故障转化及人身触电、火灾等安全事故发生;二级防御通过故障精确诊断与快速阻断,避免大面积停电和故障危害扩大;三级防御通过自愈控制,快速恢复供电,使配电网回到正常运行状态。

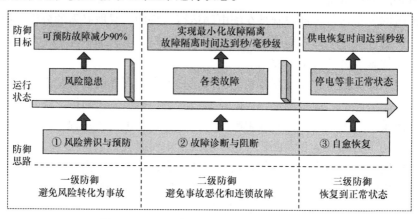

图 1.4　配电网安全运行主动防御控制体系

## 1.4　配电网安全运行主动控制的功能特征

配电网安全运行主动控制主要实现以下功能:配电网状态监测及状态评估,配电网事故预警及动态故障诊断,配电网风险预防控制,配电网事故处理及安全防护,配电网自然灾害应对,配电网的智能分析、仿真、计算及决策等。配电网安全运行主动控制的功能特征主要体现在事故的预见性和及时性、防御的动态性、控制的自适应优化性、时空综合协调性,以及应急预案的前瞻性,具体体现在以下几个方面:

(1) 配电网主动控制对配电网事故前的征兆和典型特征具有良好的预见性和及时性,能及时发现配电网运行的异常现象或薄弱环节,并进行及时预警。

(2) 配电网主动控制的功能既涉及配电网静态分析方面的问题,也支持对实际已发生的动态行为的分析以及对潜在动态行为的预测和决策。

(3) 在配电网预防控制和紧急控制过程中,能不断地跟踪配电网拓扑和工况的变化，及时更新最优决策，具有自适应优化的功能特性。

(4) 在自适应优化的基础上，配电网的主动控制还能实现各控制功能之间的时空协调，在大面积停电演化过程的不同阶段能最大限度地缓解或终止电力灾变。

(5) 配电网的主动控制在配电网规划、建设、运营、维护及管理等方面的应急预案的制定，为事故的预防、灾害应对以及事故后的快速恢复提供了指导，具有前瞻性的功能特性。

1) 配电网状态监测及状态评估

灾害的发生及其演变过程中，需要识别配电网的各类异常运行状态，根据配电网的实时运行信息以及外部灾害信息，判断设备或配电网异常运行状态与外部灾害的关联性。配电网主动控制在实现配电网安全稳定实时预警的同时，可进行配电网运行状态监测与评估，实现配电网实时监视功能和超前预警功能，为配电网调度运行人员防范配电网运行状态越限提供决策建议。

2) 配电网事故预警及动态故障诊断

配电网安全运行主动控制可根据配电网运行信息、环境变化信息，在配电网状态评估的基础上，对配电网可能出现的故障、问题提出警告及处理措施；对已出现的故障快速诊断出故障类型、故障位置及故障影响等。

3) 配电网风险预防控制

配电网安全运行主动控制根据配电网运行状态及配电网预警情况，对配电网进行控制调节，以避免事故的发生或使发生的故障对配电网的影响、危害降到最小。

4) 配电网事故处理及安全防护

按照采集到的实际工况，搜索并刷新最优的紧急控制决策。在配电网发生故障时，能可靠捕捉完整的暂态和动态过程，正确判断故障的具体场景，提取深层知识以支持调度决策。

5) 配电网自然灾害应对

在故障发生后，采用限制事故范围、防止事故扩大、减小事故影响及损失的控制措施，并尽快恢复供电。在配电网灾害发生前，采取预防控制，在配电网灾害发生后，统筹考虑社会经济、配电网资源，兼顾全局与局部利益，采取限制事故范围、防止事故扩大、减小事故影响及损失的控制措施，确保重要负荷的持续供电，并分级、分区逐步恢复配电网供电。

6) 配电网的智能分析、仿真、计算及决策

配电网安全运行主动控制体系的一个重要体现是决策智能化。衡量智能化的一个重要标准是：所做出的决策是否能随着环境变化而变化，并将未来可能发生的事件也作为决策的一部分加以考虑。配电网主动控制中的智能决策具有处理不确定事件的能力，能识别环境中随时发生的各种事件及可能发生的事件，通过搜索找到最优安全控制方案。

# 第2章　配电网层次递阶主动控制模型

## 2.1　配电网主动控制顶层结构

**1. 配电网主动控制层次结构设计**

配电网是一个复杂的大系统，具有规模庞大、结构复杂、功能综合、影响因素众多等特点。配电网主动控制考虑的因素较多，涉及配电网的各个方面，可以采用分层分布控制体系。该控制体系由相互嵌套和衔接的多个部分组成，包括：

(1) 监测/保护层。

(2) 局部区域主动控制层，主要实现与变电站自动化、配电自动化的协调应用。

(3) 全局主动控制层，位于配电网调度控制中心，处于协调层的配电网监控系统，实现与调度自动化、地理信息系统(GIS)等的协调应用。

(4) 应用分析与信息交互层。

数据流、业务流贯穿各个层次，各个层次有机结合起来组成配电网主动控制系统，如图 2.1 所示。

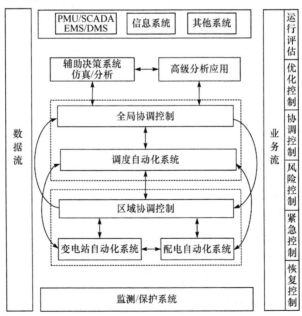

图 2.1　配电网主动控制系统架构设计图

PMU 代表相量测量单元；SCADA 代表数据采集与监控系统；EMS 代表能量管理单元；DMS 代表配电管理单元

2. 配电网主动控制功能设计

配电网主动控制主要包括以下内容。

(1) 配电网主动控制系统。

(2) 配电网主动控制应用，包括：

① 配电网状态监测及状态评估。

② 配电网运行优化。

③ 配电网事故预警及动态故障诊断。

④ 配电网风险预防控制。

⑤ 配电网事故及自然灾害应对。

⑥ 配电网仿真及决策。

(3) 配电网主动控制需要的五种支撑如下：

① 配用电统一信息支撑平台(含用户用电信息采集平台)。

② 配电网分析与仿真平台。

③ 变电站自动化、配电自动化、调度自动化、抄表自动化及分布式电源自动化等自动化系统。

④ 配电网通信系统。

⑤ 配电网电源管理单元装置。

以上内容可以概括为一套系统、五种支撑、六项应用，如图 2.2 所示。

配电网主动控制包括六种基本控制：①直接控制；②最优化控制；③风险预防控制；④紧急控制；⑤恢复控制；⑥协调控制。

(1) 直接控制对应配电网的二次保护及操作设备，是主动控制的快速反应和各应用功能的操作指令执行层。

(2) 最优化控制对应配电网的正常运行状态，是配电网的常态控制。当配电网处于正常运行状态时，最优化控制通过仿真、优化，提出配电网更经济、更安全可靠的运行方式，并通过直接控制将配电网调整到优化运行状态。

(3) 风险预防控制是指当配电网介于故障与正常运行状态时，采取使配电网恢复到正常运行状态或者减少配电网事故发生范围的控制措施，主要针对过负荷、过热、过电压、设备隐故障以及即将发生的自然灾害等风险运行状态进行控制。

(4) 紧急控制是故障发生过程中采用的主动控制措施。对于发生过程极短的故障，紧急控制通常由直接控制完成；对于发生过程相对较长的故障，紧急控制根据事故发展变化的不同情况、不同阶段，采取相应的措施避免事故的恶化，减小事故影响范围。

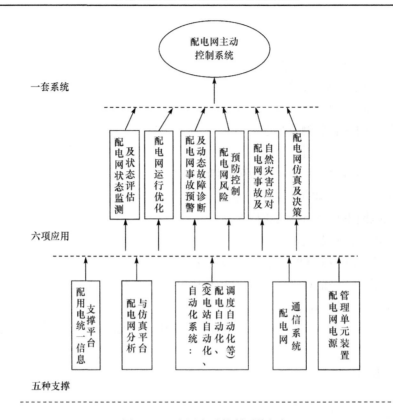

图 2.2 配电网主动控制系统框架

(5) 恢复控制是配电网事故后采取的减少停电损失、快速恢复供电的主动控制措施。对局部临时性故障的恢复，一般可通过重合闸、开关快速关合实现；对于局部非临时性故障，一般需要进行负荷的转移、转供；对于大面积停电事故，需要综合考虑社会影响、用户重要程度、负荷分布等多种因素，有步骤地恢复供电。

(6) 协调控制的主要功能是评估配电网状态，协调最优化控制、风险/预防控制、紧急控制、恢复控制之间的关系，将需要开展的应用指令发送到相关控制功能层，并协调与外部环境(操作员、气象条件、上级调度等)的关系。

3. 配电网主动控制逻辑

配电网主动控制采用并行双环控制逻辑。并行双环包括：

(1) 慢速全局响应环和快速局部控制环；

(2) 短周期功能环和长周期功能环。

局部控制环具有毫秒级的响应速度，对应于控制保护装置和变电站自动化系统，采取全局控制方案与局部控制功能协调的方法，执行具体的控制保护动作。全局响应环具有秒级、分钟以上数量级的慢速方案形成过程，以全局测量为基础，从系统的视野制订适应配电网变化的控制方案。

短周期功能环主要针对紧急控制，特别是局部事故的控制，需要快速完成检测、诊断及决策等各项业务。长周期功能环主要针对优化控制、风险控制，对时间要求不是很严格，完成检测、诊断及决策等各项业务的周期可以较长。

图 2.3 为配电网主动控制采用并行双环控制逻辑的示意图。

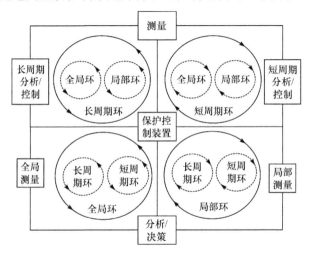

图 2.3　配电网主动控制采用并行双环控制逻辑的示意图

## 2.2　配电网递阶主动控制结构模型

主动控制结构采用大系统"递阶控制"结构方案，或者说是"多级控制"结构方案。结合配电网实际，采用如图 2.4 所示多级主动控制结构方案。

主动控制多级控制结构方案具有以下特征：

(1) 控制递阶。采取"上级-下级"的分级递阶式控制结构，其中各分散的低层局控级智能体(Agent)，分别对相应的子系统进行局部控制；各高层局控级 Agent 对相应的子系统进行直接控制，并对相应的低层局控级 Agent 进行协调控制；各中间控制级 Agent 对相应的子系统进行直接控制，并对相应的高层局控级 Agent

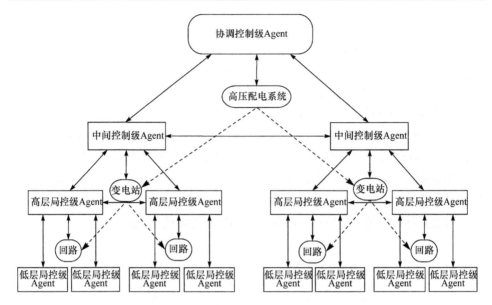

图 2.4  配电网多级主动控制结构方案

进行协调控制；协调控制级 Agent 对中间控制级 Agent 进行协调控制。

(2) 监测递阶。分散的低层局控级 Agent 分别监测相应的局部配电系统；各高层局控级 Agent 分别监测相应的中压或高压出线回路；各中间控制级 Agent 分别监测相应的变电站及其二次侧出线；而协调控制级 Agent 监测整个配电系统。上级 Agent 可获得相应下级 Agent 监测的所有数据，并可获得经下级 Agent 处理过的信息。

(3) 信息流递阶。信息传递以协调控制级 Agent—中间控制级 Agent—高层局控级 Agent—低层局控级 Agent 之间的纵向递阶传递为主，传递的信息包括监测信息、上级对下级的指令以及下级对上级的报告等。

(4) 分程协调。高层局控级 Agent、中间控制级 Agent 及协调控制级 Agent 均分为长程协调和短程协调。长程协调包括战略协调、较长周期协调以及全局协调，短程协调包括方案/措施协调、相对较短周期协调以及局部协调。

(5) 分层局控。按功能分层控制。

(6) 全局反馈。协调控制级 Agent、中间控制级 Agent 可直接获得配电网的全局信息，并可获得经高层局控级 Agent、低层局控级 Agent 上报的信息，可以有效提高控制的有效性、快速性。

(7) 同级通信。主要是中间控制级 Agent 间的通信、高层局控级 Agent 间的通信，低层局控级 Agent 间的通信则较少。

各级 Agent 对应装置、位置、供电系统如下：

(1) 低层局控级 Agent 对应 110kV 及以下线路上(变电站之外)的监测、控制等装置。35～110kV 线路主要对应数字化线路上的安装设备。10～20kV 线路主要对应配电站、分段开关、分支开关、配电变压器(简称配变)等处，监测、控制相应的装置、局部配电系统。

在无须设置低层局控级 Agent 或不具备设置低层局控级 Agent 的条件下，可取消低层局控级 Agent。

(2) 高层局控级 Agent 对应 110kV 及以下线路，安装于变电站的各回线路出线处(开关柜、出线开关装置)，负责对应回路的监测、控制及该回路上低层局控级 Agent 的协调、控制，此方案相当于各高级局控级 Agent 分布布置；也可以在变电站服务器设置虚拟 Agent 实现上述功能，但仍要求出线路回路装设智能开关，此方案相当于各高级局控级 Agent 集中布置。

(3) 中间控制级 Agent 对应变电站，通常安装于变电站内，负责变电站及其进线、出线的监测、控制以及高层局控级 Agent 的协调、控制。

中间控制级 Agent 可以单独组成智能变电站的控制中枢，也可以与高层局控级 Agent 一起组成智能变电站的控制中枢。

(4) 协调控制级 Agent 对应调度、集控站，通常与调度自动化系统安装于相同地点，负责配电网的监测、控制以及各中间控制级 Agent 的协调、控制，并负责辅助决策、人机对话等。

### 2.2.1　低层局控级智能体

低层局控级 Agent 位于线路上，以 10～20kV 线路为例，主要对应配电站、分段开关、分支开关、配电变压器等处，监测、控制相应的装置、局部配电系统。

1. 工作原理

低层局控级 Agent 的工作原理如下：

(1) 从监测装置、传感装置获得配电网实时信息，信息同时送往快速反应装置、信息分析处理模块和通信装置。

(2) 快速反应装置将实时信息与事先设置的动作参数进行比较，当达到动作条件时，反应装置发出动作指令，由执行装置执行指令，断开或合上开关。

(3) 信息分析处理模块在接到信息后，对信息进行快速分析、处理，并将分析处理结果送到决策模块。

(4) 决策模块根据预设的规则、参数，与分析结果进行比较，并做出决策。将信息通过通信装置送到上级 Agent；同时将需要动作于开关的决策命令送往命令解释模块，由解释模块将命令解释为执行装置可识别的信息送往执行装置，断开或合上开关。决策模块将收到的修改规则库/知识库信息发往相应的规则库/知识库，对上级发出的指令无条件执行，对同级 Agent 的协调请求进行分析、处理，并将结果反馈至相应的同级 Agent。

(5) 通信装置是低层局控级 Agent 与其他 Agent 的通信媒介，一方面将监测、传感装置采集的信息及决策模块发出需要外传的信息传递给相应的 Agent/系统，另一方面将其他 Agent(主要是上级 Agent)发来的信息传递到决策模块。通过通信装置传递来的信息主要包括同级 Agent 的协调信息，上级 Agent 修改规则库/知识库信息，上级 Agent 发出的动作、协调指令等。

### 2. 主要功能

低层局控级 Agent 主要功能如下：
(1) 局部系统、设备的状态评估。
(2) 局部系统、设备的事故预警。
(3) 局部系统、设备的故障诊断。
(4) 局部系统、设备的状态检修。
(5) 局部系统、设备的预防控制。
(6) 局部系统、设备的紧急控制。
(7) 局部系统、设备的供电恢复控制。
(8) 局部系统、设备的优化运行控制，仅在配电站、配电变压器等处适用。
(9) 上级 Agent 的指令执行。
(10) 同级 Agent 的协调控制。

### 3. 应用模式

低层局控级 Agent 的应用模式是指将全部模块均置于所要保护的局部供电系统、设备位置的模式，按照处理对象的不同，可以分为以下八种模式：
(1) 分段节点模式，主要是指装设于线路分段装置处，用以处理相邻两段线路信息及主动控制为主的模式。
(2) 分支节点模式，主要是指装设于线路分支处，用以处理该分支信息及主动控制为主的模式。
(3) 配变节点模式，主要是指装设于公用配电站、配电变压器处，用以处理配电站、配电变压器信息及主动控制为主的模式。
(4) 用户节点模式，主要是指装设于用户处或用户接入系统处，用以处理该用户信息及主动控制为主的模式。
(5) 配电站节点模式，主要是指同时具有配变节点和分支节点功能或用户节点功能的模式。
(6) 环网站节点模式，主要是指同时具有配变节点和分段节点功能的模式。
(7) 开闭站节点模式，主要是指同时具有配变节点、分段节点和分支节点功能的模式。

(8) 分布式电源节点模式，主要是指装设于分布式电源处或分布式电源接入系统处，用以处理该分布式电源信息及主动控制为主的模式。

## 2.2.2 高层局控级智能体

高层局控级 Agent 位于变电站的线路出线端，以 10～20kV 线路为例，主要对应 10(20)kV 出线柜处，监测、控制相应线路的装置、整条 10kV 线路配电系统。

### 1. 工作原理

高层局控级 Agent 的工作原理如下：

(1) 从监测装置、传感装置获得配电网实时信息，信息同时送往快速反应装置、信息分析处理模块和通信装置，并从下级 Agent 获得下级 Agent 的配电网状态、决策及数据挖掘信息。

(2) 快速反应装置将实时信息与事先设置的动作参数进行比较，当达到动作条件时，反应装置发出动作指令，由执行装置执行指令，断开或合上开关。

(3) 信息分析处理模块在接收到信息后，对信息进行快速分析、处理，并将分析处理结果送到决策模块。

(4) 决策模块根据预设的规则、参数，与分析结果进行比较，并做出决策。将信息通过通信装置送到上级 Agent，同时将需要动作于本地开关的决策命令送往命令解释模块，由解释模块将命令解释为执行装置可识别的信息送往执行装置，断开或合上开关。将需要下级 Agent 执行的控制、操作指令发给相应的下级 Agent。将收到的修改规则库/知识库信息发往相应的规则库/知识库；对上级发出的指令无条件执行；对同级 Agent 的协调请求进行分析、处理，并将结果反馈至相应的同级 Agent。

(5) 通信装置则是高层局控级 Agent 与其他 Agent 的通信媒介，一方面将监测、传感装置采集的信息及决策模块发出需要外传的信息传递给相应的 Agent/系统，另一方面将其他 Agent(主要是上级 Agent、下级 Agent)发来的信息传递到决策模块。通过通信装置传递来的信息主要包括同级 Agent 的协调信息、上级 Agent 修改规则库/知识库信息、上级 Agent 发出的动作及协调指令信息、下级 Agent 传送的信息等，通信装置传出的信息主要包括对下级 Agent 的指令、对上级 Agent 的反馈信息等。

### 2. 主要功能

高层局控级 Agent 的主要功能如下：

(1) 整条线路及所属设备的状态评估。

(2) 整条线路及所属设备的事故预警。

(3) 整条线路及所属设备的故障诊断。

(4) 整条线路及所属设备的状态检修。

(5) 整条线路及所属设备的预防控制。

(6) 整条线路及所属设备的紧急控制。

(7) 整条线路及所属设备的供电恢复控制。

(8) 整条线路及所属设备的优化运行控制。

(9) 上级 Agent 的指令执行。

(10) 下级 Agent 的协调。

(11) 同级 Agent 的协调控制，特别是与本线路组成环网线路的 Agent 的协调控制。

3. 应用模式

高层局控级 Agent 的应用模式是指将全部模块均置于出线间隔(出线柜、出线断路器等)位置的模式，按照线路性质的不同，可以分为以下三种模式：

(1) 公用供电线路模式，主要是指装设于变电站内公用供电线路出线装置处，用以处理公用供电线路信息及主动控制为主的模式。

(2) 专用供电线路模式，主要是指装设于变电站内向开闭所进线、用户专线等专用供电线路出线装置处，用以处理专用供电线路信息及主动控制为主的模式。

(3) 电源接入系统模式，主要是指装设于变电站内各种电源接入点，用以处理电源、相应线路信息及主动控制为主的模式。

各模式均适用双向潮流。各模式间的主要差别在于知识库、规则库不同，需要针对不同的应用对象制定相适用的知识库、规则库。

应用中，各种模式均可根据实际需要有选择地增减模块。

### 2.2.3　中间控制级智能体

中间控制级 Agent 位于变电站控制中心，监测、控制整个变电站及其出线配电系统。

1. 工作原理

中间控制级 Agent 的工作原理如下：

(1) 从监测装置、传感装置获得配电网实时信息，信息同时送往快速反应装置、信息分析处理模块和通信装置，并从下级 Agent 及变电站自动化获得信息。

(2) 快速反应装置将实时信息与事先设置的动作参数进行比较，当达到动作条件时，反应装置发出动作指令，由执行装置执行指令，断开或合上开关。

(3) 信息分析处理模块在接到信息后，对信息进行快速分析、处理，并将分析处理结果送到决策模块。

(4) 决策模块根据预设的规则、参数，与分析结果进行比较，并做出决策。将信息通过通信装置送到上级 Agent，同时将需要动作于本地开关的决策命令送往命令解释模块，由解释模块将命令解释为执行装置可识别的信息送往执行装置，断开或合上开关。将需要下级 Agent 执行的控制、操作发给相应的下级 Agent。将收到的修改规则库/知识库信息发往相应的规则库/知识库；对上级发出的指令无条件执行；对同级 Agent 的协调请求进行分析、处理，并将结果反馈至相应的同级 Agent；对规则库/知识库、数据库进行修改、访问。从运行管理库、设备管理库获得相应信息，并将变电站运行信息反馈至运行管理库。

(5) 通信装置是中间控制级 Agent 与其他 Agent 的通信媒介，一方面将监测、传感装置采集的信息及决策模块发出需要外传的信息传递给相应的 Agent/系统；另一方面将其他 Agent(主要是上级 Agent、下级 Agent)发来的信息传递到决策模块。通过通信装置传递来的信息主要包括同级 Agent 的协调信息、上级 Agent 修改规则库/知识库信息、上级 Agent 发出的动作及协调指令信息、下级 Agent 传送的信息等，通信装置传出的信息主要包括对下级 Agent 的指令、对上级 Agent 的反馈信息等。

(6) 数据库存储采集到的变电站历史信息，以及同类型变电站的对比信息。

(7) 设备管理库存储本变电站的设备信息，运行管理库存储全系统的运行信息。设备管理库、运行管理库可以从其他系统获得。

(8) 35kV、66kV 与 110kV 变电站的中间控制级 Agent 同级。

2. 主要功能

中间控制级 Agent 主要功能如下：
(1) 变电站、变电站所属设备及变电站出线系统的状态评估。
(2) 变电站、变电站所属设备及变电站出线系统的事故预警。
(3) 变电站、变电站所属设备及变电站出线系统的故障诊断。
(4) 变电站所属设备的状态检修。
(5) 变电站、变电站所属设备及变电站出线系统的预防控制。
(6) 变电站、变电站所属设备及变电站出线系统的紧急控制。
(7) 变电站、变电站所属设备及变电站出线系统的供电恢复控制。
(8) 变电站、变电站所属设备及变电站出线系统的优化运行控制。
(9) 上级 Agent 的指令执行。
(10) 下级 Agent 的协调。
(11) 同级 Agent 的协调控制，特别是与本变电站有联络的变电站 Agent 的协调控制。

3. 应用模式

按照变电站地位的不同，中间控制级 Agent 的应用模式可以分为以下四种：

(1) 终端变电站模式。

(2) 开关站模式。

(3) 枢纽变电站模式。

(4) 用户变电站模式。

各模式间的主要差别在于知识库、规则库不同，需要针对不同的应用对象制定相适用的知识库、规则库。

应用中，各种模式均可根据实际需要有选择地增减模块。

### 2.2.4　协调控制级智能体

协调控制级 Agent 位于区域配电网调度、控制中心，监测、控制全区供电系统。协调控制级 Agent 模型如图 2.5 所示。图 2.5(a)给出了协调控制级 Agent 的控制原理模型，图 2.5(b)给出了协调控制级 Agent 的各子 Agent 间的关系模型。

1. 工作原理

图 2.5(a)是一个慎思型 Agent，其工作原理如下：

(1) 从监测装置、传感装置及调度自动化、配电自动化、变电站自动化等系统获得配电网实时信息，并从下级 Agent 获得下级 Agent 的配电网状态、决策及数据挖掘信息。

(2) 信息分析处理模块在接收到信息后，对信息进行快速分析、处理，并将分析处理结果送到决策模块。

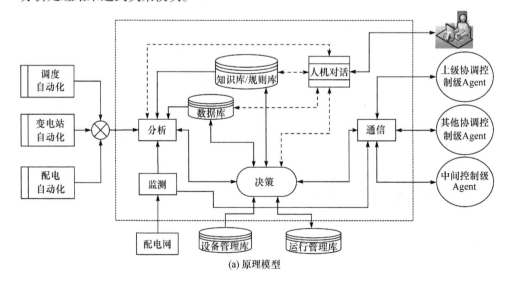

(a) 原理模型

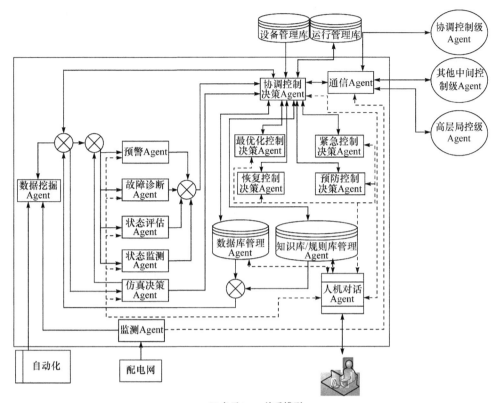

(b) 各子Agent关系模型

图 2.5　协调控制级 Agent 模型

(3) 决策模块根据预设的规则、参数，与分析结果进行比较，并做出决策。将信息通过通信装置送到上级 Agent；将需要下级 Agent 执行的控制、操作发给相应的下级 Agent。将收到的修改规则库/知识库信息发往相应的规则库/知识库；对上级发出的指令无条件执行；对同级 Agent 的协调请求进行分析、处理，并将结果反馈至相应的同级 Agent；对规则库/知识库、数据库进行修改、访问。从运行管理库、设备管理库获得相应信息，并将变电站运行信息反馈至运行管理库。

决策模块通过人机对话模块实现主动控制系统与人的交流、沟通，向操作员提供必要的信息，并接收操作员的指令，对操作员权限内的指令无条件执行。

(4) 通信装置是中间控制级 Agent 与其他 Agent 的通信媒介，一方面将监测、传感装置采集的信息及决策模块发出需要外传的信息传递给相应的 Agent/系统；另一方面将其他 Agent(主要是上级 Agent、下级 Agent)发来的信息传递到决策模块。通过通信装置传递来的信息主要包括同级 Agent 的协调信息、上级 Agent 修改规则库/知识库信息、上级 Agent 发出的动作及协调指令信息、下级 Agent 传送的信息等，通信装置传出的信息主要包括对下级 Agent 的指令、对上级 Agent 的反馈信息等。

(5) 数据库存储采集到的区域供电系统历史信息，以及同类型供电系统的对比信息。

(6) 设备管理库存储本区域供电系统的设备信息，运行管理库存储全系统的运行信息。设备管理库、运行管理库可以从其他系统获得。

**2. 子 Agent 协调原理**

图 2.5(b)给出了协调控制级 Agent 各子 Agent 的关联及相应工作原理，如下所述：

(1) 信息分析处理模块主要包括数据挖掘 Agent、预警 Agent、故障诊断 Agent、状态评估 Agent、状态监测 Agent、仿真决策 Agent。数据挖掘 Agent 主要是对采集到的信息进行预处理，供预警 Agent、故障诊断 Agent、状态评估 Agent、状态监测 Agent、仿真决策 Agent 使用。预警 Agent、故障诊断 Agent、状态评估 Agent、状态监测 Agent、仿真决策 Agent 则根据数据挖掘 Agent 传来的信息分别、并行完成相应的功能分析，并将结果送往协调控制决策 Agent。

(2) 决策模块主要包括协调控制决策 Agent、最优化控制决策 Agent、紧急控制决策 Agent、恢复控制决策 Agent 和预防控制决策 Agent。

协调控制决策 Agent 负责与预警 Agent、故障诊断 Agent、状态评估 Agent、状态监测 Agent、仿真决策 Agent、通信 Agent 及人机对话 Agent 联络与通信，并将收到的信息进行处理。将从通信 Agent、人机对话 Agent 收到的信息经处理分送到相应的 Agent，并将从其他 Agent 收到的需要送往上级 Agent、同级 Agent、下级 Agent 的信息送到通信 Agent，将需要提交人机对话 Agent 的信息提交人机对话 Agent。对从预警 Agent、故障诊断 Agent、状态评估 Agent、状态监测 Agent、下级 Agent、上级 Agent、人机对话 Agent 收到的信息进行识别、处理，并判断是否需要进行最优化控制、紧急控制、恢复控制和预防控制，若需要，则将相应信息送到相应的控制 Agent。

最优化控制决策 Agent、紧急控制决策 Agent、恢复控制决策 Agent 或预防控制决策 Agent 在收到协调控制决策 Agent 送来的信息后，进行分析、决策，并将处理结果送往协调控制决策 Agent，同时将人机对话 Agent 需要的信息送往人机对话 Agent。

(3) 监测 Agent 主要包括监测装置及传感器，进行配电网信息的收集和传送。

(4) 人机对话 Agent 实现人机对话。

(5) 通信 Agent 则完成前述的通信模块功能，主要将从协调控制决策 Agent 收到的指令进行解析，转换为执行装置可识别的信息，并将该信息传送到执行装置。

(6) 数据库管理 Agent、知识库/规则库管理 Agent 分别实现对配电网历史数据、主动控制知识及规则进行管理。

(7) 各子 Agent 均采用慎思型模型，包括分析、决策、知识库、通信四个模块。

3. 协调控制级 Agent 主要功能

协调控制级 Agent 主要功能如下：
(1) 全系统的状态评估。
(2) 全系统的事故预警。
(3) 全系统的故障诊断。
(4) 全系统的状态检修。
(5) 全系统的预防控制。
(6) 全系统的紧急控制。
(7) 全系统的供电恢复控制。
(8) 全系统的优化运行控制。
(9) 上级 Agent 的指令执行。
(10) 下级 Agent 的协调。
(11) 同级 Agent 的协调控制。
(12) 实现人机对话。

## 2.2.5　主动控制智能体的协调机制

不同控制级间的协调遵循上级指导下级、下级服从上级、局部服从整体、整体指导局部、区域自治的原则。

(1) 各级 Agent 区域自治，即各 Agent 对于管辖范围内的各类事务具有自治权，上级 Agent 的指令需要通过区域 Agent 执行，各级 Agent 只服从直接上级，对其他 Agent 的指令可不执行。对同级 Agent 的请求可协商解决。

(2) 低层局控级 Agent 服从高层局控级 Agent，需要将本区域的日常性事务上报上级高层局控级 Agent，并将超出本 Agent 能力的事务请求上级协调、指示。

(3) 高层局控级 Agent 服从中间控制级 Agent，需要将本区域的事务上报上级中间控制级 Agent，并将超出本 Agent 能力的事务请求上级协调、指示，同时，指导、协调所管辖的各低层局控级 Agent。

(4) 中间控制级 Agent 服从协调控制级 Agent，需要将本区域的事务上报上级协调控制级 Agent，并将超出本 Agent 能力的事务请求上级协调、指示，同时，指导、协调所管辖的各高层局控级 Agent。

(5) 协调控制级 Agent 服从上级及操作人员指令，需要将本区域的事务上报，并将超出本智能体能力的事务请求上级及操作人员的协调、指示，同时，指导、协调所管辖的各中间控制级智能体。

## 2.3　多层次主动控制结构与模型

配电网主动控制的 6 种基本控制中，紧急控制、恢复控制、风险/预防控制及最优化控制是主动控制的关键功能，是实现主动控制的主要方法。

### 2.3.1　多层次主动控制结构

从配电网状态变化过程看，最优化控制、风险/预防控制、紧急控制、恢复控制存在一定的先后次序。在实际应用中，各功能层次按协调层的指令进行工作，不需要按先后次序。图 2.6 给出了配电网多层次主动控制结构方案。

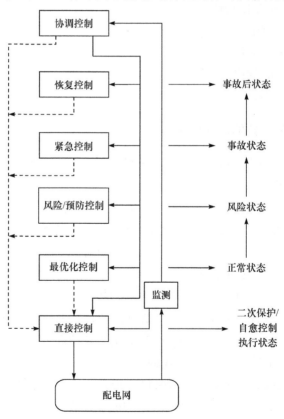

图 2.6　配电网多层次主动控制结构方案

### 2.3.2 配电网运行状态辨识

#### 1. 配电网运行状态的划分

配电网运行状态划分为五种，分别为优化状态、正常状态、风险状态、紧急状态和恢复状态，如图 2.7 所示。

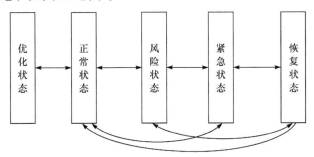

图 2.7 配电网运行状态及转换

各个状态的定义如下。

(1) 优化状态，是指配电网按照优化目标所确定的运行方式运行，各项运行指标均在允许范围内的运行状态。优化状态可认为是正常状态的派生状态，或者是正常状态的一种，如果所述配电网仅存在一种运行方式，则所述配电网不需要进行优化分析及优化控制，此时认为优化状态与正常状态相同。

(2) 正常状态，是指具有以下特征的一种配电网运行状态：配电网按预先设定的运行方式(当前或未来计划规划中的运行方式，包括接线方式(单辐射、双环网、手拉手接线方式等)、优化目标(线损最低、可靠性最高、经济性最好等))运行，对除计划停电之外的所有用户保持持续供电，各项、各种运行指标(包括但不限于电压合格率指标、三相不平衡度指标、电压偏移指标、线损率指标、供电能力指标、波形畸变率指标、频率指标等)均在预定范围，按照这种状态运行，不会造成配电网风险或造成配电网风险的概率较低。计划检修状态、维修状态属于正常状态。

(3) 风险状态，是指具有以下特征的一种配电网运行状态：在预先设定的运行方式下，在当前配电网运行条件或当前时间点以后运行条件下，配电网的某项或多项运行指标已经超出或将超出预定范围，有较大可能性导致配电网运行目标参数恶化、发生某一种或多种配电网事故；配电网虽未出现风险，但出现预定的事件、运行条件(根据历史经验总结得知在某一负荷投运时，会引起谐振过电压，从而使配电网面临过电压的风险。当此类负荷计划投运时(即预定事件)，可根据历史信息得知配电网在该类负荷投运时会引起过电压风险，从而及时制订预防控制方案，为调度决策提供依据)时，需要采取预防控制措施的配电网运行状态，如过负荷、低电压、局部过热、运行点接近稳定极限以及其他异常运行状态。

(4) 紧急状态，是指具有以下特征的一种配电网运行状态：配电网一处或多处已经发生或正在持续发生某种或多种配电网事故，尚未采取保护控制措施；虽已采取保护、控制措施，但事故仍在继续、配电网运行仍在恶化，已造成或正造成用户供电中断、电力设施损毁、电能质量严重超标(频率越限、过电压、电压暂降/电压过低、波形畸变率高等)、配电网失稳等；配电网虽未发生故障，但出现预定的事件、运行条件(配电网发生失稳事故，但配电网未发生故障，此时配电网也处于紧急状态)，需要采取紧急保护、控制措施的配电网运行状态。

(5) 恢复状态，将配电网事故后所处状态和为避免某种事故发生采取一些配电网操作而改变后的配电网运行状态称为恢复初始状态。配电网从恢复初始状态恢复到正常状态的过程所处的状态称为恢复状态。

### 2. 运行状态在线异步辨识的概念

配电网运行状态在线异步辨识，是指对每一种配电网运行状态建立辨识模型，采用配电网运行信息对每一种运行状态进行独立辨识，依据一定规则识别出当前配电网运行状态。运行状态在线异步辨识的概念具有以下特征：

(1) 非同步性。各个状态辨识所采用的信息不需要是同时刻的，计算过程、计算结果不需要同步。

(2) 异周期性。各个状态辨识可以具有不同的辨识周期、不同的启动与终止条件。

(3) 独立性。各个状态辨识可以独立进行，不受其他运行辨识的影响。

(4) 并行性。各个状态辨识可以并行进行。

### 3. 运行状态辨识的时间特征

正常状态着眼于现在，优化状态着眼于未来，均是相对稳定、持续时间较长的状态；而风险状态着眼于事故发生前，其持续时间与多种因素有关，可能较长，从数分钟至数十小时不等，甚至会长期存在。

紧急状态着眼于事故发生时、发生过程中或发生后直至事故影响不再扩大的过程中。总体上看，紧急状态持续时间较短，从几毫秒至数十分钟，但是特别情况下，由于危害源的持续存在，它也可能持续更长时间(如由风雪灾害引起的紧急状态)。

恢复状态是一种过渡状态，是风险状态、紧急状态结束后，配电网恢复至正常状态的过程，持续时间通常不是很长，从毫秒级至分钟级，当然也有可能持续较长的时间，如大面积停电后的恢复过程(黑启动)可能需要几小时甚至几天的时间。

状态辨识中，重要的是风险状态和紧急状态的识别，而恢复状态通常起始于这两个状态。

总体上看，五个运行状态辨识的时间特征如下：

(1) 紧急状态。针对配电网，需要实时进行紧急状态的辨识。

(2) 风险状态。针对配电网，可以以相对较长的时间间隔循环(不一定实时)进行风险状态的辨识。

(3) 恢复状态。针对配电网，不定期地进行恢复状态的辨识。只有在可能发生恢复状态的条件出现时，如配电网处于紧急状态或风险状态时，进行恢复状态的辨识。

(4) 优化状态。针对配电网，不定期地进行优化状态的辨识。只有在可能发生优化状态的条件出现时，如配电网处于正常状态或优化状态时，进行优化状态的辨识。

(5) 正常状态。针对配电网，可以不进行正常状态的辨识，而根据状态互斥规则，确定正常状态。

4. 配电网运行状态分级

按照运行状态的重要性、兼容性、处理的紧迫程度等标准，将正常状态、风险状态、紧急状态、恢复状态和优化状态五类运行状态进行分级。其中，紧急状态为 5 级，风险状态为 4 级，恢复状态为 3 级，优化状态为 2 级，正常状态为 1 级。1 级低于 2 级，2 级低于 3 级，3 级低于 4 级，4 级低于 5 级，5 级级别最高。当只辨识出一个配电网运行状态时，该状态即当前配电网运行状态；当辨识出两个及以上配电网运行状态时，将级别最高的状态作为当前配电网运行状态，具体分为以下几种情况：

(1) 如果按照紧急状态辨识模型辨识出配电网处于紧急状态，那么当前配电网运行状态为紧急状态。

(2) 如果按照紧急状态辨识模型辨识出配电网处于非紧急状态，按照风险状态辨识模型辨识出配电网处于风险状态，那么当前配电网运行状态为风险状态。

(3) 如果按照紧急状态辨识模型和风险状态辨识模型辨识出配电网处于非紧急非风险状态，按照恢复状态辨识模型辨识出配电网处于恢复状态，那么当前配电网运行状态为恢复状态。

(4) 如果按照紧急状态辨识模型、风险状态辨识模型和恢复状态辨识模型辨识出配电网处于非紧急非风险非恢复状态，按照优化状态辨识模型辨识出配电网处于优化状态，那么当前配电网运行状态为优化状态。

5. 运行状态互斥定则

实际配电网运行是遵循一定规律的，如运行状态的变化具有一定的先后次序、配电网状态具有唯一性等。基于这些规律，可以仅选择必要的状态辨识模型进行配电网当前运行状态的异步辨识，以达到节约系统资源、缩短辨识时间的目的。

运行状态互斥是指配电网状态的唯一性，即不可同时存在两种及以上状态。

运行状态发生次序是指配电网运行状态的发生具有一定的先后次序性，一些状态只发生在某状态之后，或者一个状态之后只发生某个或某些状态。根据状态发生次序规律，在已知配电网前一时刻状态辨识结果的情况下，对于当前配电网，只需进行某些状态的辨识，而不需要运行所有状态辨识模型。

(1) 如果配电网前一时刻状态辨识结果未知，那么需要选择风险状态辨识模型、紧急状态辨识模型、恢复状态辨识模型及优化状态辨识模型进行当前状态辨识，若都为否，则为正常状态。

(2) 如果配电网前一状态为正常状态，那么只需要选择风险状态辨识模型及紧急状态辨识模型进行当前状态辨识即可，若都为否，则为正常状态。同时，若运行方式发生了变化，则为优化状态。

(3) 如果配电网前一状态为风险状态，那么只需要选择风险状态辨识模型及紧急状态辨识模型进行当前状态辨识即可，若都为否，则为正常状态。同时，若准备采取供电恢复措施，则为恢复状态。

(4) 如果配电网前一状态为紧急状态，那么只需要选择风险状态辨识模型及紧急状态辨识模型进行当前状态辨识即可，若都为否，则为正常状态。同时，若准备采取供电恢复措施，则为恢复状态。

(5) 如果配电网前一状态为恢复状态，那么只需要选择风险状态辨识模型、紧急状态辨识模型及恢复状态辨识模型进行当前状态辨识即可，若都为否，则为正常状态。

(6) 如果配电网前一状态为优化状态，那么只需要选择优化状态辨识模型进行当前状态辨识即可，若为否，则为正常状态。

6. 配电网运行状态辨识模型

将状态评估模型记为 $m(\phi, f, g, h, t)$，各状态辨识模型具有不同的变量，包括直接指标集合 $\phi$、导出定量函数集合 $f$、导出定性函数/指标集合 $g$、状态辅助指标集合 $h$，以及这些指标/函数应用中的关联关系 $t$。

将正常状态评估模型记为 $m_1(\phi_1, f_1, g_1, h_1, t)$，风险状态评估模型记为 $m_2(\phi_2, f_2, g_2, h_2, t)$，紧急状态评估模型记为 $m_3(\phi_3, f_3, g_3, h_3, t)$，恢复状态评估模型记为 $m_4(\phi_4, f_4, g_4, h_4, t)$，优化状态评估模型记为 $m_5(\phi_5, f_5, g_5, h_5, t)$。

将判定配电网运行状态处于正常状态的各项指标需达到的标准或满足的条件记为 $S$，当 $m(\phi, f, g, h, t)$ 满足 $S$ 时，记为 $m(\phi, f, g, h, t) \in S$。

配电网运行状态异步辨识流程如图 2.8 所示。

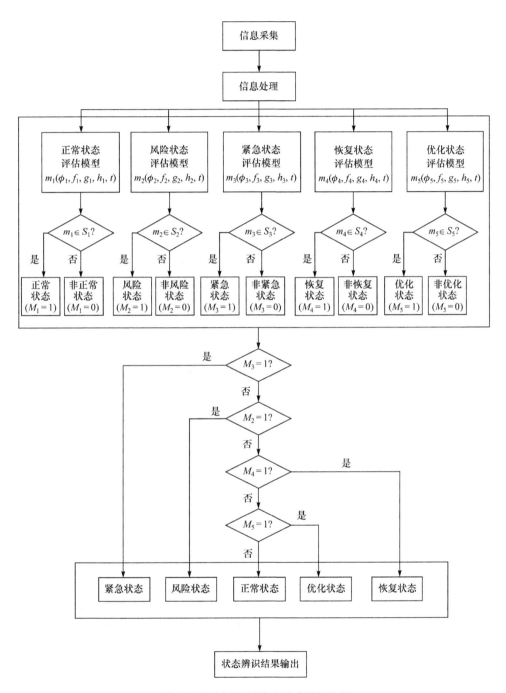

图 2.8　配电网运行状态异步辨识流程

### 2.3.3 主动控制过程模型

配电网某节点主动控制系统/装置/智能体的主动控制实现过程中，首先通过对配电网运行的实时监测，以及与其他信息系统的信息交互，获得主动控制所需要的各类信息和资料，然后对所获得的各类信息和资料进行状态估计、转换等预处理，在达到配电网安全保护装置动作条件时，快速动作，进行直接控制；若未达到安全保护装置的动作条件，则根据配电网状态辨识模型，辨识出优化状态、正常状态、风险状态、紧急状态和恢复状态五种配电网状态后，按照一定启动、终止条件及控制流程进行优化控制、紧急控制、风险控制、恢复控制及其协调工作，如图2.9所示。

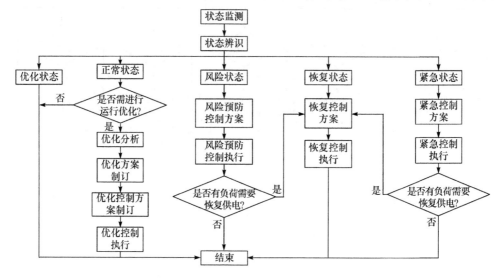

图 2.9　配电网主动控制过程模型

1) 优化控制

判断配电网在正常状态下是否需要运行优化时，如果配电网仅存在一种运行方式，则配电网不需要进行优化分析及优化控制，认为配电网已处于优化状态；若配电网有多种运行方式，则根据优化目标进行配电网运行优化规划，优化目标包括网损最小、碳排放量最小和可靠性最高等；选择最优的配电网运行方式，制订负荷转供、负荷调节、最优潮流控制、无功补偿、变压器分接头调整、分布式电源出力优化等配电网优化控制方案；根据优化控制方案，进行优化控制，最终使配电网进入优化状态。

2) 风险控制

配电网进入风险状态后，需要制订相应的风险预防控制方案，并根据制订的风险预防控制方案，执行相应的风险预防控制措施。同时，继续进行风险连续辨识与跟踪以及紧急状态辨识来判断原风险是否存在、风险范围是否进一步扩大、风险是否消失、配电网是否进入紧急状态；若风险范围进一步扩大，则需要制订新的风险预防控制方案，并执行相应的风险预防控制；若风险消失，则需要判断在风险预防控制中是否有负荷需要恢复供电；若有负荷需要恢复供电，则制订恢复控制方案，进行相应的恢复控制；若没有负荷需要恢复供电，则风险控制结束。

在配电网风险控制过程中，仍需要通过紧急状态监测与识别实时判断配电网是否进入紧急状态。若配电网进入紧急状态，则终止风险预防控制操作，进入紧急控制；若配电网未进入紧急状态，则继续进行紧急状态的监测与识别。配电网进入风险状态后的控制协调过程如图 2.10 所示。

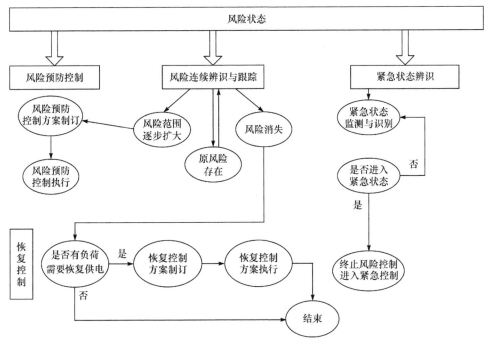

图 2.10　配电网进入风险状态后的控制协调过程

3) 紧急控制

配电网进入紧急状态后，需要制订相应的紧急控制方案，并根据制订的紧急控制方案，执行相应的紧急控制；同时，通过紧急事故动态诊断来判断原事故是否发生变化、事故是否持续发生或进一步扩大、紧急状态是否得到控制；若事故持续发生或进一步扩大，则制订新的紧急控制方案，并执行相应的紧急控制措施；若紧急状态得到控制，则判断在紧急控制中是否有负荷需要恢复供电；若有负荷需要恢复供电，则制订恢复控制方案，进行相应的恢复控制；若没有负荷需要恢复供电，则紧急控制结束。配电网进入紧急状态后的控制协调过程如图 2.11 所示。

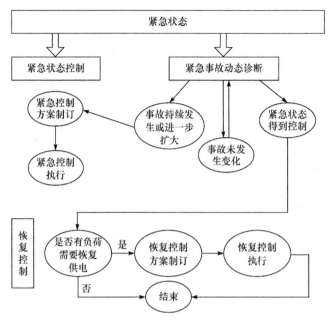

图 2.11　配电网进入紧急状态后的控制协调过程

# 2.4　多层次主动控制基本模式

按照主站、智能体配置情况，可将主动控制分为四种模式，分别为分布-集中主动控制模式、集中主动控制模式、就地联合主动控制模式和就地自治主动控制模式。

1. 分布-集中主动控制模式

分布-集中主动控制模式设置主站、子站/分布式智能体，分布的主动控制设备间通过上层主动控制系统进行通信、协调，实现分布控制。同时，位于变电站、调度的上层主动控制系统/装置/主站对所管辖的供电区及各就地主动控制装置进行集中控制、管理，适用于规模较大、需要进行协调控制的配电网。

分布-集中主动控制模式需要考虑主动控制装置、开关装置的保护配合以及安装布局，还要考虑不同位置 Agent 的功能协调问题。对于单电源辐射线路的各 Agent 以及有联络线路(双电源、多电源、含分布式电源)辐射分支 Agent、配变/终端用户 Agent，无须考虑优化功能，主要考虑风险预防控制及紧急控制；对于有联络线路的分段 Agent、联络 Agent，通常也无须考虑优化功能，主要考虑风险预防控制及紧急控制；对于开闭站的 Agent，需要考虑优化功能；对于变电站的线路出口 Agent、变电站协调控制级 Agent，需要考虑优化功能。

此种模式可进一步细分为如下模式：

(1) 二层级分布-集中主动控制模式。设置主站(协调控制级 Agent)及区域子站(Agent)；主站实现对各区域子站(分布式 Agent)的协调控制；区域子站(Agent)实现对相应区域配电网的主动控制，相当于区域集中主动控制方式的主站。

(2) 三层级分布-集中主动控制模式。设备主站(协调控制级 Agent)、区域子站及低层局控级 Agent，其中区域子站同时兼具中间控制级 Agent 及高级局控级 Agent 的功能。

(3) 多层级分布-集中主动控制模式。设置协调控制级、中间控制级、高层局控级和低层局控级四级 Agent，实现四级控制，或者进一步细分，划分更多层级或对其他四层级进行主动控制。

## 2. 集中主动控制模式

集中主动控制模式设置主站，不设置子站及分布 Agent，数据传输到主站进行集中分析，集中制定决策。即使设置子站，子站也不具备独立 Agent 功能，主要用于数据汇集、交换及简单的数据处理、分析。

如果对一座变电站供电区域进行集中主动控制，那么相当于将低层局控级 Agent、高层局控级 Agent 并入中间控制级 Agent，由中间控制级 Agent 执行所有主动控制功能。

## 3. 就地联合主动控制模式

就地联合主动控制模式不设置主站，主动控制设备间有通信联络，通过信息交互实现协调控制。此模式适用于规模较小、对可靠性要求较低的农村配电网。

## 4. 就地自治主动控制模式

就地自治主动控制模式不设置主站，自愈设备间无通信联络，各设备独立控制相应局部区域。此模式主要适用于偏远农村配电网、无通信条件的、以辐射为主的中压供电线路；分支线也可采用此种自愈模式。

控制设备可采用断路器、负荷开关及重合闸。此时，由于没有通信，需要事先设定各级保护配合且通常不能开展保护在线整定。

# 第 3 章　配电网安全运行主动控制关键技术

## 3.1　配电网风险控制技术

### 3.1.1　风险控制的概念

配电网风险控制以主动控制和预防为主，主要针对配电网进入紧急状态前较长的恶化阶段，自动提取表征配电系统风险状态的特征信息，实时、自动地找出配电系统中的各类安全隐患，提出综合预警，并给出消除隐患的控制措施，最终把灾变问题解决在萌芽阶段。

风险控制应具有准确性、有效性、可操作性等特征。

### 3.1.2　风险控制与主动控制

配电网风险控制是配电网主动控制的基础和关键。面对配电网发展带来的不确定性，配电网的风险控制对于防止系统恶性事故的形成以及系统运行状态的恶化具有重要的作用，是实现具有"主动控制"功能的关键环节，也是实现配电网及时发现、快速诊断和消除故障隐患，保证配电网安全、高效运行的关键技术手段。

### 3.1.3　风险控制理论框架

适用于配电网主动控制的风险控制是一个动态连续闭环控制的过程，主要包括风险机理研究、风险状态辨识、风险评估、风险预防控制方案制订、风险控制方案执行、风险控制效果评估六大部分内容。配电网风险控制理论框架如图 3.1 所示。

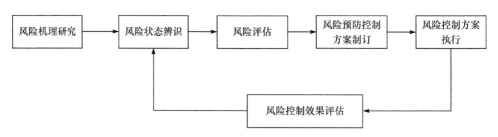

图 3.1　配电网风险控制理论框架

(1) 风险机理研究主要揭示配电网发生的事件、运行特征/指标与发生某项配电网风险的关联关系，探讨配电网事件与所引起的配电网运行特征/指标在时间、空间上的分布规律，为风险状态辨识奠定基础。

(2) 风险状态辨识是一个动态连续过程，主要用于确定配电网当前以及未来一段时间是否处于风险状态，针对配电网当前所处的风险状态，判断出风险类型、风险源类型及风险发生位置。

(3) 风险评估主要针对风险导致的后果严重程度进行定性以及定量评估，给出风险等级、风险量化评估指标和预警信息。

(4) 风险预防控制方案制订主要针对不同的风险类型、风险发生的位置，根据专家库、知识库以及优化决策方法，形成相应的风险预防控制方案。

(5) 风险控制方案执行，需要选择合适的预防控制方案，采用智能化、自动化设备执行相应的风险预防控制命令。

(6) 风险控制效果评估，需对风险控制执行后配电网运行的安全性、经济性、可靠性进行再次评估，以评估风险控制是否使配电网由风险状态转为正常状态，此外，还需要对风险控制方案执行中所付出的代价进行评估。

### 3.1.4　风险控制的约束条件

风险控制的约束条件主要包括五方面的内容：配电网的可监测性；配电网本身的可控性、可预防性；配电网控制、分析等技术条件；配电网运行参数约束；管理、政策法规。

(1) 风险控制应具有准确性，应能准确辨识风险类型、风险位置、风险发生的原因，这取决于配电网是否具有可观测性。也就是说，配电网运行参数、设备参数、环境参数等配电网运行情况监测点的数量、布局，以及配电网各类信息采集系统的快速性、完整性、全面性，是制约风险控制准确性的重要因素。

(2) 风险控制应具有可控性，在实际情况中，当配电网由于网架结构、运行方式等自身原因而不具备可控、可预防的基础条件时，风险控制无法实施，因此配电网的可控性、可预防性是制约风险控制能否实施的重要因素。

(3) 风险控制的准确性和可控性同时受配电网的自动化程度、智能化水平等配电网控制、分析技术条件制约。

(4) 风险控制的最终目的是使配电网从风险状态转移到正常状态，因此风险控制首先应满足配电网自身的约束条件，即电压、电流、有功功率、无功功率等运行参数需要满足配电网安全稳定运行的约束。

(5) 风险控制的另一目的是使配电网面临的风险减缓，即把配电网面临的风险降低到可接受的水平。因此，风险控制除了要满足配电网自身的约束条件外，还应满足配电网风险管理过程中相关的费用、效益、法律或法规要求、社会经济和环境因素、主管运行人员的相关事务、优先性及其他约束条件。

### 3.1.5　风险控制的影响因素

配电网风险的根源在于其行为的概率性,设备的随机故障、负荷的不确定性、外部和人为等风险因素的影响都难以准确预测。配电网运行中不确定性事件普遍存在,意味着配电网的脆弱性和安全运行的风险在增大,更严重的是一个不确定性事件的不正确控制可能引起更多的不确定性事件连续发生,从而导致大面积连锁性停电事故。

1) 设备故障停运模型的时变特性

设备故障停运模型的时变特性是影响风险控制的重要因素。风险因素存在的程度或大小决定着发生相应风险事件的可能性大小。从运行的短时间尺度上看,能够引起电力系统设备停运的风险因素是时变量,即在不同的运行工况下,累积性风险因素、突发性风险因素是不同的,对应发生相应故障的故障率也是不同的。随着电力系统复杂性的增加,系统遭遇的威胁和设备的随机故障也在增加,并往往超出人力所能控制的范围。例如:架空线路在雷雨天(突发性风险因素)的故障率明显要大于在晴天时的故障率;变压器在出现过潜伏性故障症状(累积性风险因素)时的故障率明显要大于正常工况时。因此,配电网运行风险控制中的元件故障率应该是由累积性风险因素和突发性风险因素的时变特征决定的时变量。

2) 负荷预测的不确定性

在电力系统中,负荷总是存在着不确定性,因此不可能对其进行准确预测。随着社会经济的发展,配电网用电负荷也随之增长,但配电网建设落后于负荷的增长,导致配电网运行在接近极限状态或发生故障时,很可能引起潮流超过稳定运行限额,造成设备重载或过载,给配电网的稳定运行带来极大的风险。

3) 风险隐患与事故的不确定性

风险因素与风险隐患之间存在不确定的因果关系。风险因素、风险隐患的存在不一定必然导致某项事故的发生。

4) 风险因素的不确定性

配电网在运行中会因为各种原因而变得脆弱,如自然灾害、系统元器件故障、保护和控制系统故障、信息和通信系统故障、系统由于扰动而不稳定、人为错误操作、不充分的安全评估过程、电力市场的影响、蓄意破坏、外部智能体的入侵等。上述风险因素的随机发生,让调度运行人员很难准确把握各类风险事件发生的规律,尤其面对灾难性事故的发生,对电力设施破坏严重,很难准确评估风险发生的严重程度,从而加大了配电网风险控制的难度。

# 3.2　配电网紧急控制技术

## 3.2.1　紧急控制的概念

配电网紧急控制是指系统针对配电网紧急状态进行处理的全过程，在配电网运行过程中，及时察觉各类紧急状况，进行故障分析，生成控制决策方案并执行，以有效隔离故障，保障供电可靠性。配电网紧急控制包括紧急状态辨识、故障诊断、安全保护模式配置、紧急控制方案的生成与执行等，重点实现以下三方面的功能：

(1) 在配电网已经发生事故(短路、断线、单相接地、电力设施损毁等)后，及时察觉，并辨识出事故类型及发生位置，采取相应保护控制或供电恢复控制措施。

(2) 在某一事故处理过程中，同时监测配电网状态，处理其他类型或位置的事故，实施多个保护控制措施，并恢复停电区域供电；或在电能质量严重超标后，及时察觉，并辨识出引发此类越限事件的源头，采取相应控制或隔离措施。

(3) 在配电网虽未发生故障，但出现预定的事件、运行条件时，采取相应预定的智能保护措施，降低事故发生概率的过程。

根据上述功能，实现配电网的紧急控制，需要解决以下三个问题：

(1) 如何确定配电网进入紧急状态。

(2) 在配电网发生故障后，如何确定故障类型及发生位置。

(3) 在确定故障性质后，制定何种控制措施来可靠且准确地隔离故障，使得停电区域最小。

## 3.2.2　紧急控制与主动控制

配电网灾害应对及故障处置是配电网主动控制的一项重要内容。故障发生时，在没有或少量人工干预下，采用一定的控制手段能够快速隔离故障、自我恢复，进行配电网的主动控制，以避免大面积停电的发生。

紧急控制涵盖了配电网主动控制针对配电网紧急状态进行处理的全过程。可见，紧急控制是主动控制实现的关键技术之一。

## 3.2.3　紧急控制理论框架

针对需要解决的三个问题，紧急控制技术的研究包括紧急控制机理、紧急状态辨识、故障诊断、安全保护模式配置、紧急控制方案的生成以及紧急控制效果评价六部分内容，如图 3.2 所示。

(1) 紧急控制机理是紧急控制实施的理论依据的集合，包括：紧急状况的演变规律；紧急状况表征与紧急状况类型、位置或源头之间的映射关系；电流、电压、应力或其他物理特征值以及紧急状况发生、消失之间的映射关系；紧急状况类型、位置或源头与保护/断路器动作等控制策略之间的映射关系等。

(2) 紧急状态辨识。确定配电网当前是否处于紧急状态，即是否发生紧急状况，需要研究两方面内容：一方面，在配电网运行各阶段各状态(非紧急状态)中，如何进行紧急状态辨识，以便尽早发现紧急状况，防止故障进一步恶化；另一方面，在配电网处于紧急状态时，如何进行紧急状态的连续辨识与跟踪，不仅要跟踪原紧急状况的发展变化情况(包括但不限于原紧急状况的消失、扩大或恶化)，还要辨识是否有其他类型或其他位置处的紧急状况发生。配电网紧急状态辨识在配电网运行中是需要实时进行的过程。

(3) 故障诊断，主要包括故障类型的确定依据以及故障定位方法两方面研究内容，用于在确定配电网进入紧急状态或可能进入紧急状态后，进一步得出紧急状况类型、发生位置、故障原因、影响范围、严重程度等结论。

(4) 安全保护模式配置。确定不同节点类型对应的安全保护模式、配电网节点的保护/断路器动作规则，以在紧急状况发生后，能够准确、可靠地隔离故障区域，并具备保护/断路器误动、拒动的容错能力。

(5) 紧急控制方案的生成。结合在线生成的故障诊断结论与预先设置的安全保护配置模式，生成紧急状态控制决策方案。

(6) 紧急控制效果评价，包括紧急控制效果评价指标与评价方法等内容，用来检验紧急控制方案的有效性。

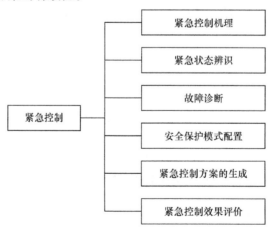

图 3.2　紧急控制理论框架

其中，紧急控制机理作为紧急控制实施的理论依据，是需要预先在广泛调研的基础上深入挖掘的内容；紧急状态辨识是需要实时在线进行的过程；故障诊断、紧急控制方案的生成、紧急控制效果评价则是在紧急状态辨识结果为"是"的情况下逐次启动的过程，即受事件驱动；安全保护模式需要预先设置，以便配电网发生紧急状况后，可遵循此模式，生成紧急控制方案。紧急控制过程模型如图 3.3 所示。

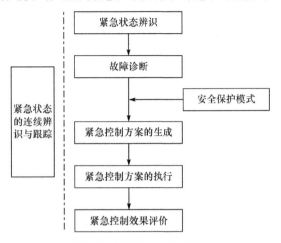

图 3.3　紧急控制过程模型

紧急控制对时效性要求很高，一旦延误极有可能对配电网造成严重危害。因此，紧急状态辨识与故障诊断两个过程不是顺次进行的，而是有所重叠，即在判定配电网可能处于紧急状态后进行故障诊断，而不是等到确定配电网发生紧急状态后再实施故障诊断。如果紧急状态辨识模块确定配电网不处于紧急状态，则及时终止故障诊断及之后的过程，以防误动。

## 3.3　配电网优化控制技术

### 3.3.1　优化控制的概念

配电网优化控制是指当配电网处于正常状态时，为了使配电网向优化状态转化所采取的一系列控制措施。

优化控制是实现配电网自愈控制的重要途径，旨在通过潮流/最优潮流计算、电压/无功优化、网络重构等手段，实现优化配电网潮流、改善电压质量和无功分布、改善配电网运行性能等目标，从而提高配电网运行安全性、可靠性和经济性。

### 3.3.2　优化控制的内容

1. 潮流计算和分析

潮流计算是电力系统中应用最广泛、最基本和最重要的一种电气计算，它的任务是根据给定的网络结构和运行条件确定整个系统的运行状态，包括各母线上的电压(幅值及相角)、网络中的功率分布(有功和无功)及功率损耗等。

潮流计算的结果为判别规划设计方案和配电网运行方式的合理性、安全可靠性及经济性提供了定量分析的依据。通常，在系统规划设计及运行方式分析安排中，采用离线潮流计算；在对电力系统运行状态的实时监控中，采用在线潮流计算。

对运行中的电力系统，通过潮流计算，可研究配电网的潮流分布，分析配电网在不同负荷、不同运行方式下的运行情况，从理论上分析配电网运行的安全性、经济性和可靠性，以提高运行方式调整的灵活性。

**2. 最优潮流**

最优潮流是当系统的网络结构和参数以及负荷情况给定时，通过控制变量的优选，所找到的能满足所有指定的约束条件，并使系统的一个或多个性能指标达到最优时的潮流分布。

常规潮流计算确定的配电网运行状态，可能由于某些状态变量或者作为状态变量函数的其他变量超出了所容许的运行限值，因而技术上是不可行的。调整某些控制变量的给定值，重新进行潮流计算，直到满足所有的约束条件，就能得到一个技术上可行的潮流解。

对某一种负荷情况，理论上同时存在为数众多的、技术上都能满足要求的可行潮流解。每一个可行潮流解对应于系统的某一个特定的运行方式，具有相应技术经济性能指标。最优潮流计算就是要从所有的可行潮流解中挑选出上述性能指标最佳的一个方案，以实现系统优化运行。

**3. 电压控制**

影响电压质量的因素主要有以下几方面：
(1) 配电网发电能力不足，缺无功功率；
(2) 配电网和用户无功补偿容量不足，用户功率因数过低；
(3) 供电距离超过合理供电半径；
(4) 线路导线截面选择不当；
(5) 受冲击性负荷或不平衡负荷的影响；
(6) 其他人为因素。

对运行中的电力系统，可通过合理调整变压器的分接头，科学配置无功补偿容量，以提高功率因数，改善电压质量；实行移峰填谷，使负荷曲线尽量趋于平缓，减少不平衡负荷对电压质量的影响。

**4. 无功优化**

无功优化分为规划优化和运行优化。对运行中的电力系统，无功优化主要是指无功运行优化。配电网无功优化的控制手段主要包括电容器组的优化投切和有载调压变压器分接头的调节。我国配电网三相不平衡问题比较突出，因此电容器的优化投切还应该考虑三相不平衡的情况。

无功优化需要遵循四个原则：

(1) 实现全网最大范围的电压合格。

(2) 实现全网损耗尽可能小。

(3) 实现全网设备动作次数尽可能少。

(4) 所有的操作符合各项安全规章制度。

无功优化的数学模型如下：

(1) 目标函数为电能损耗最小，设备动作次数最少。

(2) 约束条件为潮流方程约束、节点电压约束、三相不平衡约束、电容器投切次数、有载调压变压器调节次数等。

5. 网络重构

网络重构是通过改变配电网中分段开关和联络开关的开断状态，调整配电网络结构，在满足配电网潮流方程、节点电压约束、支路电流约束以及开关动作次数等约束的同时，达到平衡负荷、消除过载、降低网损、提高系统运行经济性及可靠性等单个或多个目标。

### 3.3.3　优化控制理论

1. 优化控制的条件

优化控制通过潮流/最优潮流计算、电压控制、无功优化、网络重构等手段，实现配电网由正常状态向优化状态的转化。实现配电网优化控制，需满足以下条件：

(1) 配电网运行方式可调，具有灵活可靠的网络拓扑结构，如果配电网仅存在一种运行方式，则无须进行优化控制。

(2) 具有各种智能化的开关设备和配电终端设备。

(3) 具有可靠的通信网络，要求通信速度快，信息处理能力强。

(4) 具有配套的自动化软件系统，能够实时监测系统状态并进行连续自我评估，根据优化目标生成合适的控制策略，并将其自动传达到相应的控制设备，及时对优化控制策略做出响应，协调完成优化控制的整个过程，并进行反馈。

2. 优化控制的原则

一般来说，优化控制需遵循以下原则：

(1) 安全性，即配电网对除计划停电之外的所有用户保持持续供电，各项运行指标在允许范围内，不存在任何风险或安全隐患。

(2) 可靠性，即用好电，在保证安全用电和有电可用的基础上，尽可能提高电能质量。

(3) 经济性，实现总运行费用最少或网损最小等目标。

由于配电网实际情况是复杂多变的，进行优化控制不可能达到十全十美，所以优化控制只能是相对的或满意的控制，而难以做到最优控制。

### 3. 优化控制的分类

按照不同的分类方法，优化控制可划分为不同类型。

1) 按优化的时间长短分类

按优化的时间长短，优化控制分类如下：

(1) 短期、准实时优化。根据配电网某时刻、某较短时间段(如 1h)的实时运行信息以及未来负荷预测信息进行优化控制，如动态无功优化控制。

(2) 中长期优化。根据一较长时间段的信息进行优化控制，如一天中只进行 1~2 次调节的无功控制，按季节、星期、最大最小负荷日等特殊日期进行的运行方式调整等。

(3) 多阶段优化。一次优化中同时考虑多个连续或分散的时段，每个时段的优化控制策略除了影响该时段的优化控制效果外，还影响下一时段的初始状态，从而影响后续时段优化控制策略的制定以及控制效果。因此，在制定某个时段的控制策略时，不能只从该时段本身考虑，而要将其看成整个控制决策过程的一个环节，优化目标是整体效果最优。

2) 按优化的用途分类

按优化的用途，优化控制分类如下：

(1) 运行优化，主要用于调整配电网运行方式、平衡配电网负荷、优化配电网潮流、改善配电网运行参数以及电源出力特性等。对运行中的电力系统，优化控制主要指运行优化。

(2) 规划优化，主要用于调整配电网布局，合理配置配电装备等。

3) 按优化的范围分类

按优化的范围，优化控制分类如下：

(1) 全局优化。以全系统的性能指标，如全网网损最小、可靠性最高或经济性最好等单个或多个目标作为优化目标。在全局优化中，需充分考虑局部之间的协调，利用整个系统的全局信息，从全局角度进行优化。

(2) 局部优化。以某个供电区域或某个电压等级作为研究对象进行优化，如中压配电网无功优化。

4) 按优化的关注点分类

按优化的关注点，优化控制分类如下：

(1) 最优潮流。关注在给定网络结构和负荷情况并满足一定约束条件下，使系统性能指标最优，例如，全系统运行成本最小或有功网损最小时，网络潮流分布侧重于控制变量的优选，调整控制变量时既要使性能指标趋向最优，又要确保满足各种等式和不等式约束。

(2) 网络重构。关注满足一定约束条件下，如开关操作次数最少、供电负荷最大时，使系统性能指标最优的网络分段开关和联络开关的分合状态。

(3) 运行方式优化。关注满足一定目标时，不同负荷水平、不同电源出力情况下配电网运行方式的优选。

5) 按目标函数的多少分类

按目标函数的多少，优化控制分类如下：

(1) 单目标优化。目标函数只有一个。

(2) 多目标优化。目标函数有多个。一般情况下，多目标优化的各个目标函数之间是矛盾的，一个目标函数的改善有可能引起其他目标函数性能的降低，也就是说，要同时使多个目标函数达到最优是不可能的，只能在多个目标函数间进行协调和折中处理，使各个目标函数尽可能达到最优。

4. 优化控制方法

配电网优化控制对应配电网的正常状态，是配电网的常态控制。当配电网处于正常状态时，通过综合利用潮流/最优潮流计算、网络重构、电压控制、无功优化等手段，优选出更经济、安全、可靠的运行方式，采取一定的调控措施，使配电网调整到优化状态，从而达到改善配电网潮流、优化网络结构和无功分布、提高配电网安全经济运行水平等目标。

配电网优化控制包括状态辨识、控制方案生成、控制方案执行和控制效果评价四个环节，如图 3.4 所示。

1) 状态辨识

准确辨识配电网运行状态，是实现高效优化控制的前提。根据各种运行状态辨识规则判别配电网处于何种运行状态，如果配电网处于优化状态，则无须进行优化控制；如果配电网处于正常状态，则判断配电网运行方式是否可调，如果运行方式不可调，则无须进行优化控制，如果运行方式可调，则根据优化目标生成相应的控制方案。

(1) 优化状态。

优化状态是指配电网按照优化目标确定的运行方式运行，各项运行指标都在允许范围内的运行

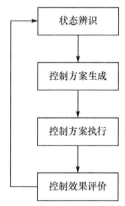

图 3.4　配电网优化控制的环节

状态。优化状态可认为是正常状态的派生状态，或者是正常状态的一种，有些情况下优化状态与正常状态相同。

正常状态着眼于现在，优化状态着眼于未来，均是相对稳定、持续时间较长的状态，通常不会转瞬即逝，也可认为优化状态是正常状态的特殊形式。

(2) 优化状态辨识。

配电网优化状态辨识立足于当前配电网信息，着眼于配电网未来运行状态，包括以下步骤，如图 3.5 所示。

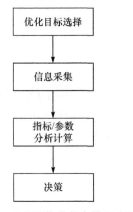

图 3.5　配电网优化状态辨识步骤

步骤 1：优化目标选择。

步骤 2：信息采集。

采集的数据信息包括但不限于以下几类：

① 配电网设备基础数据；

② 历史信息，如电源出力、电压、电流、有功功率、无功功率、频率、相角、功率因数、谐波、开关动作信息、检修计划等；

③ 实时信息，如电源出力、电压、电流、有功功率、无功功率、频率、相角、功率因数、谐波、开关闭合状态、配电网运行方式等；

④ 预测信息，如负荷、天气、温度、湿度等。

步骤 3：指标/参数分析计算。

指标/参数包括但不限于以下几类：

① 安全性指标，即当系统发生故障时，保证对负荷持续供电的能力；

② 供电能力指标，即一定供电区域内供电设备满足 N-1 准则条件下最大的负荷供应能力；

③ 电能质量指标，即电力供应的优劣程度；

④ 供电可靠性指标，即供电系统持续供电的能力；

⑤ 经济性指标，包括但不限于线损率、停电损失费用、设备利用率、能源利用效率等。

步骤 4：决策。

以知识库、规则库以及专家库为依据进行判断并做出决策，知识库、规则库以及专家库的形成依赖于潮流/最优潮流计算、网络重构、电压控制、无功优化、运行方式优化等，判据可预先设定，也可根据采集的信息通过优化计算自动生成。

2) 控制方案的生成

以配电网基础数据为支持，面向优化控制目标，在满足给定约束条件的前提下，综合利用潮流/最优潮流计算、电压控制、无功优化、网络重构等手段，制订适应性优化控制方案，并对控制方案进行快速仿真与模拟。

3) 控制方案的执行

将优化控制策略解析为可以执行的行动指令或逻辑控制条件，依靠可靠的通信网络、各种智能化的开关设备和配电终端设备完成指令的执行。

4) 控制效果评价

对优化控制效果进行评价，如果判别配电网满足各项约束条件，且达到预先设定的优化控制目标，则判别配电网处于优化状态；否则，重新进行状态辨识，根据状态辨识结果，采取相应的控制策略。

### 3.3.4　配电网分级优化

配电网优化控制涉及的内容很广，优化控制目标不止一个，属于典型的多目标优化问题，可用下述数学模型来表述：

$$\min f_1(x_1,x_2,\cdots,x_n)$$
$$\min f_2(x_1,x_2,\cdots,x_n)$$
$$\vdots$$
$$\min f_m(x_1,x_2,\cdots,x_n)$$
$$\text{s.t.}\quad g_i(x_1,x_2,\cdots,x_n) \geqslant 0,\quad i=1,2,\cdots,p$$
$$h_j(x_1,x_2,\cdots,x_n)=0,\quad j=1,2,\cdots,q$$

式中，$x_1,x_2,\cdots,x_n$ 为控制变量，包括发电机有功出力和机端电压、可调无功补偿设备补偿容量、具有可调无功补偿设备的节点电压、有载调压变压器的变比、允许切负荷的有功功率和无功功率；$f_i(x)=f_i(x_1,x_2,\cdots,x_n)(i=1,2,\cdots,m,m\geqslant 2)$ 为目标函数，包括系统总发电费用最少、系统年运行费用最小、系统网损最小、供电能力最大、切除负荷最低、可靠性最高、电压偏移最小等；$g_i(x)=g_i(x_1,x_2,\cdots,x_n)$ 和 $h_j(x)=h_j(x_1,x_2,\cdots,x_n)$ 为约束函数，包括网络拓扑约束、潮流约束、运行约束(如有功电源出力上下限约束、可调无功电源出力上下限约束、有载调压器变比约束、节点电压上下限约束、支路电流上下限约束、三相不平衡度约束、设备动作次数限制等)。

称 $D=\left\{x\in\mathbf{R}^n \middle| \begin{array}{l} g_i(x)\geqslant 0,i=1,2,\cdots,p \\ h_j(x)=0,j=1,2,\cdots,q \end{array}\right\}$ 为可行域。

一般来说，在约束条件下，各个目标函数不是同等地进行最优化，而是根据决策者的意图按不同优先层次先后逐层最优化，因此可以建立层次优化模型对配电网优化控制多目标优化问题进行求解。

配电网优化控制旨在通过潮流/最优潮流计算、电压控制、无功优化、网络重构等手段，将安全性、可靠性、经济性等多方面的要求完美地统一起来。

## 1. 安全性

在配电网优化控制中，安全性是第一要义。安全性是指配电网对除计划停电之外的所有用户保持不间断供电，即不失去负荷。一方面，系统发出的有功功率、无功功率等于用户的有功负荷、无功负荷与网络损耗之和，即满足潮流等式约束；另一方面，在保证电能质量合格的条件下，有关设备的运行状态应处于其运行限值范围内，即没有过负荷，满足节点电压上下限和支路有功无功潮流上下限不等式约束。

## 2. 供电能力

通常来说，在配电网规划设计阶段，考虑了一定的容载比，预留了一定的备用容量，大多数情况下供电能力可以满足用电需求，但是不排除由于负荷激增等原因出现供电能力不能满足负荷需求的情况。在这种情况下，最大限度地保证尽可能多的用户安全用电，使停电负荷尽可能少成为配电网优化控制的主要目标。

供电能力不能满足负荷需求，主要有以下两种情况：一是上级电源供电能力充足，但是线路线径选择不当或者装接配变容量偏小、运行方式不合理等，导致上级电源的供电能力不能释放；二是上级电源供电能力不足，不能满足负荷需求。

对于由线路线径选择不当或者配变容量偏小导致的卡脖子现象，需要进行甩负荷，以保证用户安全可靠用电；对于由运行方式不合理导致的卡脖子现象，可通过比较各种运行方式的安全性和供电能力，选择满足安全性和负荷需求的运行方式；对于因上级电源供电能力不足导致不能满足负荷需求的情况，需进行甩负荷，以保证用户安全可靠用电。

当供电能力不满足负荷需求，需要进行甩负荷时，要遵循以下原则：

(1) 尽可能保证尽量多的用户在安全的前提下有电可用。

(2) 优先保证一级负荷、二级负荷等重要用户供电，一级负荷是指中断供电将造成人身伤亡，在政治、经济上造成重大损失，或影响有重大政治、经济意义的用电单位正常工作的负荷；二级负荷是指中断供电将造成较大经济损失，或影响重要用电单位正常工作的负荷。

(3) 综合考虑用户负荷产生的社会经济效益和过往甩负荷情况，优先保证社会经济效益较大的负荷供电，甩负荷情况尽量保持均衡。

## 3. 可靠性

在保证安全用电和有电可用的基础上，尽可能提高电能质量。电能质量评价指标包括但不限于以下内容：负荷点故障率、系统平均停电频率、系统平均停电时间、电压合格率、电压波动与闪变、三相不平衡度、波形畸变率、电压偏移、频率偏差等。

### 4. 经济性

电力部门总是面临这样的决策问题：一是要把可靠性水平提高到一定程度，从经济上考虑应如何选择提高可靠性措施的最佳方案；二是应花多大的投资把可靠性提高到何种水平为最佳。投资成本增加，系统的可靠性随之提高；但若配电网投资过高，投资成本的增加大于其所带来的可靠性效益，则经济效益不明显。

经济性比较常用的目标函数主要有系统总发电费用最低、系统年运行费用最低、系统网损最小等。

常用的经济性比较方法主要有以下几种：

(1) 以某一可靠性指标限制为标准，不满足该指标即舍弃该方案；

(2) 在满足可靠性指标的基础上，选择费用低或者网损小的方案；

(3) 选择可靠性最优的方案。

在配电网优化控制中，安全性、供电能力、可靠性和经济性这四个方面的要求是分级递进的。保证安全性，不失去负荷是首要目标；在供电能力不足、不能满足负荷需求的情况下，应最大限度地发挥电源的供电能力，使停电负荷最小；在安全用电和有电可用的基础上，应兼顾可靠性和经济性。

在实际应用中，可针对优化目标，按照决策者的意图对上述几个方面的要求进行分级逐步优化，将多目标优化问题转化为多个单目标优化问题，下层级的可行解在上层级的可行域中寻找，从而寻找到满足优化目标的控制方案。

## 3.4　配电网恢复控制技术

### 3.4.1　恢复控制的基本概念及特征

#### 1. 配电网恢复控制的基本概念

配电网恢复控制可分为开环运行馈线断电的小规模恢复控制和大面积断电的恢复控制。配电网恢复控制是指当配电网中发生永久性故障引起停电时，以带电区域为电源，在满足约束条件下，最大限度地恢复对非故障停电区域的供电。

#### 2. 配电网恢复控制的特征

配电网馈线多采用辐射型、环式或网格式等连接方式。其中辐射型连接方式(又称放射状或树状)结构简单，保护装置的整定也比较简单，但该结构属单电源供电方式，可靠性较低。环式或网格式等属于有备用电源的供电方式，正常运行时以开环方式运行，联络开关一般处于断开状态，联络开关的两侧都相当于一条馈线的末端，当某侧停电时，联络开关可自动将环闭合，由另一侧反送电，具有较高的供电可靠性，在城市配电系统中得到了广泛的应用。

1) 配电网馈线断电的恢复控制特征

配电网馈线的接线方式复杂，发生故障后，可选择的恢复控制路径多，恢复控制不但要搜索恢复供电的路径，更要在这些恢复供电路径之间合理地分配负荷，使得配电网在故障后，安全、可靠、经济地运行。

2) 大面积断电恢复控制的特征

配电网大面积断电一般是指配电网中某个薄弱环节由于设备或人为因素发生的故障，对整个配电网或配电网的一个重要部分产生破坏的大型事故。大面积断电事故涉及面较广，影响较大，多为多重故障，现象较为复杂。一般影响不同电压等级的不同的配电网，或者相同电压等级的不同的配电网，需各级调度与统一协调事故处理。事故破坏程度大，往往会造成较大的经济损失。

### 3.4.2　恢复控制的原则

配电网恢复控制的目标是在允许的操作条件和电气约束下，通过网络重构尽可能多地将停电区域的负荷转供到正常供电的馈线上。恢复控制的基本目标总结如下：

(1) 必须在尽可能短的时间内恢复对停电区域的供电，以降低用户的不满意程度，提高供电可靠性。

(2) 应尽可能多地恢复停电负荷，同时，分别考虑不同等级的负荷，重要的负荷应优先恢复供电。

(3) 开关的操作次数应尽可能少，一方面开关设备的总操作次数有限，为延长开关的使用寿命，操作次数越少越好；另一方面，减少开关操作次数可以降低对配电网的冲击，提高电能质量。

(4) 恢复控制的网络结构变动应尽量少。

### 3.4.3　恢复控制的决策方法

1. 恢复控制的决策描述

配电网恢复控制是考虑约束情况下的多目标组合优化决策问题。优化目标可以设置如下：尽可能多地恢复对重要用户的供电；尽可能多地恢复对所有失电负荷的供电；尽可能减少恢复后配电网的网损；尽可能减少恢复计划中要求操作的开关数；尽可能均衡馈线负荷分配。

　　配电网恢复控制的多目标优化问题中，各目标之间相互耦合、相互影响，一个目标的改善有可能引起另一个或者另几个目标的性能降低，即很难同时使多个目标一起达到最优，而只能在各目标之间进行协调和折中处理，使各目标都尽可能地达到最优化。

　　多目标优化问题不存在唯一的全局最优解，过多的非劣解无法直接应用，因此需要寻找一个最终解。求解最终解主要有三类方法：①生成法，即先求出大量的非劣解，构成非劣解的一个子集，然后按照决策者的意图找出最终解；②交互法，不是先求出很多的非劣解，而是通过分析者与决策者对话的方式逐步求出最终解；③事先要求决策者提供目标之间的相对重要程度，将多目标问题转换为单目标问题进行求解。

　　多目标优化问题可以采用不同的算法来解决，如多目标进化算法、多目标粒子群算法、蚁群算法、模拟退火算法、人工免疫系统等。

　　2. 恢复控制的决策生成

　　针对配电网恢复控制问题的特点，典型的解决方法有：用启发式搜索方法寻找可能的恢复方案；用模糊评价方法对候选方案进行模糊评价；用遗传算法建立评价函数，寻求评价函数的最优解；采用专家系统方法，构建规则库并进行推理，寻找最有可能的恢复方案；用模拟退火算法进行寻优，以确定最优的恢复方案。由于配电网故障恢复问题的复杂性，有时还需要将两种或多种算法结合来更有效地解决问题。

　　1) 启发式搜索方法

　　恢复控制是一个非线性优化问题，解决此类问题的关键之一是确定最优的搜索方向。启发式搜索以一定的规则指标来限定搜索的方向，以一定的准则评价可能的解，以此减小搜索空间，缩短恢复时间。启发式搜索方法的优点是：启发式规则是通用的；使用启发式搜索可有效地减小解空间；算法实现容易。但通过这类方法所得到的结果的优劣一般与网络结构有关，算法表现不稳定；目前的启发式规则不是很理想，可行解的数量非常巨大，计算效率有待提高。

　　2) 模糊评价方法

　　模糊集的一个重要特点是用隶属度来表示诸多模糊子集和总集的关系。在找出多组可行解后，为了选出最优方案，常将评估规则模糊化，适当放宽约束条件。此方法不依赖于系统的初始状态，可以得到全局最优解。

　　3) 遗传算法

　　遗传算法是基于自然选择和生物遗传的一种寻优方法，具有较强的鲁棒性和较好的寻优能力，因此适用于处理多目标、离散、非线性优化问题。遗传算法的优点在于它能适用于不同的网络，缺点是实时性不够，计算时间较长。

4) 专家系统方法

用专家系统方法处理配电网故障恢复问题，能自动生成故障恢复时的开关操作列表。专家系统方法不能处理在知识获取过程中不曾遇到过的特殊情况，因此难以覆盖所有的故障模式和运行方式；知识获取的工作量大，知识库的建立与集成耗时多，花费大；有些知识不易表达成规则形式，不能保证得到最优方案等，这些都使专家系统方法的应用受到限制。

5) 模拟退火算法

模拟退火算法的优点有：计算没有连续性、可微性等要求，适应范围广；理论上能找到全局最优解或近似全局最优解；采用随机搜索技术，属于随机优化方法，用概率来指导搜索而不像常规方法采用确定性规则；具有并行处理能力，易于并行实现。该方法的缺点为：它是按概率来接受可行解的，对于大规模的系统，计算量大。

6) 混合方法

每种算法都有各自的适用范围和优缺点，为克服各算法的缺点，可采用混合算法，如遗传算法与专家系统相结合、启发式搜索与模糊推理相结合、专家系统与混合整数规划法相结合等。

### 3.4.4　配电网馈线的快速恢复控制方法

1. 两步恢复控制方法

配电网馈线断电的恢复控制由其特征决定了是多目标优化问题，但多目标问题的求解时间较长，所得结果也需要验证，实效性较差。

配电网通常联络较少，需要恢复的区域通常也较为明确、简单，可选择的恢复控制方案有限。为提高恢复控制效率，可以将配电网馈线的恢复控制方法划分为两步执行，第一步是快速恢复控制，第二步是优化恢复。第二步是在第一步基础上的优化运行，可有效优化快速恢复控制之后的运行方式，既保证了恢复控制的快速性，又保证了恢复控制之后的配电网能够安全稳定运行。

2. 快速恢复控制的模式化方法

快速恢复控制采用模式化的方法缩短恢复控制时间。模式化方法的基本思路是：将故障停电线路段/供电区划分为 $N$ 种不同类型，针对每种不同类型，分别采用多目标优化的方法求出最优解，通过离线或在线方法设置相应的恢复控制规则。当需要恢复控制时，根据非故障停电线路段/供电区的类型，决定所采用的恢复控制模式，并在相应恢复控制模式中调取相应的恢复控制规则，制订恢复控制方案，最后由运行控制系统执行相应方案，快速恢复供电。

配电网馈线断电的恢复控制方法分别采用了多目标进化的决策方法，以及基于启发式搜索的恢复路径搜索方法。恢复控制的目标函数如下：

$$\min f = w_1 P_{\mathrm{LL}} t + w_2 P_{\mathrm{NL}} t + w_3 C_{\mathrm{B}} \tag{3.1}$$

$$P_{\mathrm{LL}} = \sum_i w_{\mathrm{L}i} P_{\mathrm{L}i} \tag{3.2}$$

$$P_{\mathrm{NL}} = w_{\mathrm{loss}} P_{\mathrm{loss}} \tag{3.3}$$

式中，$P_{\mathrm{LL}}$ 为单位时间内总的负荷损失费用；$P_{\mathrm{L}i}$ 为损失的有功负荷；$w_{\mathrm{L}i}$ 为相应的电价；$P_{\mathrm{NL}}$ 为单位时间内网络的有功损耗费用；$P_{\mathrm{loss}}$ 为网络有功损耗；$w_{\mathrm{loss}}$ 为网络损耗的价格；$C_{\mathrm{B}}$ 为由网络的初始状态变换到目标状态所需的开关操作费用；$t$ 为所研究的时间区间长度，一般取总的停电时间；$w_1$、$w_2$、$w_3$ 分别为各项权重。

### 3.4.5　含分布式电源的恢复控制方法

在分布式电源渗透率较高的配电网中，配电网的恢复控制应充分利用分布式电源的孤岛内运行方式，提高供电可靠性，缩短恢复控制时间，减少停电损失。

#### 1. 分布式电源的孤岛运行方式

分布式电源的孤岛运行方式是指当配电网的部分线路因故障或维修而停电时，停电线路所连接的并网发电装置继续供电，并连通周围负载构成一个自给供电的孤岛的现象。采用分布式电源孤岛运行为因故障而停电的部分配电网提供电能时，系统的供电可靠性将得到有效提高。

当分布式电源的容量大于负荷容量时，分布式电源具有一定的调节余量，需要其具有较强的调控能力，与系统解列时能够平稳地过渡到孤岛模式。当分布式电源的容量不大于负荷容量时，即并网时部分负荷需要配电网提供能量，一旦脱离配电网，分布式电源应该保证重要负荷的供电，切除不重要的负荷，即执行快速合理的孤岛划分方案，尽量保证重要负荷的供电。

分布式电源计划孤岛运行对配电网的自动化水平要求较高，需要能够实时采集配电网的拓扑结构和潮流数据，实现远程控制，并能自动完成故障检测和隔离操作；可实时检测分布式电源工作状态和运行参数，从而掌握配电网的运行状态及负荷情况，对分布式电源形成孤岛的范围进行预测。

含有分布式电源的配电网恢复控制流程如图 3.6 所示。

#### 2. 分布式电源孤岛划分的原则

实时在线的孤岛划分策略是根据故障前配电网的运行状况以及故障点的位置，灵活地确定孤岛的范围。

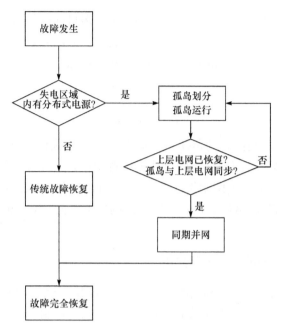

图 3.6　含有分布式电源的配电网恢复控制流程

孤岛内的系统静态平衡需要保证系统内的功率平衡，即分布式电源的出力要大于孤岛内负荷的总容量。同时，配电网内的负荷按照重要性可以分为不同的等级。重要的负荷，应该优先保证可靠供电；一般的负荷，尽量保证可靠供电；还有一些次要的负荷，其可靠性不用优先考虑，当配电网出现故障时，电力系统将优先将这些次要负荷切除。同时，孤岛是一个稳定的小型电力系统，因此必须保证孤岛内的电气安全。

孤岛划分所依据的原则主要有：

(1) 最大限度地恢复重要负荷。主网故障后，分布式电源应该最大限度地恢复负荷的供电，减少损失，孤岛的范围越大，数目越小，越易于操作。同时，应该考虑不同负荷的重要程度，负荷越重要越应该优先恢复。

(2) 孤岛形成后，要保证孤岛内的设备和电力线路都处于安全状态，即避免设备过载和电压越限。

### 3. 分布式电源孤岛划分方法

配电网中开关数量庞大，特别是在大面积失电的情况下，孤岛划分是一个非线性整数混合优化问题。具体来说，需要在满足安全约束、拓扑约束、功率约束的基础上达到最大限度恢复重要负荷的供电，因此孤岛划分是一个多约束非线性背包问题。目前解决孤岛划分问题的方法主要有启发式搜索方法、分层解列方法、分支定界方法和动态规划方法等。

1) 启发式搜索方法

根据故障前的潮流数据，从分布式电源所在的源点单元出发，不断融合相邻的源点单元和负荷单元，形成新的源点单元，直至源点单元中的功率输出与负荷基本匹配，此时即故障后的孤岛，其端点为解列点。该方法计算速度快，但是往往不能得到最优的搜索结果。

2) 分层解列方法

根据配电网的树状结构及自上而下恢复的特点，将孤岛分为电厂级孤岛和变电站级孤岛，可以快速形成孤岛方案，但是该方法不适用于较为复杂的网格状配电网。

3) 分支定界方法和动态规划方法

根据配电网的树状结构，采用深度优先编号，使用分支定界方法或者动态规划方法能准确地得出孤岛划分方案，但是这两种方法同样不适用于较为复杂的网格状配电网，同时在系统规模较大的情况下搜索速度较慢。

解决多约束非线性背包问题是一个比较困难的问题，所以采用计算加校验的思路进行求解。首先不考虑安全约束，将其转化为多约束线性背包问题，得出结果再进行潮流计算进行验证。解决背包问题常采用的方法有分支定界方法、动态规划方法、近似算法以及遗传算法等。遗传算法不受搜索空间限制条件的约束，不需要其他辅助信息，具有较高的准确率且操作简单，因此这里选用遗传算法进行孤岛划分。

算法流程如下：

(1) 从自愈控制系统获得非故障失电区域的拓扑结构，获得故障前非故障失电区域内负荷的大小和重要程度。

(2) 采用遗传算法进行计算，获得最优个体、次优个体、次次优个体……并记录，即非故障失电区域内的开关状态。

(3) 对形成的孤岛进行潮流计算，若结果满足安全约束，则结束计算，若不满足安全约束，则返回步骤(2)，选择次优个体进行计算。

4. 分布式电源孤岛划分数学模型

分布式电源孤岛划分的目的是在含分布式电源的非故障失电区域中尽可能恢复负荷的供电，同时兼顾负荷的重要性，越重要的负荷应该越优先得到恢复。同时，形成的孤岛应有足够的调节能力，保证孤岛内的设备和电力线路都处于安全状态，避免设备过载和电压越限。

(1) 孤岛划分的目标函数为

$$\max\left(\sum_{i=1}^{N} P_i w_i x_i\right)$$

式中，$N$ 代表负荷的数量；$P_i$ 代表失电区域内负荷 $L_i$ 消耗的有功功率；$w_i$ 代表负荷的重要程度，越重要，$w_i$ 值越大；$x_i$ 为一个二进制的变量，$x_i=1$ 表示 $L_i$ 接入孤岛，$x_i=0$ 表示 $L_i$ 未接入孤岛。

(2) 孤岛划分的约束条件如下。

① 孤岛内的功率约束。孤岛内的功率应该能够达到平衡，即总的负荷应该不超过孤岛内分布式电源的总容量：

$$\sum_{i=1}^{N} P_i \leqslant P_{\mathrm{DG}} \tag{3.4}$$

② 孤岛内的节点电压约束。孤岛是一个独立的小型电力系统，孤岛内的电能质量只有维持在一定范围内才能保证孤岛内的负荷正常运行。根据国家标准，35kV 及以上供电电压正负偏差的绝对值之和不超过额定电压的 10%，10kV 及以下三相供电电压允许偏差为额定电压的 ±7%，节点电压约束为

$$U_{\mathrm{bmin}} \leqslant U_{\mathrm{b}} \leqslant U_{\mathrm{bmax}} \tag{3.5}$$

式中，$U_{\mathrm{b}}$ 为节点电压；$U_{\mathrm{bmin}}$ 为节点电压下限；$U_{\mathrm{bmax}}$ 为节点电压上限。

③ 孤岛内的支路电流约束。孤岛内支路电流不能超过负荷的额定电流，即

$$I_1 \leqslant I_{1,\max} \tag{3.6}$$

式中，$I_1$ 为支路电流；$I_{1,\max}$ 为支路电流上限。

④ 网络拓扑约束。配电网一般为闭环设计、开环运行，因此要求孤岛为辐射状，在主网故障后，孤岛的并网不会改变配电网的辐射状结构。

### 3.4.6 配电网大面积断电快速恢复控制方法

随着配电网结构日益加强，发生事故的概率越来越小，但是配电网一旦发生大面积断电事故，将造成巨大的经济损失和社会影响。

配电网大面积断电事故恢复是复杂的决策和控制问题，在不同时段恢复的主要目标不同，如在恢复初期，首要目标是恢复系统发电能力，中期恢复线路构建系统主干网架、枢纽节点与重要负荷节点，最后在此基础上大规模恢复负荷。

#### 1. 大面积断电后系统分区恢复的优化算法

将机组的启动时间参数引入系统分区恢复策略的制定过程，并将划分系统分

区的策略与分区内部节点的恢复路径、恢复顺序结合考虑，力求得到最优的系统分区恢复方案。为实现系统的分区供电恢复，每个分区内都必须包含一个可用的黑启动电源。因此，可以根据可用黑启动电源的数目来确定系统分区数目，在每个分区内围绕各自的黑启动电源，以一些重要的目标节点为基础构建恢复网架。这些目标节点包括大面积停电后需要在第一时间恢复的机组节点、重要负荷节点与枢纽节点，它们在全网的恢复过程中有比较高的优先级，并且数目不是很多，方便计算。当从某黑启动电源向单个目标节点进行恢复时，采用经典的最短路径搜索算法，以保证恢复时间最短。由于配电网中的黑启动电源和待恢复的目标节点并不唯一，引入组合目标节点寻优思想，采用遗传算法对目标节点的分区及恢复顺序进行优化。根据设定的适应度函数对每个网架进行评价，选择出最优的恢复方案。

**2. 分布式电源在配电网大面积断电恢复控制中的作用**

若分布式电源可控，则可随时监测其操作状态。当配电网发生大面积断电时，应充分利用分布式电源的发电能力，减少停电区域，提高系统关键用户的供电可靠性。单个分布式电源(或单元组合)可带本地负荷形成单元孤岛；多个分布式电源可在故障后共同承担部分配电网负荷，形成多用户孤岛。

(1) 发生大面积停电事故后，位于电厂附近的分布式电源可作为电厂的启动电源，协助完成失电系统的电源黑启动。

(2) 发生大面积停电事故后，分布式电源可作为备用电源，形成单元孤岛运行，恢复重要负荷的电力供应，保证核心关键部门的用电。

(3) 发生大面积停电事故后，处于断电区域的分布式电源，如果可以形成多用户孤岛运行，则解列生成多用户孤岛；若多用户孤岛内功率缺额过大，则直接解列为多个单元孤岛运行，尽可能多地恢复负荷供电。

分布式电源的孤岛运行作为断电后的一种紧急控制方式，目标是将停电损失降到最低。

# 第4章　配电网分布-集中协同故障诊断与保护技术

## 4.1　配电网故障时空特性

### 4.1.1　短路故障时空特性

在各类配电网短路故障中,一般情况下三相短路故障所造成的短路电流最大,因此其危害也相应最大。下面对三相短路故障发生后配电网电气量的时空特性进行分析。

图 4.1 给出了 $K$ 点金属性三相短路的情况(可接地,也可不接地),在 $K$ 点将系统分割成两个部分。$K$ 点金属性三相短路的边界条件为

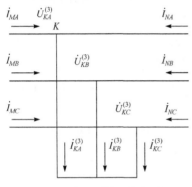

图 4.1　$K$ 点金属性三相短路图

$$\begin{cases} \dot{U}_{KA}^{(3)} = 0 \\ \dot{U}_{KB}^{(3)} = 0 \\ \dot{U}_{KC}^{(3)} = 0 \end{cases} \tag{4.1}$$

因三相处在相同的情况,故任一相均可取特殊相(基准相),一般取 $A$ 相。

由式(4.1)可得故障点各序分量电压为

$$\dot{U}_{KA}^{(3)} = \dot{U}_{KB}^{(3)} = \dot{U}_{KC}^{(3)} = 0 \tag{4.2}$$

于是复合序网络就是正序网络。显然,$\dot{I}_{KA2}^{(3)} = 0$,$\dot{I}_{KA0}^{(3)} = 0$,即三相对称短路没有负序电流和零序电流,自然也没有负序电压和零序电压。

故障点的正序电流就是三相短路电流,即

$$\dot{I}_{KA}^{(3)} = \dot{I}_{KA1}^{(3)} = \frac{\dot{U}_{KA[0]}}{Z_{\Sigma 1}} \tag{4.3}$$

图 4.1 中,$K$ 点三相短路故障,可看成由正常运行时 $K$ 点反向接入正常运行三相电压 $\dot{U}_{KA[0]}$、$\dot{U}_{KB[0]}$、$\dot{U}_{KC[0]}$ 造成。于是,$K$ 点三相短路故障为下列两种方式的叠加:第一种方式是电动势 $\dot{E}_M$、$\dot{E}_N$ 和 $K$ 点正常运行三相电动势 $\dot{U}_{KA[0]}$、$\dot{U}_{KB[0]}$、$\dot{U}_{KC[0]}$ 作用下的负荷状态(即正常运行方式);第二种方式是仅有 $K$ 点反向接入的 $\dot{U}_{KA[0]}$、$\dot{U}_{KB[0]}$、$\dot{U}_{KC[0]}$ 故障电动势作用的故障分量网络(原有电动势 $\dot{E}_M = 0$、

$\dot{E}_N = 0$)。在故障分量网络中，没有负荷分量电流、电压，仅有故障分量电流、电压。因三相短路故障时的故障分量网络三相对称，故只需画出一相，如图 4.2 所示，图中，$\Delta \dot{I}_{MA}$、$\Delta \dot{I}_{NA}$ 表示故障分量电流，$\Delta \dot{U}_{MA}$、$\dot{U}_{NA}$ 表示故障分量电压。

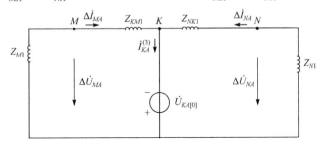

图 4.2　$K$ 点三相短路时故障分量图

　　三相短路故障时仅有正序分量电压、电流，故序电压分布是指正序电压的分布。因此，图 4.2 中 $M$ 母线点的电压为

$$\dot{U}_{MA} = \frac{Z_{MK1}}{Z_{M1} + Z_{MK1}} \dot{E}_{MA} \tag{4.4}$$

式(4.4)说明，故障点离 $M$ 母线越近，$M$ 母线上的电压(正序电压)越低。当故障点在 $M$ 母线处时，正序电压降到零值；故障点离母线越远，$M$ 母线上的正序电压越高。

　　对于正序电压的分布，故障点为零；逐渐向电源升高，到电源点就是电源电动势。正序电压分布如图 4.3 所示，当 $N$ 侧无电源时，$N$ 侧的正序电压为零，如图 4.3 中虚线所示。

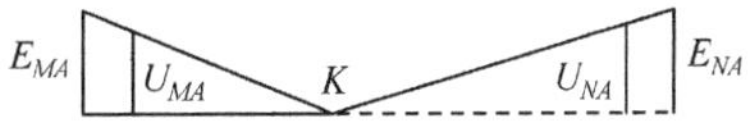

　　故障分量电压又称突变量电压，故障分量电流又称突变量电流。因为故障分量网络是无源网络，所以可求得 $K$ 点三相短路时线路两侧

图 4.3　正序电压分布图

的突变量电流 $\Delta \dot{I}_{MA}$、$\Delta \dot{I}_{NA}$ 和母线上的突变量电压 $\Delta \dot{U}_{MA}$、$\Delta \dot{U}_{NA}$ 分别为

$$\Delta \dot{I}_{MA} = \frac{\dot{U}_{KA[0]}}{Z_{M1} + Z_{MK1}} \tag{4.5}$$

$$\Delta \dot{I}_{NA} = \frac{\dot{U}_{KA[0]}}{Z_{N1} + Z_{MK1}} \tag{4.6}$$

$$\Delta \dot{U}_{MA} = -\Delta \dot{I}_{MA} Z_{M1} = -\frac{Z_{M1}}{Z_{M1} + Z_{MK1}} \dot{U}_{KA[0]} \tag{4.7}$$

$$\Delta \dot{U}_{NA} = -\Delta \dot{I}_{NA} Z_{N1} = -\frac{Z_{N1}}{Z_{N1} + Z_{NK1}} \dot{U}_{KA[0]} \tag{4.8}$$

可以看出，$M$、$N$ 母线上的突变量电压是故障分量电动势 $\dot{U}_{KA[0]}$ 在母线上的分压值，故障点越靠近母线，数值越高。

因为三相短路故障仅有正序分量，所以序电流的分布即正序电流的分布。因此 $M$ 侧的正序电流(以 $A$ 相为例)可表示为

$$\dot{I}_{MA} = \dot{I}_{\text{loa}\cdot A} + \Delta\dot{I}_{MA} = \dot{I}_{\text{loa}\cdot A} + C_{1M}\dot{I}_{MA}^{(3)} \tag{4.9}$$

$$\dot{I}_{\text{loa}\cdot A} = \frac{\dot{E}_{MA} - \dot{E}_{NA}}{Z_{M1} + Z_{MN1} + Z_{N1}} = \frac{\dot{E}_{MA} - \dot{E}_{NA}}{Z_{11}} \tag{4.10}$$

其中

$$Z_{11} = Z_{M1} + Z_{MN1} + Z_{N1}$$

$$C_{1M} = \frac{Z_{N1} + Z_{NK2}}{Z_{11}}$$

$C_{1M}$ 是 $K$ 点短路故障时 $M$ 侧正序电流分配系数。应当指出，$C_{1M}\dot{I}_{MA}^{(3)}$ 与 $\dot{I}_{\text{loa}\cdot A}$ 有几乎垂直的相位关系；在一般情况下，$|C_{1M}\dot{I}_{MA}^{(3)}|$ 远比 $|\dot{I}_{\text{loa}\cdot A}|$ 大，因此在短路计算中可将负荷电流忽略不计。

### 4.1.2　单相接地故障时空特性

小电流接地系统发生单相接地故障后的典型零序网络如图 4-4 所示。图中，假设在馈线 $i$ 上的 $F$ 点处发生单相接地故障，即相当于在 $F$ 点产生一个零序电源。$R_{0k}$、$L_{0k}$、$C_{0k}$ 分别为馈线 $k$ 单位长度零序电阻、零序电感和零序分布电容，$L$ 为消弧线圈电感，$n$ 为馈线条数。开关 $K$ 断开，该网络为中性点不接地系统；$K$ 闭合，该网络为中性点经消弧线圈接地系统。

为深入挖掘零序量特性，将图 4.4 转化为图 4.5 所示的等效电路进行分析。

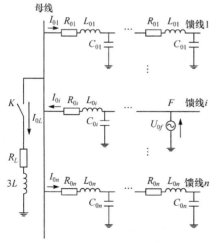
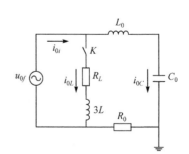

图 4.4　配电网单相接地故障零序网络　　　图 4.5　配电网单相接地故障零序网络等效电路

考虑复杂情况，即 $K$ 闭合，且存在测量噪声及配电网不平衡运行的状况，可得

$$i_{0i} = i_{0C} + i_{0L} + i_{ub} + n \tag{4.11}$$

式中，$i_{0i}$ 为故障馈线始端采集到的零序电流；$i_{0C}$ 为容性零序分量；$i_{0L}$ 为感性零序分量；$i_{ub}$ 为配电网自身不平衡运行引发的零序分量；$n$ 为测量噪声干扰。结合图 4.4 可知，非故障馈线始端采集到的零序电流除不包含 $i_{0L}$ 外，其余组分同 $i_{0i}$。

由图 4.5 建立微分方程，结合初始条件求解得

$$i_{0C} = i'_{0C} + i''_{0C}$$

$$= I_{0Cm}\left(\frac{\omega_f}{\omega}\sin\varphi\sin(\omega_f t) - \cos\varphi\cos(\omega_f t)\right)\mathrm{e}^{-\frac{t}{\tau_C}} + I_{0Cm}\cos(\omega t + \varphi) \tag{4.12}$$

式中，$i'_{0C}$ 为暂态容性零序电流分量；$i''_{0C}$ 为稳态容性零序电流分量；$\tau_C$ 为容性零序回路的时间常数；$\omega_f$ 为 $i_{0C}$ 的角频率，

$$\omega_f = \sqrt{\frac{1}{L_0 C_0} - \left(\frac{R_0}{2L_0}\right)^2}$$

同理可得，$i_{0L}$ 中也包含一个呈指数型衰减的暂态感性零序电流分量 $i'_{0L}$ 与以工频频率振荡的稳态感性零序电流分量 $i''_{0L}$。

根据实际配电网 $R_0$、$L_0$、$C_0$ 及 $L$ 的取值范围，推算可知：$i'_{0C}$ 的自振频率(即 $\frac{\omega_f}{2\pi}$)范围为 300~3000Hz，且幅值较大，为稳态值 $i''_{0C}$ 的几倍甚至几十倍(即 $\frac{\omega_f}{\omega}\mathrm{e}^{-1}$)，但 $i'_{0C}$ 衰减很快，一般持续 0.5~1 个工频周期(即 $\tau_C$)。另外，由图 4.4 和图 4.5 可知，故障线路始端的 $i'_{0C}$ 从幅值上明显大于非故障线路，方向与非故障线路相反，而 $i_{ub}$、$i''_{0L}$ 与 $i''_{0C}$ 均为工频分量，且 $i''_{0L}$ 与 $i''_{0C}$ 的幅值较小，不易于信号获取。综上，小电流接地系统发生单相接地故障后，可通过各馈线始端产生的零序电流中包含的暂态容性零序电流分量 $i'_{0C}$ 的变化趋势，有效区分故障线路与非故障线路。而利用 $i'_{0C}$ 与采集到的零序电流中的其他分量在频域上无交集这一特性，即可实现信号的有效提取。

### 4.1.3　断线故障时空特性

对于如图 4.6 所示的某配电线路，单相断线故障后，分别计算负荷点高压侧和低压侧正序电压变化情况。

1. 负荷点高压侧正序电压计算

建立如图 4.6 所示的配电线路的正序网络图，如图 4.7 所示，图中，$\dot{E}$ 为电源电压；$jX_{G(1)}$ 为电源正序阻抗；$jX_{L01(1)}$、$jX_{L12(1)}$、$jX_{L14(1)}$ 为支路 01、12、14

的正序阻抗；$jX_{L2f(1)}$、$jX_{Lf3(1)}$ 为节点 2 至故障点的线路正序阻抗、故障点至节点 3 的正序阻抗；$\dot{V}_{f(1)}$ 为故障点正序电压；$jX_{LD1(1)}$、$jX_{LD2(1)}$、$jX_{LD3(1)}$、$jX_{LD4(1)}$ 为节点 1、2、3、4 所连接负荷的正序阻抗。

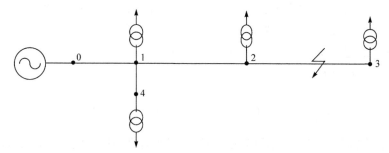

图 4.6　某配电网线路示意图

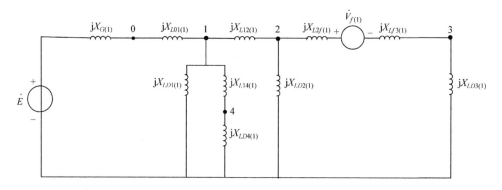

图 4.7　正序网络图

由于配电网中各支路较短，且各负荷正序阻抗较大，可以忽略各支路正序阻抗，化简后的正序网络图如图 4.8 所示。

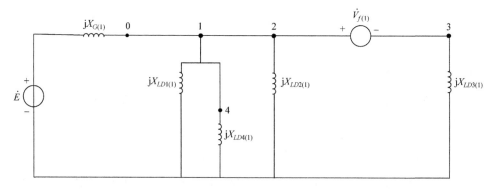

图 4.8　化简后的正序网络图

由图 4.8 可以计算出：

$$\dot{V}_{3(1)} = \left( \frac{(jX_{G(1)}//jX_{LD1(1)}//jX_{LD2(1)}//jX_{LD4(1)})\dot{E}}{jX_{G(1)}} - \dot{V}_{f(1)} \right)$$
$$\cdot \frac{jX_{LD3(1)}}{(jX_{G(1)}//jX_{LD1(1)}//jX_{LD2(1)}//jX_{LD4(1)}) + jX_{LD3(1)}} \tag{4.13}$$

$$\dot{V}_{0(1)} \approx \dot{V}_{1(1)} \approx \dot{V}_{2(1)} \approx \dot{V}_{4(1)} = \dot{V}_{f(1)} + \dot{V}_{3(1)}$$
$$= \frac{(jX_{G(1)}//jX_{LD1(1)}//jX_{LD2(1)}//jX_{LD4(1)})(\dot{E}jX_{LD3(1)} + \dot{V}_{f(1)})}{(jX_{G(1)}//jX_{LD1(1)}//jX_{LD2(1)}//jX_{LD4(1)}) + jX_{LD3(1)}} \tag{4.14}$$

由单相断线故障的边界条件可知：

$$\dot{V}_{f(1)} = \dot{V}_{f(2)} = \dot{V}_{f(0)} = \frac{Z_{\Sigma 2}//Z_{\Sigma 0}}{Z_{\Sigma 1} + Z_{\Sigma 2}//Z_{\Sigma 0}} \dot{E} \tag{4.15}$$

式中，$Z_{\Sigma 1}$ 为从断点等效的正序阻抗，

$$Z_{\Sigma 1} = jX_{G(1)}//jX_{LD1(1)}//jX_{LD2(1)}//jX_{LD4(1)} + jX_{LD3(1)} \tag{4.16}$$

$Z_{\Sigma 2}$ 为从断点等效的负序阻抗，

$$Z_{\Sigma 2} = jX_{G(2)}//jX_{LD1(2)}//jX_{LD2(2)}//jX_{LD4(2)} + jX_{LD3(2)} \tag{4.17}$$

$Z_{\Sigma 0}$ 为从断点等效的负序阻抗，由于我国配电网多为小电流接地系统，所以 $Z_{\Sigma 0}$ 很大，$Z_{\Sigma 2}//Z_{\Sigma 0} \approx Z_{\Sigma 2}$，从而有

$$\dot{V}_{3(1)} = \frac{jX_{LD3(1)}\dot{E}}{Z_{\Sigma 1}jX_{G(1)}} \left[ (jX_{G(1)}//jX_{LD1(1)}//jX_{LD2(1)}//jX_{LD4(1)}) - \frac{Z_{\Sigma 2}}{Z_{\Sigma 1} + Z_{\Sigma 2}}jX_{G(1)} \right]$$
$$= \frac{jX_{LD3(1)}\dot{E}[(jX_{G(1)}//jX_{LD1(1)}//jX_{LD2(1)}//jX_{LD4(1)})(Z_{\Sigma 1} + Z_{\Sigma 2}) - Z_{\Sigma 2}jX_{G(1)}]}{Z_{\Sigma 1}jX_{G(1)}(Z_{\Sigma 1} + Z_{\Sigma 2})} \tag{4.18}$$

由于

$$jX_{G(1)}//jX_{LD1(1)}//jX_{LD2(1)}//jX_{LD4(1)} < jX_{G(1)} \tag{4.19}$$

所以有

$$\dot{V}_{3(1)} < \frac{jX_{LD3(1)}\dot{E}Z_{\Sigma 1}(jX_{G(1)}//jX_{LD1(1)}//jX_{LD2(1)}//jX_{LD4(1)})}{Z_{\Sigma 1}jX_{G(1)}(Z_{\Sigma 1} + Z_{\Sigma 2})} \tag{4.20}$$

其他各节点的电压为

$$\dot{V}_{0(1)} \approx \dot{V}_{1(1)} \approx \dot{V}_{2(1)} \approx \dot{V}_{4(1)}$$
$$\approx \frac{(jX_{G(1)}//jX_{LD1(1)}//jX_{LD2(1)}//jX_{LD4(1)})\dot{E}(jX_{LD3(1)}Z_{\Sigma 1} + Z_{\Sigma 2}jX_{LD3(1)} + Z_{\Sigma 2})}{Z_{\Sigma 1}(Z_{\Sigma 1} + Z_{\Sigma 2})}$$

$$= \frac{X_{LD3(1)}Z_{\Sigma 1}\dot{E}(jX_{G(1)}//jX_{LD1(1)}//jX_{LD2(1)}//jX_{LD4(1)})}{Z_{\Sigma 1}(Z_{\Sigma 1}+Z_{\Sigma 2})}$$

$$+ \frac{(jX_{G(1)}//jX_{LD1(1)}//jX_{LD2(1)}//jX_{LD4(1)})\dot{E}(Z_{\Sigma 2}jX_{LD3(1)}+Z_{\Sigma 2})}{Z_{\Sigma 1}(Z_{\Sigma 1}+Z_{\Sigma 2})} \tag{4.21}$$

由以上两式可得

$$\begin{cases} \dot{V}_{3(1)} < \dot{V}_{0(1)} \\ \dot{V}_{0(1)} \approx \dot{V}_{1(1)} \approx \dot{V}_{2(1)} \approx \dot{V}_{4(1)} \end{cases} \tag{4.22}$$

也就是说，单相断线故障发生后，故障点后各点正序电压小于故障点前各负荷点和非故障线路各负荷点的正序电压。

**2. 负荷点低压侧正序电压计算**

在我国，配电变压器连接组别以 Yyn0 为主，其次是 Dyn11，下面分别对 Yyn0 型配电变压器和 Dyn11 型配电变压器低压侧正序电压变化进行讨论。

1) Yyn0 型配电变压器

Yyn0 型配电变压器绕组接线方式如图 4.9 所示。假设 $A$ 相断线，则配电变压器 $A$ 相电流 $\dot{I}_A = 0$，设 $\dot{I}_B = I\angle 0°$，则 $\dot{I}_C = I\angle 180°$。运用对称分量法计算 $A$、$B$、$C$ 三相电流的三相对称分量。

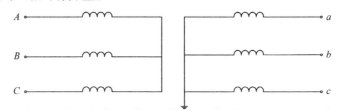

图 4.9 Yyn0 型配电变压器绕组接线方式

$A$ 相电流的正序、负序和零序分量如下：

$$\begin{cases} \dot{I}_{A(1)} = \frac{1}{3}(\dot{I}_A + \partial\dot{I}_B + \partial^2\dot{I}_C) = \frac{\sqrt{3}}{3}I\angle 90° \\ \dot{I}_{A(2)} = \frac{1}{3}(\dot{I}_A + \partial^2\dot{I}_B + \partial\dot{I}_C) = \frac{\sqrt{3}}{3}I\angle -90° \\ \dot{I}_{A(0)} = \frac{1}{3}(\dot{I}_A + \dot{I}_B + \dot{I}_C) = 0 \end{cases} \tag{4.23}$$

式中，$\partial = e^{j120°}$。

$B$ 相电流的正序、负序和零序分量如下：

$$\begin{cases} \dot{I}_{B(1)} = \partial^2 \dot{I}_{A(1)} = \dfrac{\sqrt{3}}{3} I \angle -30° \\[2mm] \dot{I}_{B(2)} = \partial \dot{I}_{A(2)} = \dfrac{\sqrt{3}}{3} I \angle 30° \\[2mm] \dot{I}_{B(0)} = \dot{I}_{A(0)} = 0 \end{cases} \tag{4.24}$$

$C$ 相电流的正序、负序和零序分量如下：

$$\begin{cases} \dot{I}_{C(1)} = \partial \dot{I}_{A(1)} = \dfrac{\sqrt{3}}{3} I \angle 210° \\[2mm] \dot{I}_{C(2)} = \partial^2 \dot{I}_{A(2)} = \dfrac{\sqrt{3}}{3} I \angle 150° \\[2mm] \dot{I}_{C(0)} = \dot{I}_{A(0)} = 0 \end{cases} \tag{4.25}$$

配电变压器高压侧可以看成纯电感，假设每相阻抗为 j$X$，则 $A$ 相电压的正序、负序和零序分量如下：

$$\begin{cases} \dot{U}_{A(1)} = \dfrac{\sqrt{3}}{3} IX \angle 180° \\[2mm] \dot{U}_{A(2)} = \dfrac{\sqrt{3}}{3} IX \angle 0° \\[2mm] \dot{U}_{A(0)} = 0 \end{cases} \tag{4.26}$$

$B$ 相电压的正序、负序和零序分量如下：

$$\begin{cases} \dot{U}_{B(1)} = \dfrac{\sqrt{3}}{3} IX \angle 60° \\[2mm] \dot{U}_{B(2)} = \dfrac{\sqrt{3}}{3} IX \angle 120° \\[2mm] \dot{U}_{B(0)} = 0 \end{cases} \tag{4.27}$$

$C$ 相电压的正序、负序和零序分量如下：

$$\begin{cases} \dot{U}_{C(1)} = \dfrac{\sqrt{3}}{3} IX \angle -60° \\[2mm] \dot{U}_{C(2)} = \dfrac{\sqrt{3}}{3} IX \angle -120° \\[2mm] \dot{U}_{C(0)} = 0 \end{cases} \tag{4.28}$$

$A$、$B$、$C$ 三相电压的各序分量如图 4.10 所示。

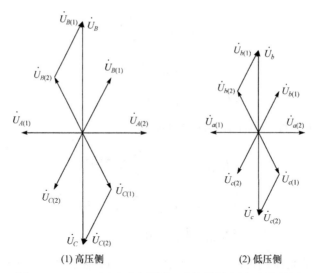

(1) 高压侧　　　　　　　　　(2) 低压侧

图 4.10　Yyn0 型配电变压器高、低压侧电压各序分量图

由于配电变压器连接组别为 Yyn0，低压侧正序电压和负序电压与高压侧相位相同，低压侧 $a$ 相电压各序分量为

$$
\begin{cases}
\dot{U}_{a(1)} = \dfrac{\sqrt{3}}{3} IX \dfrac{1}{n} \angle 180° \\[2mm]
\dot{U}_{a(2)} = \dfrac{\sqrt{3}}{3} IX \dfrac{1}{n} \angle 0° \\[2mm]
\dot{U}_{a(0)} = 0
\end{cases}
\tag{4.29}
$$

式中，$n$ 为配电变压器高压侧、低压侧变比。

因此，由式(4.29)可知，Yyn0 型配电变压器在 $A$ 相断线情况下，配电变压器低压侧 $a$ 相正序电压变为原来的 $\sqrt{3}/3$。

2) Dyn11 型配电变压器

Dyn11 型配电变压器绕组接线方式如图 4.11 所示。在 $A$ 相断线情况下，配电变压器高压侧电流、电压计算方法同 Yyn0 型配电变压器计算方法。

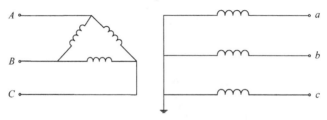

图 4.11　Dyn11 型配电变压器绕组接线方式

因为配电变压器连接组别为 Dyn11，零序电压不在低压侧感应出零序电压；在正序电压作用下，低压侧相电压滞后高压侧相电压 330°；在负序电压作用下，低压侧相电压滞后高压侧相电压 30°。高压侧、低压侧的电压相量图如图 4-12 所示。由图 4.12 可知，低压侧 $a$ 相电压各序分量为

$$\begin{cases} \dot{U}_{a(1)} = \dfrac{1}{2} IX \dfrac{1}{n} \angle -150° \\[2mm] \dot{U}_{a(2)} = \dfrac{1}{2} IX \dfrac{1}{n} \angle -30° \\[2mm] \dot{U}_{a(0)} = 0 \end{cases} \tag{4.30}$$

由式(4.30)可知，Dyn11 型配电变压器在 $A$ 相断线情况下，配电变压器低压侧 $a$ 相正序电压约为原来的 $1/2$。

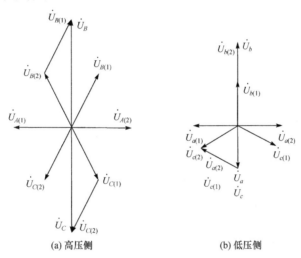

(a) 高压侧　　　　　　　　　　(b) 低压侧

图 4.12　Dyn11 型配电变压器高、低压侧电压相量图

由图 4.12 可知，断线故障发生后，故障点后各点正序电压小于故障点前各负荷点和非故障线路各负荷点的正序电压；Yyn0 型配电变压器在 $A$ 相断线情况下，配电变压器低压侧 $a$ 相正序电压变为原来的 $\sqrt{3}/3$；Dyn11 型配电变压器在 $A$ 相断线情况下，配电变压器低压侧 $a$ 相正序电压约为原来的 $1/2$。其他相位依次类推。基于此，可进行断线故障分析。

## 4.2　分布-集中协同故障诊断

### 4.2.1　故障诊断与保护需求分析

我国配电网故障率较高，大型城市配电网年均故障为 1000～5000 次，及时介

入故障过程、阻断故障恶化,是实现配电网安全运行主动控制的重要环节。

技术特性上,配电网短路故障电气特征信号强,但不易区分,不同故障位置的强特征故障信号差异小,易于向上级配电网扩散引发连锁故障;弱特征故障信号特征弱,与正常信号差异小,误判、漏判严重,故障诊断与保护的选择性、灵敏性较差。

实现上,传统配电网保护采用输电网集中型保护方式,故障后直接切除整条回路,停电范围大、停电时间长,并且缺少后备保护,可靠性、选择性、灵敏性方面均存在一定问题,一定程度上降低了安全可靠水平,故障向上级配电网扩散风险加剧;传统配电网保护系统配备的零序保护,不能满足单相接地故障选择性及灵敏性要求,不具有单相接地等弱特征故障保护功能,需要依靠独立系统、装置进行弱特征故障的诊断和保护。

基于第2章中的配电网层次递阶主动控制模型,提出一种分布-集中协同配电网故障处置技术。

### 4.2.2 分布-集中协同故障处置机理

配电网分散分布,故障特性也具有空间分布特性。不同空间位置(节点)的暂态、稳态故障多类型特征信息,以及通信技术的发展,为快速故障就地诊断、隔离,缩小停电范围和停电时间、实现保护配合、提高故障诊断的准确度打下了技术基础。这种综合利用配电网分布的多类型故障特征、考虑系统总体安全性的故障处置技术,称为分布-集中协同故障处置技术。

配电网分布-集中协同故障处置的机理如下:

(1) 故障点前后节点、正常馈线与发生故障的馈线、故障相和非故障相的故障特征,如电流大小及方向,线电压大小及变化,相角差及变化,零序电流和零序电压大小、方向及变化等,具有不同的特点,利用这个不同点,可以进行故障诊断。

(2) 故障具有一定的时间持续性,配电网及设备也能够承受一定时间的短路等故障,这为进行分布-集中协同故障诊断提供了一定时间。基于分布-集中协同的故障诊断时间可以控制在数毫秒到数十毫秒,满足配电网保护快速性需要。

(3) 基于配电网层次递阶主动控制模型,分布于馈线、装置处的终端装置就地处理故障各类型信息,并把故障信息发送到其他终端,同时接收其他终端发送的相关信息,判断出故障类型、故障地点等信息。

(4) 各节点判断出故障类型、故障地点等信息后,进一步根据保护要求、规则等,配合开关完成故障隔离、供电恢复等任务,实现分布-集中协同故障处置。

对于分布-集中协同故障处置技术,智能终端负责故障发生瞬间的紧急处理

(分布智能)，主站负责全局监控、故障处理方案的协调和全局优化(集中智能)，如图 4.13 所示。

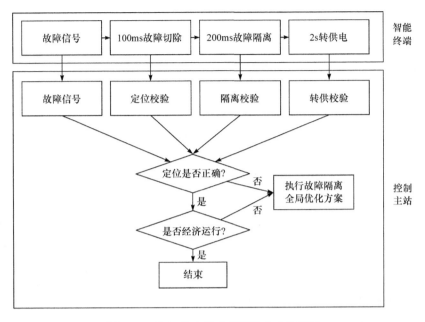

图 4.13　分布-集中结合型馈线自动化原理

集中智能和分布智能协调控制的实施方式如下：

(1) 当故障发生后首先发挥分布智能方式故障处理速度快的优点，不需要主站参与迅速进行紧急控制，若是瞬时性故障，则自动恢复到正常运行方式，若是永久性故障，则自动将故障粗略隔离在一定范围。

(2) 当配电自动化系统主站将全部故障相关信息收集完成后，再发挥集中智能处理精细优化、容错性和自适应性强的优点，进行故障精细定位并生成优化处理策略，将故障进一步隔离在更小范围、恢复更多负荷供电，达到更好的故障处理结果。

(3) 集中智能和分布智能协调控制还能相互补救，当一种方式失效或部分失效时，另一种方式可以发挥作用获得基本的故障处理结果，从而提高配电网故障处理过程的鲁棒性。即使继电保护配合不合适、装置故障、开关拒动等原因严重影响了分布智能故障处理的结果，通过集中智能的优化控制仍然可以得到良好的故障处理结果。即使一定范围的通信障碍导致集中智能故障处理无法获得必要的故障信息而无法进行，通过分布智能的快速控制仍然可以得到粗略的故障处理结果。

集中智能与分布智能协调控制的配置原则如下：

(1) 可选取集中智能与继电保护配合方式。尽量实现用户(次分支)、分支和变电站出线断路器三级延时级差配合的电流保护；若条件不具备，则可实现分支和变电站出线断路器二级级差配合的电流保护；若变电站出线断路器必须配置瞬时电流速断保护，则分支配备不延时电流保护，此时仍能实现一定的选择性。该配合方式下，故障隔离的优化控制以及健全区域恢复供电方案的优化选择由集中智能完成，联络开关由集中智能遥控。

(2) 对于供电可靠性要求比较高的重要用户比较密集的馈线，若架设高速光纤通道比较方便，则可以配置邻域交互快速自愈方式进行快速故障处理。在网架结构比较复杂、发生故障后转供路径不唯一的情况下，可由集中智能进行健全区域供电恢复方案的优化选择，并遥控相应开关。

(3) 对于架空馈线或架空-电缆混合馈线，可配置自动重合闸，以便在瞬时性故障时能够快速恢复供电。

(4) 对于采用双电源供电的供电可靠性要求比较高的重要用户，可配备自投控制，以便在主供电源因故障失去供电能力时快速切换到另一电源而迅速恢复用户供电。

(5) 重合器与电压时间型分段器配合方式和合闸速断方式可以用于具有较多分段、继电保护难以配合、集中智能所需的"三遥"通信通道建设代价较高的分支架空线路，实现分支线路的故障自动处理，也可以用于农村架空配电网。

## 4.3　模式化故障诊断与保护方法

配电网结构类型繁多，实际配电网规模庞大，多类型结构混合，联络、结构多样，上下级配电网、馈线间联系紧密，运行方式多变。分布-集中协同故障处置中，需要解决诊断与保护规则匹配问题。解决方案为构建模式化的故障诊断与保护方法，针对典型区段配电网结构形态，建立相应紧急控制模式。

### 4.3.1　配电网紧急控制模式的组成要素

建立紧急控制模式，首先要明确模式构成，即组成要素。紧急控制模式要素的提取，应保证其所提取要素包含了紧急控制方案中需要解决的关键问题，并且各个要素应尽可能相当于一个独立技术问题，以方便利用故障诊断、保护配置等紧急控制相关技术领域的现有成果，且更有益于各模式之间要素的借鉴与整合。为此，根据配电网紧急控制的作用，可将紧急状态辨识、故障诊断、安全保护模式配置、紧急控制方案的生成与执行四部分内容，作为配电网紧急控制模式要素，如图 4.14 所示。紧急控制模式的具体内容如下：

(1) 紧急状态辨识，用于确定配电网当前是否处于紧急状态，即是否发生紧急状况。

(2) 故障诊断，用于在确定配电网进入紧急状态后，进一步得出紧急状况类型、发生位置、故障原因、影响范围、严重程度等结论。

(3) 安全保护模式配置。针对配电网中不同类型或处于不同位置节点，形成相应保护/断路器动作规则，建立相应的安全保护模式，以在紧急状况发生后，能准确隔离故障区域，并应具备保护/断路器误动、拒动的容错能力，以保证紧急控制的可靠性。

(4) 紧急控制方案的生成与执行。结合在线生成的故障诊断结论与预先设定的安全保护配置模式，生成并执行配电网紧急控制决策方案，应保证瞬时故障下不动作，永久故障下可靠动作。

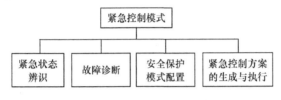

图 4.14　紧急控制模式要素

### 4.3.2　配电网紧急控制模式的建立方法

确定模式组成要素后，即可研究紧急控制模式的建立方法。行之有效的紧急控制方法必须随配电网监控运行条件的变化而变化，无法建立一种适应各种配电网形态的固定紧急控制方法。因此，需要针对某一种配电网形态，在其监控运行条件约束下，以有效隔离故障且各项紧急控制效果评价指标最优为目标，建立相应的紧急控制模式。

为使生成的控制模式具有综合较优性能，可从快速性、准确性、可靠性三方面，设置紧急控制模式建立需要达到的目标：①故障响应及处理时间尽可能短；②故障停电区域尽可能小；③确保瞬时故障下开关不动作，永久故障可靠切除。

紧急控制的目标是不变的，但约束会随着配电网监控运行条件变化而变化，进而求解出的模式要素也会随之变化。一组确定的约束条件，可求解出一组兼顾各个目标、服从各个约束的较优的紧急控制模式要素，即在该约束下，可采取的紧急控制模式。配电网复杂多样的监控运行条件，决定了紧急控制模式的多样化。为建立配电网形态与紧急控制模式之间的对应关系，使得到的控制模式系统化且更具代表性和实用性，可将模式生成时所遵循的约束条件进行梳理，得到有限的约束组合，对应常见的配电网形态，并据此建立紧急控制模式。紧急控制约束包括：

(1) 控制主体，即监控体类型。配电网中常见的监控体类型可分为分支线处智能体、主干线处智能体与变电站处监控平台三个级别。

(2) 可采取的实施方式。紧急控制的实施方式是由配电网控制方式决定的。常见的配电网控制方式包括集中智能式、分布智能式、就地控制式或集中智能-就地控制结合式等。在集中智能式控制方式中，控制主体集中收集信息，统一分析计算并下发动作指令；在就地控制式控制方式中，现场控制主体实施自动故障判断与隔离，不需要通信系统的参与。

(3) 控制对象，即紧急控制面向的配电网区域及该区域内能够处理的紧急状况。其中，面向的配电网区域是由监控体类型决定的，如分支线处智能体处理分支线区域的紧急状况，变电站处监控平台处理该变电站所辖区域配电网内的各类紧急状况。该区域内能够处理的紧急状况取决于可以利用的信息来源，进而取决于该区域配电网的控制方式。例如，分支线智能体实施分布智能控制的情况下，各智能体通过信息监测与传输获得本地及相邻智能体发送来的配电网运行信息，从而判定该智能体所连区段上是否发生短路、断线或单相接地等线路故障；在变电站监控平台实施集中智能控制的情况下，变电站所辖区域配电网内各监测点的采集信息以及其他信息平台(配电设备管理系统、天气预报信息系统等)信息均可获得，因此，除能进行线路故障诊断外，还可处理变压器、开关等设备故障，并对某些预定可能会引发恶劣事故的事件或运行条件进行实时监测与预警。由上可见，控制对象取决于监控体类型和配电网控制方式。

(4) 依据的故障诊断原理。故障诊断是根据配电网发生不同故障后体现出的不同的电气量或非电气量特征进行的，因此诊断原理随处理的故障类型不同而不同。同时，配电网在不同的配电网运行方式下，所依据的故障诊断原理也是不同的。例如，对于开环运行配电网，一端点过流且另一端点不过流的双端区段发生短路故障；而对于闭环运行配电网，一端点正向过流且一端点反向过流的双端区段发生短路故障。可见，故障诊断原理取决于控制对象与配电网运行方式，而控制对象又取决于监控体类型和配电网控制方式。因此，故障诊断原理取决于监控体类型、配电网控制方式与运行方式。

上述过程将控制主体、诊断原理、实施方式、控制对象等构成的配电网紧急控制约束，转化为由监控体类型、配电网运行方式、配电网控制方式组成的与配电网形态相关的条件。据此，建立了配电网形态与紧急控制模式之间的对应关系，形成了三维的紧急控制模式划分方式。

基于上述分析，针对某种配电网监控运行状态建立紧急控制模式时，可根据配电网的监控体类型、配电网运行方式和控制方式，形成控制主体、诊断原理、实施方式、控制对象等紧急控制约束，以准确、快速、可靠的故障隔离为目标，完善各模式要素，建立相应紧急控制模式。配电网紧急控制模式的建立方法如图 4.15 所示。

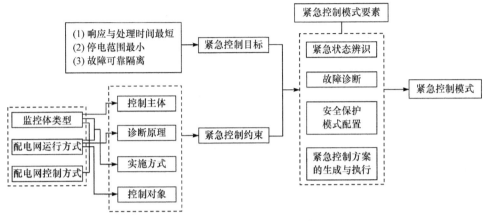

图 4.15　配电网紧急控制模式的建立方法

### 4.3.3　配电网典型紧急控制模式体系

一个确定的监控体类型、配电网运行方式、配电网控制方式组合对应一个紧急控制模式。配电网中常见的监控体类型、配电网运行方式、配电网控制方式组合对应典型紧急控制模式。有限个常见配电网形态与典型紧急控制模式的对应关系的集合，形成了配电网典型紧急控制模式体系，如表 4.1 所示。

表 4.1　配电网典型紧急控制模式体系

| 运行方式 | 控制方式 | | | | | | | |
|---|---|---|---|---|---|---|---|---|
| | 开环(O) | | | | 闭环(C) | | | |
| 监控体类型 | 集中智能式(C) | 分布智能式(D) | 就地控制式(L) | 集中智能-就地控制结合式(I) | 集中智能式(C) | 分布智能式(D) | 就地控制式(L) | 集中智能-就地控制结合式(I) |
| 分支线智能体(B) | — | EC-BOD | — | — | — | EC-BCD | — | — |
| 主干线智能体(M) | — | EC-MOD | EC-MOL | EC-MOI | — | EC-MCD | EC-MCL | EC-MCI |
| 变电站监控平台(S) | EC-SOC | EC-SOD | — | EC-SOI | EC-SCC | EC-SCD | — | EC-SCI |

注：结合现实情况的可行性，有些监控体类型、配电网控制方式、配电网运行方式的组合是不存在的，故相应紧急控制模式为空；以紧急控制模式 EC-BOD 为例说明模式的命名方式：EC 表示紧急控制(emergency control)，BOD 表示该模式对应的配电网监控运行状态，即以分支线智能体(B)为监控体，在开环运行配电网(O)中采取分布智能式控制方式(D)。

该体系的建立便于根据实际配电网形态选取相应紧急控制模式，实施该区域配电网的紧急控制。

传统通过重合闸与分段开关的动作配合实现故障隔离的紧急控制方法，即可看成基于 EC-MOL 模式实施的紧急控制。

### 4.3.4　模式化的配电网紧急控制方法

基于上述配电网典型紧急控制模式体系中的对应关系，可根据实际区域配电网的监控运行条件，选择相应紧急控制模式，依据其模式要素，结合区域配电网的拓扑结构，实施紧急控制。该方法基于紧急控制模式进行，称为模式化的配电网紧急控制方法，方法流程如图 4.16 所示。该方法考虑到紧急控制与配电网形态的对应性，通过模式化的处理方式，提高了紧急控制的适用性，且在各模式建立过程中，基于配电网形态约束，寻求能够达到最优控制效能的紧急控制模式要素组合，有效提高了紧急控制性能。

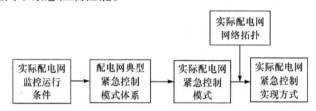

图 4.16　模式化的配电网紧急控制方法

### 4.3.5　配电网紧急控制模式的生成示例

本节以 EC-MOD 模式为例说明紧急控制模式的建立过程。

首先，利用该模式对应的配电网监控运行条件，即开环运行配电网中，主干线处智能体实施分布智能控制的情况下，确定该模式具体约束条件。

(1) 控制主体。由监控体类型可知，控制主体为主干线处智能体。

(2) 诊断原理。由配电网运行方式可知，应依据开环运行配电网中的诊断规则进行故障诊断。例如，对于某个双端区段，一端点电压正常而另一端点某两个相间电压降为正常值的一半左右，则该区段内发生单相断线故障；一端点零序电流越限而另一端点不越限，则在该双端区段内发生了单相接地故障。

(3) 实施方式。由监控体类型与配电网运行方式可知，分布式智能体通过本地配电网监测以及与其他智能体之间的信息通信，基于本地及接收到的配电网信息，分析判断，确定智能体相连区段是否发生故障，并决定是否动作本地开关，以隔离故障。

(4) 控制对象。由监控体类型、配电网运行方式及控制方式可知，该模式能够处理的故障范围为：控制主体(即分布式智能体)相连的主干线区段上发生的短路、断线、单相接地等线路故障。

基于上述约束，根据控制目标，完善模式要素。

(1) 紧急状态辨识。任何一处配电网运行信息异常，都可能有永久性故障发生。

在本模式实施方式约束下，为快速察觉紧急状况，紧急状态辨识可分主、辅两进程进行。主进程实时监测本地配电网运行信息，辅进程实时查看本地是否接收到相邻智能体发送来的配电网异常运行信息，任一地点配电网运行信息异常，即判定配电网发生紧急状况。此外，若本地配电网运行信息异常，需要发送异常信号至各直接相邻智能体，供相邻智能体进行其本地紧急状态辨识及后续故障诊断。

其中，由控制对象可知，智能体处配电网运行信息异常包括电流越限、相间电压降为正常值的一半左右、零序电流越限等。

(2) 故障诊断。由实施方式与控制对象可知，本模式基于的信息量不大，应对的紧急状况简单。因此，可通过规则匹配的方式实施本地故障诊断。

由控制对象可知，本模式故障诊断需要完成两方面工作，一方面确定故障类型，另一方面确定该类型故障是否发生在本智能体相连线路区段上。相应地，故障诊断规则也应包括故障类型确定规则与故障定位规则两部分。规则建立应服从故障诊断原理的约束。

下面以短路故障为例说明相关规则：

① 故障类型确定规则。本地或相邻智能体处某相电流越限，则发生了短路故障。

② 故障定位规则。仅有一个端点电流越限的多端区段发生短路故障；对于有分支线的主干线区段，一主干线端点与一分支端点均过流，则该主干线区段的下级分支线上发生短路故障。

其中，对于故障定位规则，需要将本地及接收到的相邻智能体处的点信息包装成区段信息，再进行规则匹配，判定本地所连区段是否发生故障。

(3) 安全保护模式配置。为保证故障的准确可靠隔离，除本地相连区段发生故障后本地开关应快速跳开外，在下游分支线上发生故障，而本地故障特征延时 $t$ 未消除(即分支线处开关未能及时跳开)的情况下，主干线处开关也应作为二级保护实施跳开操作。

(4) 紧急控制方案的生成与执行。为避免瞬时故障引发开关动作，在故障诊断之后，可再次查看本地或相邻智能体处的配电网运行异常信息是否存在。若不存在，则判定为瞬时故障，开关不动作；若仍存在，则根据在线生成的故障诊断结论，基于预先设定的安全保护模式配置，生成并执行紧急控制方案，以隔离故障。

综合各个要素，即形成了 EC-MOD 紧急控制模式，其余模式即可依此过程建立。

### 4.3.6 模式化的配电网紧急控制方法应用示例

如图 4.17 所示手拉手环状配电网，其闭环设计、开环运行，采用分布智能控制方式。以此为例介绍模式化配电网紧急控制方法的应用，具体步骤如下。

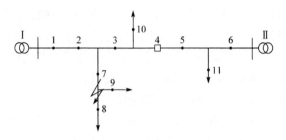

图 4.17 手拉手环状配电网

(1) 基于表 4.1 所示典型紧急控制模式体系，根据配电网监控运行条件及各节点位置，进行各节点紧急控制模式的选择，如表 4.2 所示。

表 4.2 节点紧急控制模式设置

| 节点编号 | 1 | 2 | 3 | 5 | 6 |
|---|---|---|---|---|---|
| 控制模式 | EC-SOD | EC-MOD | EC-MOD | EC-MOD | EC-SOD |
| 节点编号 | 7 | 8 | 9 | 10 | 11 |
| 控制模式 | EC-BOD | EC-BOD | EC-BOD | EC-BOD | EC-BOD |

(2) 假设节点 7、8 所夹分支线区段在 $t_f$ 时刻发生短路故障，该配电网各节点根据各自紧急控制模式，遵循模式要素，实施如下紧急控制：

① 各节点处智能体实时进行紧急状态辨识，即监测本地配电网运行，并等待接收其他智能体发送来的信息，查看配电网中是否有异常现象发生。

② $t_f$ 时刻后，智能体 1、2、7 监测到本地过流，智能体 1、2、3、7、8、9 接收到相邻智能体发送来的过流信息，确定配电网中有异常现象发生，启动故障诊断。

③ 根据本地故障类型确定规则，智能体 1、2、3、7、8、9 判定配电网中发生了短路故障。

④ 智能体 1、2、3、7、8、9 将本地或接收到的节点电气量异常信息转化为区段电气量信息，根据本地短路故障定位规则，智能体 7、8、9 确定其夹的分支

线区段发生短路故障；智能体 2、3 确定其夹的主干线区段的下级分支线上发生短路故障；智能体 1 确定其引出的馈线上发生短路故障。

⑤ 根据本地安全保护模式配置及故障诊断结论，智能体 7 生成本地控制决策方案，并校验本地是否仍存在过流，若是，则立即发出本地开关跳开指令；智能体 2 若在 $t_1$ 时间内连续监测到本地过流，则跳开本地开关，实现第 2 级保护；智能体 1 若在 $t_2(t_2>t_1)$ 时间内连续监测到本地过流，则跳开本地开关，实现第 3 级保护。

上述过程中，智能体能够在 25ms 内完成本地紧急状态辨识，并启动通信。若采用配电网中常用的光纤通信并考虑到重发多帧信息，相邻智能体之间的通信可在 30ms 内完成，而开关动作时间为 40～100ms，即在 200ms 内即可准确隔离故障。在该示例中，针对不同级别智能体设置不同紧急控制模式，各模式在建立时充分利用了分布智能控制方式在本地信息本地处理以及智能体之间快速通信等方面的优势，并基于不同的监控体类型采取不同的安全保护模式，通过模式化的紧急控制方法，实现该区域配电网准确、快速、可靠的紧急控制。

### 4.3.7　各级智能体协调机制及通信方式

1. 各级智能体协调机制

总结上述研究,变电站级、馈线级及开关级智能体能够获得的信息源如图 4.18 所示。

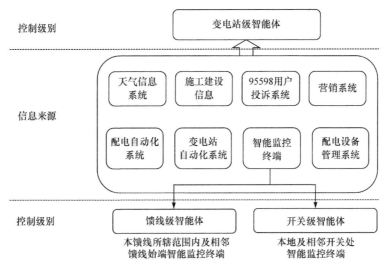

图 4.18　变电站级、馈线级及开关级智能体能够获得的信息源

变电站级、馈线级及开关级智能体功能范围如表 4.3 所示。

表 4.3　各级智能体功能范围

| 控制中心级别 | 利用的信息种类 | 使用的方法 | 分析范围 | 分析精度 |
|---|---|---|---|---|
| 中间控制级 | 电气量信息、保护/开关动作信息、设备使用状况信息、用户投诉信息、天气信息、施工建设信息等 | 规则匹配、贝叶斯理论、粗糙集、模糊积分等各类方法 | 变电站所辖配电网区域内的各类故障 | 可得到故障性质、故障位置、故障原因、影响范围及严重程度等结论；可将断线故障定位至两配变电站之间 |
| 高层局控级 | 本馈线上所有监测终端采集到的和相邻馈线始端监测终端发送来的电气量信息 | 基于电气量信息的线路参数在线辨识、单相接地故障选线 | 单相接地故障选线；断线故障 | 确定单相接地、断线故障所在馈线 |
| 低层局控级 | 本地监测终端采集到的和相邻监测终端发送来的电气量信息 | 规则匹配 | 短路及断线故障 | 将线路故障定位至两监测终端之间 |

各级智能体协调运行机制如图 4.19 所示。

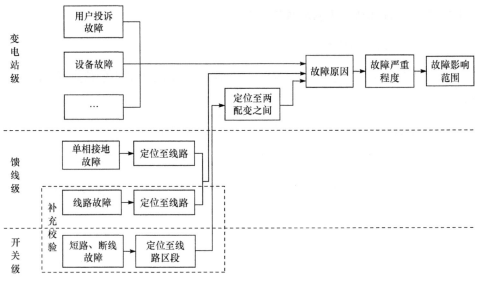

图 4.19　变电站级、馈线级及开关级智能体协调运行机制

2. 各级智能体通信方式

配电网通信具有如下特点：
(1) 通信节点数量巨大，类型繁多，分布不均匀，系统组织困难。
(2) 节点大多在室外，环境恶劣，要求可靠性高。
(3) 需要采用各种通信系统组成一个复杂网络。
(4) 户外电源供应困难。

基于以上分析,建立配电网各级智能体通信架构,由交互网、传输网和接入网组成。

常用通信方式有点对点方式、环形通信方式、蜂窝状通信方式、客户机/服务器(client/server, C/S)通信方式、发布/订阅(publish/subscribe, P/S)通信方式等。

# 4.4  分布-集中协同的配电网故障短路诊断与保护典型处置模式

随着分布智能技术的发展,由配电终端通过相互通信即可就地实现馈线的故障定位、隔离和非故障区域恢复供电的功能,并将处理过程及结果上报配电自动化主站。依据分布智能技术,本书提出配电网故障诊断与保护的两种实现模式,即就地主控总保后备模式和先总保后就地模式,这两种典型模式多适用于 A+、A 类对供电可靠性要求比较高的电缆线路。

## 4.4.1  短路故障诊断与分析规则

1. 开环方式运行的配电网短路故障诊断与分析规则

1) 单端区段模式

(1) 规则一。

基本条件:本区段端点两相(设为 $A$、$B$ 相)电流越上限,第三相(设为 $C$ 相)电流未越上限。

校验条件:上游相邻区段的上游端点 $A$、$B$ 相电流越上限,$C$ 相电流未越上限。

结论:本区段发生 $A$、$B$ 两相短路故障。

(2) 规则二。

基本条件:本区段端点三相电流越上限。

校验条件:上游相邻区段的上游端点三相电流越上限。

结论:本区段发生三相短路故障。

2) 双端区段模式

(1) 规则一。

基本条件:本区段上游端点两相(设为 $A$、$B$ 相)电流越上限,第三相(设为 $C$ 相)电流未越上限,且下游端点未通报三相电流越上限。

校验条件一:上游端点或下游端点 $A$、$B$ 相间电压接近于零,其余相间电压正常。

校验条件二:上游相邻区段的上游端点 $A$、$B$ 相电流越上限,$C$ 相电流未越上限。

结论:本区段发生 $A$、$B$ 两相短路故障。

(2) 规则二。

基本条件：本区段上游端点三相电流越上限，下游端点三相电流未越上限。

校验条件一：两端点三相相间电压均接近于零。

校验条件二：上游相邻区段的上游端点三相电流越上限。

结论：本区段发生三相短路故障。

2. 闭环方式运行的配电网短路故障诊断与分析规则

1) 单端区段模式

(1) 规则一。

基本条件：本区段端点两相(设为 $A$、$B$ 相)电流越上限，第三相(设为 $C$ 相)电流未越上限。

校验条件一：端点 $A$、$B$ 相间电压接近于零，其余相间电压正常。

校验条件二：上游相邻区段的上游端点 $A$、$B$ 相电流越上限，$C$ 相电流未越上限。

结论：本区段发生 $A$、$B$ 两相短路故障。

(2) 规则二。

基本条件：本区段端点三相电流越上限。

校验条件一：端点三相相间电压接近于零。

校验条件二：上游相邻区段的上游端点三相电流越上限。

结论：本区段发生三相短路故障。

2) 主干线上的双端区段模式

(1) 规则一。

基本条件一：本区段两端点两相(设为 $A$、$B$ 相)电流方向，均为流入该区段方向。

基本条件二：一端点(设为端点 1)$A$、$B$ 相电流正向越上限，$C$ 相电流未越上限；另一端点(设为端点 2)$A$、$B$ 相电流负向越上限，$C$ 相电流未越上限。

校验条件一：两端点 $A$、$B$ 相间电压接近于零，其余相间电压正常。

校验条件二：端点 1 为在主干线上的非本区段内的相邻端点，$A$、$B$ 相电流正向越上限，$C$ 相电流未越上限；端点 2 为在主干线上的非本区段内的相邻端点，$A$、$B$ 相电流负向越上限，$C$ 相电流未越上限。

结论：本区段发生 $A$、$B$ 两相短路故障。

(2) 规则二。

基本条件一：本区段两端点三相电流方向，均为流入该区段方向。

基本条件二：一端点(设为端点 1)三相电流正向越上限；另一端点(设为端点 2)三相电流负向越上限。

校验条件一：两端点三相相间电压接近于零。

校验条件二：端点 1 为在主干线上的非本区段内的相邻端点，三相电流正向越上限；端点 2 为在主干线上的非本区段内的相邻端点，三相电流负向越上限。

结论：本区段发生三相短路故障。

3) 分支线上的双端区段模式

(1) 规则一。

基本条件：本区段上游端点两相(设为 $A$、$B$ 相)电流正向越上限，第三相(设为 $C$ 相)电流未越上限，且下游端点三相电流均未越上限。

校验条件一：两端点 $A$、$B$ 相间电压接近于零，其余相间电压正常。

校验条件二：本区段上游相邻区段的上游端点 $A$、$B$ 相电流正向越上限，$C$ 相电流未越上限。

结论：本区段发生 $A$、$B$ 两相短路故障。

(2) 规则二。

基本条件：本区段上游端点三相电流正向越上限，且下游端点三相电流均未越上限。

校验条件一：两端点三相相间电压接近于零。

校验条件二：本区段上游相邻区段的上游端点三相电流正向越上限。

结论：本区段发生三相短路故障。

对于大于双端的区段，可参见上述方式制定诊断规则。

**3. 分布式故障诊断流程**

基于上述配电网短路故障诊断规则，可以实现分布式短路故障诊断，主要流程如下。

1) 紧急状态辨识

配电网任何一处运行信息异常，即可能有永久性故障发生。

紧急状态辨识可分主、辅两进程进行，主进程实时监测本地配电网运行信息，辅进程实时查看本地是否接收到相邻智能体发送来的配电网异常运行信息，任一地点配电网运行信息异常，即判定配电网发生紧急状况。此外，若本地配电网运行信息异常，需要发送异常信号至各直接相邻智能体，供相邻智能体进行本地紧急状态辨识及后续故障诊断。

2) 故障诊断

故障诊断需要完成两方面工作：一方面确定故障类型，另一方面确定该类型故障是否发生在本智能体相连线路区段上。相应地，故障诊断规则应包括故障类型确定规则和故障定位规则两部分。具体规则定义见前面。

其中，对于故障定位规则，需要将本地及接收到的相邻智能体处的点信息包装成区段信息，再进行规则匹配，判定本地所连区段是否发生故障。

3) 安全保护模式配置

为保证故障的准确可靠隔离，除本地相连区段发生故障后本地开关应快速跳开外，在下游分支线上发生故障，而本地故障特征延时 $t$ 未消除(即分支线处开关未能及时跳开)的情况下，主干线处开关也应作为二级保护实施跳开操作。

4) 故障处理方案的生成与执行

为避免瞬时故障引发开关动作，在故障诊断之后，可再次查看本地或相邻智能体处的配电网运行异常信息是否存在。若不存在，则判定为瞬时故障，开关不动作；若仍存在，则根据在线生成的故障诊断结论，基于预先设定的安全保护模式配置，生成并执行故障处理方案，以隔离故障。

开关级故障具体实现流程如图 4.20 所示。

结合配电网的多种运行方式，基于开关/终端所处的不同位置，针对各类故障状况，建立故障诊断规则库，并设置开关本地的保护配置及在线整定模式。配电网运行过程中，各开关处循环进行紧急状态辨识，一旦监测到本地电流、电压、潮流等配电网异常运行信息，则启动信息融合故障分析流程。在此流程中，开关处智能体实时监控本地配电网运行状况，并等待接收相邻智能体发送来的配电网异常运行信息，配电网任一位置处电气量异常，即认为配电网发生紧急状况。之后，开关处智能体控制本地通信模块发送电气量异常信号至直接相邻智能体，且等待接收直接相邻智能体发送来的电气量异常信号，如延时 $t$。再利用本地故障诊断规则库，结合配电网接线类型及该智能体所处位置，根据本地及接收到的电气量异常信号，进行规则的条件匹配及多重条件校准，确定故障是否发生在本地或下级配电网处，进而根据本地保护配置及在线整定模式，生成相应本地故障隔离决策并执行。

上述流程同时适用于单相接地、断线等故障的分布诊断。

### 4.4.2 就地主控总保后备模式

1. 处理模式

通过配电终端之间相互通信，在变电站切除故障之前，实现故障定位、隔离和非故障区域自动恢复供电的功能，并将处理过程及结果上报配电自动化主站。若总保等待一段时间，总保处的故障信号并未消除，则判断配电终端未能准确动作，总保作为后备保护实施动作指令，实现故障的可靠隔离。

就地主控总保后备模式应用于配电线路分段、联络为断路器的线路上，配电终端通过高速通信网络与同一供电环路内配电终端实现信息交互，当配电线路上发生故障，在变电站/开关站出口断路器保护动作前实现快速故障定位、隔离和非故障区域的恢复供电，如图 4.21 所示。

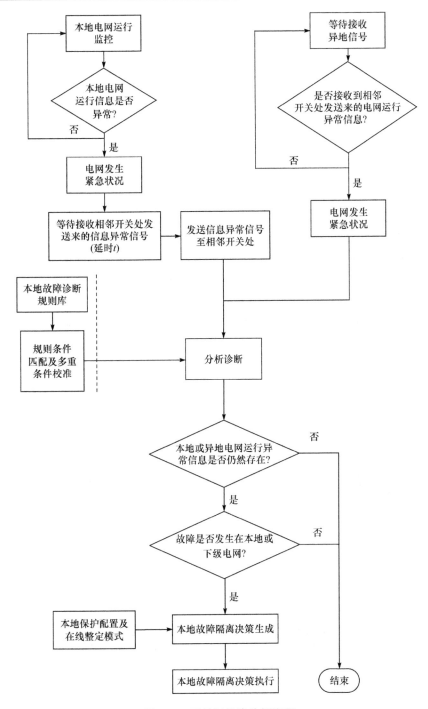

图 4.20　开关级故障分析流程

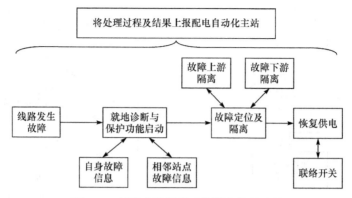

图 4.21　就地主控总保后备模式处理过程

1) 故障发生在主干线

如图 4.22 所示，在图示位置发生故障后，就地故障诊断与保护功能启动，在变电站 1 出口开关跳闸之前，2#开关分闸，3#开关分闸，合上 6#开关(不过负荷时)，完成非故障区段恢复供电，故障处理完成。

开关拒动：在图示位置发生故障后，就地故障诊断与保护功能启动，在变电站 1 出口开关跳闸之前，2#开关分闸，3#开关分闸，若 2#开关拒动，则变电站 1 出口开关作为后备保护跳闸，实现故障隔离，之后基于主站处获得的信息进行故障定位，故障区段两端开关动作，合上 6#开关(不过负荷时)，完成非故障区段恢复供电。

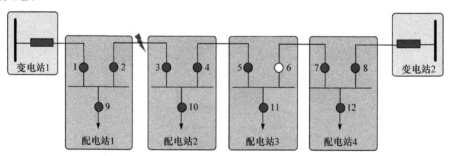

图 4.22　故障发生在主干线的处置示意图

2) 故障发生在馈出线

如图 4.23 所示，在图示位置发生故障后，故障就地诊断与保护功能启动，在变电站 1 出口开关跳闸之前，10#开关分闸，故障处理完成。

开关拒动：在图示位置发生故障后，故障就地诊断与保护功能启动，在变电站 1 出口开关跳闸之前，10#开关分闸，若开关拒动，扩大一级则应 3#开关分闸，4#开关分闸，合上 6#开关(不过负荷时)，完成非故障区段恢复供电，故障处理完成。

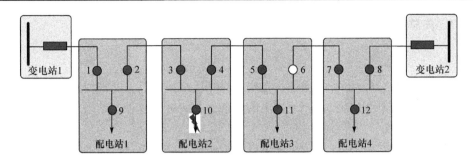

图 4.23 故障发生在馈出线的处置示意图

3) 故障发生在母线

如图 4.24 所示，在图示位置发生故障后，故障就地诊断与保护功能启动，在变电站 1 出口开关跳闸之前，3#开关分闸，4#开关分闸，合上 6#开关(不过负荷时)，完成非故障区段恢复供电，故障处理完成。

开关拒动：在图示位置发生故障后，就地故障诊断与保护功能启动，在变电站 1 出口开关跳闸之前，3#开关分闸，4#开关分闸，若 3#开关拒动，则变电站 1 出口开关作为后备保护跳闸，实现故障隔离，之后基于主站处获得的信息，进行故障定位，故障区段两端开关动作，合上 6#开关(不过负荷时)，完成非故障区段恢复供电。

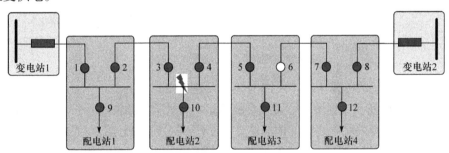

图 4.24 故障发生在母线的处置示意图

2. 性能指标

就地主控总保后备模式性能指标要求如下：

(1) 通信传输延时。对等通信故障信息交互通信处理传输延时时间≤20ms。

(2) 故障处理时间。故障上游侧开关隔离完成时间≤150ms，非故障区域恢复时间≤5s。

(3) 信号上送时间。分布智能遥信信号上送配电主站时间≤3s。

(4) 网络负载率。正常运行方式下网络负载率≤10%，线路故障时网络负载率≤30%。

### 4.4.3　先总保后就地模式

1. 处理模式

通过配电终端之间相互通信，在变电站切除故障之后，实现线路上的故障定位、隔离和非故障区域自动恢复供电的功能，并将处理过程及结果上报配电自动化主站。

先总保后就地模式，应用于配电线路分段、联络为负荷开关的线路上。配电终端与同一供电环路内配电终端实现信息交互，当配电线路上发生故障，在变电站/开关站出口断路器保护动作切除故障后，实现故障定位、隔离和非故障区域的恢复供电，如图 4.25 所示。

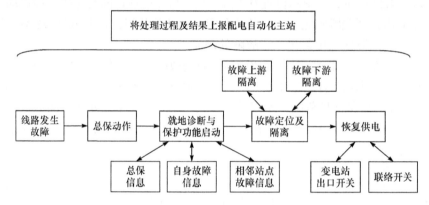

图 4.25　先总保后就地模式处理过程

对于常见的故障发生在主干线的状况，处理模式如下。

如图 4.26 所示，在图示位置发生故障后，就地故障诊断与保护功能启动，在变电站 1 出口开关跳闸之后，配电站 2 的 2#开关分闸、配电站 3 的 1#开关分闸；合上配电站 3 的 2#开关(不过负荷时)，恢复下游非故障区段供电，合上变电站 1 出口开关，恢复上游非故障区段供电，故障处理完成。

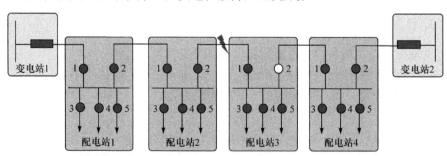

图 4.26　故障发生在主干线的处置示意图

开关拒动：若配电站 2 的 2#开关拒动，扩大一级则配电站 2 的 1#开关分闸，合上配电站 3 的 2#开关(不过负荷时)，恢复下游非故障区段供电，合上变电站 1 出口开关，恢复上游非故障区段供电，故障处理完成。

2. 性能指标

先总保后就地模式性能指标要求如下：

(1) 信息交互时间。对等通信故障信息交互报文延迟时间 ≤1s。

(2) 故障处理时间。故障上游侧开关隔离时间 ≤10s，非故障区域恢复时间 ≤30s。

(3) 信号上送时间。分布智能遥信信号上送主站时间 ≤3s。

(4) 网络负载率。正常运行方式下网络负载率 ≤10%，线路故障时网络负载率 ≤30%。

### 4.4.4 典型应用场景

1. 手拉手单环开环运行(开关为断路器)

适用于就地主控总保后备模式。

环网内开关全部为断路器，开环运行。当发生故障时，系统应能在变电站出口断路器保护动作前，就地实现快速故障定位、故障隔离，并进行非故障区域恢复供电。

2. 手拉手单环开环运行(开关为负荷开关)

适用于先总保后就地模式。

环网内开关全部为负荷开关，开环运行。当发生故障时，系统应能就地实现快速故障定位；在变电站出口断路器跳闸切除故障后，快速进行故障隔离，并恢复非故障区域供电。

3. 手拉手单环合环运行(开关为断路器)

适用于就地主控总保后备模式。

环网内开关全部为断路器，合环运行。当发生故障时，系统应能在变电站出口断路器保护动作前，就地实现快速故障定位、故障隔离，合环解列，非故障区域不停电。

4. 三电源单环开环运行

当开关为断路器时，可适用于就地主控总保后备模式。

当开关为负荷开关时，可适用于先总保后就地模式。

当发生故障时，根据预设条件实现快速故障定位、故障隔离，并选择具备转供能力的线路对应的联络开关，以恢复非故障区域的供电。

联络开关转供选择原则：优先选择剩余容量大的联络线路恢复供电。

5. 四电源点单环开环运行

当开关为断路器时，可适用于就地主控总保后备模式。

当开关为负荷开关时，可适用于先总保后就地模式。

当发生故障时，根据预设条件实现快速故障定位、故障隔离，并选择具备转供能力的线路对应的联络开关，以恢复非故障区域的供电。

联络开关转供选择原则：优先选择剩余容量大的联络线路恢复供电。

6. 手拉手双环运行(开关为断路器)

适用于就地主控总保后备模式。

当环间开关均断开时，双环网可以看成两个独立的手拉手单环运行，故障隔离与单环合环时处理方式一致，故障隔离后，供电恢复。

7. 花瓣形环网(开关为断路器)

适用于就地主控总保后备模式。

如图 4.27 所示，对于花瓣形环网供电形式，若单个花瓣合环供电，则环内发生故障时，与手拉手单环合环运行的故障处理方式一致。

若单个花瓣开环供电，则环内发生故障时，与手拉手单环开环运行的故障处理方式一致。

在某个花瓣电源侧全失电或开环状态发生故障后，应能根据预设条件，将部分负荷通过花瓣间联络线转供到其他花瓣。

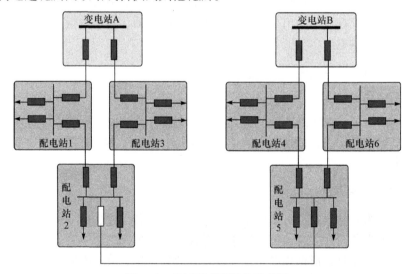

图 4.27　花瓣形环网结构示意图

# 第 5 章 弱特征故障的分布-集中处理模式

我国配电网中相当一部分为小电流接地系统，包括中性点不接地系统、经消弧线圈接地系统和高阻接地系统。运行情况表明，单相接地故障占配电网故障的80%左右。小电流接地系统发生单相接地故障后，配电网三相相间电压仍然对称，且故障电流小，通常不会引起保护动作，不影响对负荷的连续供电，但由于非故障相对地电压的大幅度增加(升为正常值的 1.732 倍)，长时间运行易引发多点接地短路。另外，单相弧光接地还会引起全系统的过电压，进而损坏设备，破坏系统安全运行。

本章梳理配电网单相接地故障诊断及保护技术解决方案，提炼各个解决方案的总体思路、实施方式、适用条件以及对一次设备及通信方式的要求，并进行各个解决方案之间的对比分析，以期在对配电网改造尽可能小、投资尽可能少的前提下，实现单相接地故障的准确、可靠、高效处理。

根据接地故障分布-集中处理方式所依赖的典型设备，接地故障处理方式可分为基于故障指示器的处理模式、基于智能终端的处理模式、基于分界开关的处理模式三类。

## 5.1 基于故障指示器的处理模式及适应性分析

### 5.1.1 暂态录波处理模式

1. 总体思路

一般接地故障发生在相对地电压幅值较高的位置，此时线路对地的分布电容上充上了电荷。

在接地故障发生瞬间，线路上会产生明显的暂态电流信号，故障线路和非故障线路上的暂态信号有明显的差别。对于小电流接地系统，无论是采用中性点不接地方式还是采用中性点经消弧线圈接地方式，在发生接地故障后，其暂态零序电流在配电线路上的分布规律如图 5.1 所示。

(1) 对于同一母线上的多条配电线路出线，健全线路和故障线路上的暂态零序电流信号在极性、幅值、频率等许多特征上存在差异。

(2) 对于故障线路上的故障点之前部分和故障点之后部分，暂态零序电流在极性、幅值、频率等许多特征上也存在差异。

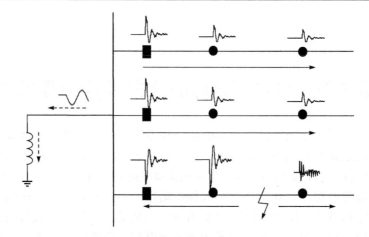

图 5.1　小电流接地系统接地故障暂态电流分布规律示意图

(3) 对于故障线路上故障点到变电站母线之间的故障路径部分，暂态零序电流在极性、幅值、频率等许多特征上则会存在一定的相似性。

把这些暂态信号进行较高速录波，配电自动化主站收集到故障线路所在母线上所有出线安装的故障指示器上报的波形文件后，通过分析比较这些录波波形的相似性和差异性，根据以上规律即可判断和定位接地故障的区段，结合该母线接线的网络拓扑结构，就可以判断出接地线路和故障位置区段。

对于小电阻接地系统，接地故障的判断定位与短路故障相似，通过各相序的工频电流变化即可检测。

2. 具体实施方案

基于暂态录波型故障指示器的接地故障定位系统由安装在线路上的暂态录波型故障指示器和内嵌于配网自动化主站的大数据分析平台两大部分组成，其中暂态录波型故障指示器由安装在架空线路上的采集单元和安装在线路/杆塔上的汇集单元两部分组成。

通过在架空线路上沿线安装暂态录波型故障指示器，当线路上发生接地故障时，同一母线的所有馈线上安装的故障指示器检测到线路上的电压或电流的扰动，并触发故障录波，*A*、*B*、*C* 三相采集单元将同步采集的电流、电场(反映线路对地电压)录波信号通过短距离无线传输到汇集单元，并由汇集单元合成暂态零序电流波形，转化成波形文件后通过 3G/4G(G 为 generation 的缩写，代表"代"，如 3G 代表第三代)无线通信网络上传到配电自动化主站。主站收集故障线路所属母线所有故障指示器的波形文件，根据零序电流的暂态特征并结合线路拓扑进行综合研判，判断出故障区段，再向故障线路故障相上的故障指示器发送命令，进行故障显示，并将定位结果通过弹窗、短信等方式通知运维人员，指导故障处理。其中，故障录波合成暂态零序电流原理如图 5.2 所示。

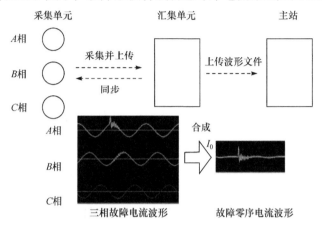

图 5.2　故障录波合成暂态零序电流原理

暂态录波型故障指示器的主要装置包括采集单元和汇集单元。

采集单元悬挂在架空线路上，三个相序的采集单元通过无线对时，同步采集线路的电流、电压(通过电场间接测量)波形，计算线路负荷、电压幅值等参数，并在线路发生故障时向汇集单元上送故障前后的录波波形。

汇集单元安装在杆塔或架空线路上，收集采集单元上送的录波数据，并将录波数据通过无线公网发送给配网自动化主站。

暂态录波型故障指示器的关键技术主要如下：

(1) 在线自取电技术。

(2) 高精度抗干扰电流传感器技术。采集单元采用的电流传感器具有大量程、高精度、高带宽、响应快、不饱和的特点，可满足暂态信号的采集要求。

(3) 基于三相对时的同步录波技术。暂态录波型故障指示器采用了三相同步对时技术，可以获得三相电流、电压(电场)的同步采集数据，从而可以合成零序电流信号，为接地故障判断提供更多的特征数据。

(4) 基于线路拓扑的单相接地故障判识算法。配网自动化主站结合线路拓扑和暂态录波型故障指示器上送的录波数据，计算得到故障区段。

3. 对外界环境要求

暂态录波处理模式对一次设备没有任何要求，但由于接地故障发生后，有大量录波数据需要在短时间内上传给主站，所以暂态录波处理模式对通信的稳定性和带宽都有较高的要求，一般要求采用 4G/3G 通信模式，而且无线公网信号比较强和稳定。

4. 适用条件

暂态录波处理模式适用条件如下：

(1) 接地方式：不接地/消弧/低电阻/其他。

(2) 配网结构：架空线路。

(3) 地理环境：无特殊限制；海拔超过 2000m 时采集单元应注意满足绝缘要求。

(4) 气象条件：无特殊限制；太阳能板供电的汇集单元应按照最长连续阴雨天数选择后备电池的容量。

(5) 运行维护：采集单元要求线路平均电流大于 5A；太阳能供电型汇集单元要求太阳能面板朝向、角度恰当，避免严重污损；汇集单元的备用电源失效时应及时更换。

(6) 通信及必要装备：需要开通 4G 业务的用户身份识别卡(SIM 卡)。

(7) 安装条件：采集单元要求线路平均电流大于 5A。

(8) 解决的单相接地类型：金属性接地、弧光接地、间歇性接地、高阻接地(接地阻抗不超过 1000Ω)。

5. 制约因素

暂态录波处理模式制约因素如下：

(1) 电场测量不准确，而且容易受环境温湿度、周围建筑物和植被的影响，导致非故障录波启动频繁发生，影响故障的检测可靠性。

(2) 配网线路经过很多地区无线公网信号较差，导致录波波形数据上传可靠性低，而且延时较大。

(3) 对安装人员的业务素养要求较高，很多现场施工人员的随意性会影响设备正常检测接地故障。

(4) 需要对现有配网自动化主站进行改造、升级，而且到目前没有成熟、可靠的波形识别和比对算法，导致目前无法大面积使用。

6. 应用情况

暂态录波型故障指示器可有效解决架空线路单相接地故障的选线和分段定位问题，同时故障录波数据为故障过程分析、故障成因分析提供了重要的事实证据。

实际应用中，由于暂态录波型故障指示器是较新的技术，各厂商的产品成熟度差异较大，故障判识准确性尚未达到预期，存在提升的空间。

### 5.1.2 外施信号处理模式

1. 总体思路

目前中国大多数配电网采用的是中性点不直接接地方式，这类配电网发生单相接地故障时，因故障电流较小，故障特征复杂，因而故障点的查找非常困难。

外施信号法检测单接地故障的原理就是按照小电流接地系统单相接地故障的特点，通过检测使故障线路上产生的具有特殊特征的电流信号来实现故障选线和故障点定位的。当线路上任何一点发生单相接地故障时，装在线路上的外施信号发生装置检测到故障信息后，首先判断出故障相，然后对故障相施加特定信号，安装在线路上的故障检测装置检测流过本线路的特定信号，若满足故障特征则故障检测装置给出报警，从而指示出故障位置。

2. 实施方案

外施信号法是在线路上安装专用的单相接地故障检测外施信号发生装置(变电站每段母线只需安装 1 台)。发生单相接地故障时，根据零序电压和相电压变化，外施信号发生装置自动投入，连续产生不少于 4 组工频电流特征信号序列，在故障相与外施信号发生装置安装点的回路上流动，叠加到故障回路负荷电流上，故障指示器通过检测电流特征信号判别接地故障，并就地指示。

1) 故障指示器采集单元

智能型线路故障指示器是可以指示线路故障电流通路的装置，使用线路故障指示器，可快速确定相间短路及接地故障区段。

2) 汇集单元

汇集单元是将故障指示器发送过来的无线信息接收后进行解调、解码，将信息通过通用分组无线服务(GPRS)发送给监控主站，进而实现现场采集单元动作信息的主动上报和远程监视。

3. 对外界环境要求

一次系统需要在每段母线上增加一台外施信号发生装置，由于上报主站的只有遥信量，所以外施信号发生装置对通信信道的质量、带宽要求不高。

4. 适用条件及效果

外施信号处理模式适用条件及效果如表 5.1 所示。

**表 5.1　外施信号处理模式适用条件及效果**

| 项目 | 内容 |
|---|---|
| 系统类型 | 适用于不接地系统和消弧线圈接地系统 |
| 电网结构 | 辐射状、环网均可 |
| 地理环境 | 无限制 |
| 气象条件 | 无限制 |
| 运行维护 | 外施信号发生装置的接地点需要定期检测,确保接地电阻值小于10Ω |
| 通信要求 | 故障指示器可以直接判断。只有本地显示或处理故障时检测过程不需要通信。远动通信只需要发送变化的遥信变位和事件顺序记录(SOE)报文即可,数据量少 |
| 是否需要主站参与 | 不需要主站参与,即可判断出是否在故障线路(段)上 |
| 安装条件 | 直接挂接在导线上或电缆线路上 |
| 解决的单相接地类型 | 接地电阻小于800Ω 的永久性接地故障 |

# 5.2　基于智能终端的处理模式及适应性分析

　　配电智能终端装置包括用于配电网监控的馈线柱上配电终端(FTU),配电变压器配电终端(TTU),开闭所、环网柜远方监控终端(DTU)等,其主要功能是实现配电网设备的监控和数据采集,具有遥信、遥测、遥控、故障电流检测、继电保护,以及通信转发及故障的诊断、隔离、定位及恢复等功能。基于故障指示器的单相接地故障诊断方式,功耗受限,本地分析与处理功能弱,而基于智能终端的单相接地故障诊断方式不受功耗及本地分析处理功能的限制,拥有更丰富、更灵活的应用途径。

## 5.2.1　方向性自适应处理模式

### 1. 总体思路

　　结合国家电网有限公司《就地型馈线自动化技术原则》,在不背离这个大方向的前提下,方向性自适应处理模式不依赖通信,利用暂态原理,故障点上游的暂态零序电流方向相同,均流向母线,故障点下游和非故障线路暂态零序电流方向与故障点上游暂态零序电流相反,均流向线路。方向性自适应处理模式根据终端检测分段开关处暂态零序电流的方向,并结合国家电网有限公司自适应综合型逻辑即可判断故障点所在区段进行故障隔离。这种原理同样适用于分界开关接地故障处理。

2. 适用条件及效果

1) 电压互感器(PT)配置要求

方案1: 电磁式互感器与电子式传感器配合使用。架空线路分段开关配置两只双绕组单 PT 分别安装于开关两侧, 供终端供电与采样。零序电压为内置电子式传感器。考虑抗干扰性能, 电子式传感器需要有隔离变压器进行一、二次隔离。另外, 靠近变电站的线路首台开关 PT 应安装在电源侧, 防止向变电站逆供电。

方案2: 全部配置电磁式互感器。开关一侧配置一台三相五柱式PT, 开关另一侧配置一台双绕组单 PT。

2) 零序电流互感器(CT)配置要求

零序电流互感器精度是故障检测的基础, 因此要求零序电流互感器精度高, 能检测到微弱零序电流。

3) 中性点接地方式

中性点接地方式适用于 10kV 中性点不接地或经消弧线圈接地方式。

4) 解决的接地故障类型

对过渡电阻≤1000Ω 范围内能够确保单相接地故障检测及判断的准确性。

3. 接地故障处理过程

主干线永久接地故障处理过程如下:

(1) 安装前设置 FS1 为选线模式, 其余开关为选段模式。

(2) FS5 后发生单相接地故障, FS1、FS4、FS5 依据暂态算法检测出零序电流流向母线, FS1、FS4、FS5判断负荷侧发生了接地故障, 判定接地故障在其后端并记忆, 如图 5.3 所示。

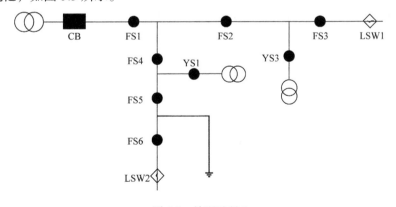

图 5.3 处理过程 1

(3) FS1 延时保护跳闸(20s), 如图 5.4 所示。

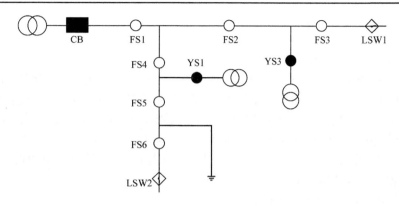

图 5.4　处理过程 2

(4) FS1 延时 2s 后重合闸，如图 5.5 所示。

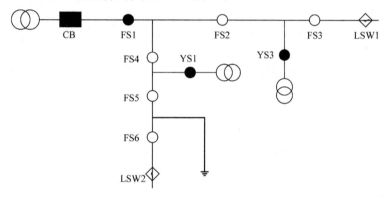

图 5.5　处理过程 3

(5) FS4、FS5 一侧有压且有故障记忆，延时 7s 合闸，FS2 无故障记忆，启动长延时，如图 5.6 所示。

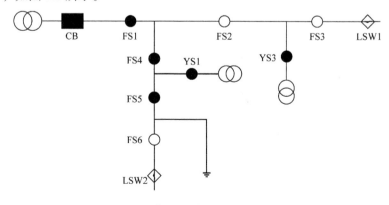

图 5.6　处理过程 4

(6) FS5 合闸后发生零序电压突变，FS5 直接分闸，FS6 感受短时来电闭锁合闸，如图 5.7 所示。

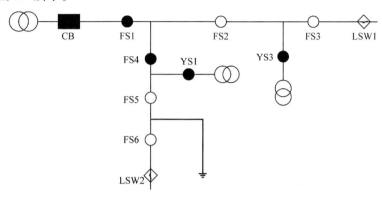

图 5.7 处理过程 5

(7) FS2、FS3 依次合闸恢复供电，如图 5.8 所示。

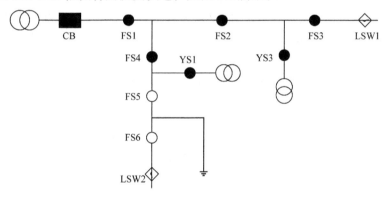

图 5.8 处理过程 6

## 5.2.2 多级方向保护处理模式

### 1. 总体思路

研究结果表明，配电线路发生接地故障时，故障点上游的暂态零序电流方向相同，均流向母线；故障点下游暂态零序电流方向与故障点上游相反，均流向线路。根据分段开关处暂态零序电流的方向，即可判断故障点所在区段。

由于变电站接地保护可以有较长的动作延时，通过线路上多级开关之间的动作时限配合，可以实现小电流接地故障多级保护。线路各级暂态方向接地保护与变电站接地保护通过时间配合，在变电站接地保护动作时限内自动选择性切除接地故障，除故障点上游的第一个开关外，其他开关也不需要动作。

接地保护功能由配电终端完成，同时具备"三遥"和(或)就地(或分布式)馈线自动化功能，避免重复投资。

2. 实施方案

在出口断路器以及线路上各个开关处均部署接地方向保护(配电终端)，接地方向为正时启动保护，保护动作时限根据开关所处的位置整定，末级配电变压器接地保护的动作时限选为 10s(躲过瞬时性接地故障)，其他开关保护的动作时限均比下游相邻开关的最大动作时限大一个时间级差 $\Delta t$(选为 0.5s)。如果用户配电变压器没有配置接地保护，则将分界开关接地保护作为末级保护对待。

以图 5.9 所示配电线路(图中仅给出了两个分支线路)为例，线路出口断路器 QF，主干线路开关 Q1、Q4 与 Q5，分支线路开关 Q2 与 Q6，以及配电变压器开关 Q3 与 Q7 都部署了接地故障方向保护。配电变压器接地保护动作时限选为 10s；分支线路开关 Q2 与 Q6 的动作时限增加一个时间级差，设为 10.5s；主干线路开关 Q5 接地保护的动作时限比 Q6 增加一个时间级差，设为 11s；Q4 接地保护的动作时限比 Q5 增加一个时间级差，设为 11.5s；Q1 接地保护的动作时限比 Q4 增加一个时间级差，设为 12s；出口断路器接地保护的动作时限则设为 12.5s。按照这样的动作时限配合方案，在线路上 K1 处发生接地故障时，Q7 跳闸切除故障；K2 处故障时，Q2 跳闸；K3 处故障时，Q1 跳闸；实现了保护的有选择性动作。

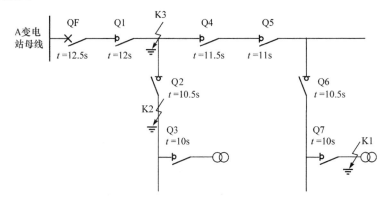

图 5.9 多级接地保护动作时限配合示意图

具备联络电源时，主干线路的接地保护配置两套时间定值，根据供电方向自动启动。如图 5.10 所示，在 K3 点故障时，Q1 在 13s 后跳闸；联络开关 Q5 在检测到一侧无电压后合闸，由于合到接地故障上，Q4 的保护装置由于反方向供电，自动启动第二套时间定值(11.5s)，11.5s 后 Q4 跳闸切除故障。

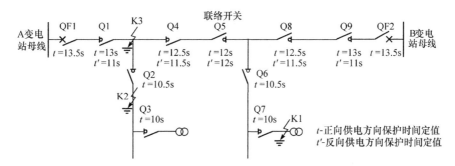

图 5.10 具备联络电源时的多级接地保护动作时限配合示意图

此外，保护装置(配电终端)还具备三遥和就地重合馈线自动化、分布式馈线自动化功能，避免重复投资。

### 5.2.3 相不对称检测处理模式

#### 1. 总体思路

相不对称检测处理模式基于三相电流"相不对称"检测算法原理，可实现10kV 配网馈线单相接地故障的准确检测。三相电流"相不对称"检测算法，只需要检测线路三相电流的变化，实现了对很小的单相接地故障电流的检测。

#### 2. 具体实施方案

在 10kV 配网主干线路上(或关键分支线的分界点)布置接地故障检测装置。接地故障检测装置可以准确地指示接地故障，并将数据上传主站，实现故障快速检测定位和迅速安排抢修并快速恢复供电。通过在配电线路上合理布置"相不对称"原理单相接地故障检测装置，在发生单相接地故障后，将单相接地故障检测信息接入智能分布式自动化系统，即可实现单相接地故障定位和切除。

在接地故障瞬间，配电网结构发生突变，相应三相电流也发生突变。"相不对称"检测技术就是基于接地故障发生时的电流特征的检测，根据算法计算出三相突变电流的"不对称度" $J_a$、$J_b$、$J_c$，如果 $\max(J_a, J_b, J_c) > K$ ($K$ 根据不同10kV 配电网中性点接地方式有所差异)，则判断三相电流不对称，判别故障线路及故障相。

### 5.2.4 外施信号处理模式

#### 1. 外施信号法技术原理

在变电站或线路上安装专用的单相接地故障检测外施信号发生装置(变电站

每段母线只需安装 1 台)。发生单相接地故障时，根据零序电压和相电压变化，外施信号发生装置自动投入，连续产生不少于 4 组工频电流特征信号序列，叠加到故障回路负荷电流上。

根据外施信号发生装置安装位置的不同，外施信号发生装置分为中电阻型和母线型。

中电阻型外施信号发生装置安装在变电站的 10kV 母线中性点上，采用中电阻投切法产生一定特征信号。母线型外施信号发生装置安装在变电站 10kV 母线或某条配电线路上。

单相接地故障时，安装在线路上的外施信号发生装置产生工频特征电流信号，该信号在故障相与外施信号发生装置安装点的回路上流动，若故障回路上的智能终端可以检测到该特征工频电流信号，则利用智能终端的高精度测量互感器可以判断出超过 2000Ω 接地阻抗产生的工频电流特征信号序列。

2. 基于智能分布式终端的处理流程

下面以一个典型的开环模式供电网络(图 5.11)为例，简述在单相接地故障时智能分布式终端的故障处理过程。

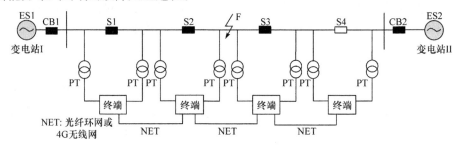

图 5.11　开环模式供电网络

如果用于接地故障判断，那么需要提供三相 CT 或零序 CT，零序 CT 具备更精确的注入脉冲电流判断能力。PT 及零序 PT 在接地故障判断过程中不是必需的。

ES1 和 ES2 为两个变电站，CB1 和 CB2 为两个变电站的出口断路器；S1、S2、S3、S4 全为断路器，系统正常运行时，S1、S2、S3 为合闸状态，S4 为分闸状态；一台智能终端(两个三相(或单相)PT)控制一台模拟断路器，通过交换机交互彼此间信息。

在发生单相接地故障时，外施信号发生装置短时反复投切一个中电阻，产生一个接地电流(<50A)，线路上安装的智能终端检测这个电流信号。该特征电流信号仅在变电站和故障点之间的一段线路中流通，即断路器 CB1、S1、S2 均能检测到该故障电流信号。

其中，S1 及上一级断路器检测到特征信号，不跳闸。

S2 检测到特征信号且下一级断路器未检测到特征信号，满足跳闸条件，跳闸。

S3 未检测到特征信号，不跳闸，在失电后收到断路器 S2 的"故障跳闸标志信号"后，进入"分闸闭锁"(执行"失电分闸闭锁"功能)。

S4 在单侧失压后，启动延时，在延时期间没有收到相邻断路器的闭锁标志和残压信号，在延时到达后发出合闸命令(执行"单侧失压延时合闸"功能或者"检闭锁单侧失压延时合闸"功能)，实现负荷转供。

# 5.3　基于分界开关的处理模式及适应性分析

## 5.3.1　稳态量方向性检测处理模式

### 1. 总体思路

在用户分界点处安装内置各种传感器(PT、CT、零序 CT 和零序 PT)，检测发生单相接地故障时的电压、电流、稳态零序电流和稳态零序电压，判断故障的发生区间。在负荷侧发生单相接地故障时，及时隔离故障区间，确保非故障区间正常供电；在电源侧发生单相接地故障时，确保不发生误动作；发生短路故障时开关闭锁，在上级断路器跳闸后跳闸，隔离故障区间，保证重合闸成功，提高供电可靠性。

### 2. 具体实施方案

分界开关是供电企业和用户划分配电线路不同管辖范围的分界点，而由于用户设备在设备选型、运行维护水平、设备更新周期等的不同，在所有单相接地故障中，有非常大的比例是发生在用户侧的，因此通过分界开关内置上述检测装置能够有效地隔离大多数单相接地故障，极大提高供电可靠性。

### 3. 对外界环境要求

稳态量方向性检测处理模式基于稳态信号，自动判断单相接地故障是否发生，自动判断故障区间，只有故障发生在区内自动跳闸，隔离故障区间不影响非故障区间的供电。该模式对一次设备和通信没有要求，只有在需要上传故障信息时才要求无线通信(手机 SIM 卡)。

### 4. 适用条件

稳态量方向性检测模式适用于中性点不接地或经消弧线圈接地的配电网，

适用线路类型为架空线或架空线与电缆混合线路，适用于所有接地故障类型。

### 5.3.2 暂态量幅值处理模式

#### 1. 总体思路

中压配电线路可能分属供电公司或用户，故障时需要尽快确定故障位于用户侧还是系统侧，以明确供电企业和用户的巡线和检修责任。分界开关是供电企业和用户划分配电线路不同管辖范围的分界点，图 5.12 为一个含分界开关的配电网示意图，图中，S 为分界开关，$C_c$ 为分界开关下游用户供电系统相对地电容，$C_k$ 为除分界开关下游用户供电系统外本线路相对地电容，$C_b$ 为除本线路外的系统总相对地电容(其他线路的分布电容与母线及其背后电源对地电容之和)；$L_p$ 为消弧线圈电感；P 为消弧线圈投入开关。

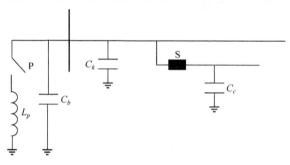

图 5.12　含分界开关的配电网示意图

利用暂态零序电流幅值对分界开关进行测控，可以检测用户界内小电流接地故障，在预定时间分闸隔离小电流接地故障，也可用于架空线路分支线、电缆环网柜出线、开闭所出线的测控与故障处理。

#### 2. 实施方案

系统侧发生故障时，流过分界开关的零序电流是用户系统电容电流；用户侧发生故障时，流过分界开关的零序电流接近整个系统的电容电流。由于分界开关安装处下游用户线路比较短，用户线路及其用电设备的对地电容也远远小于分界开关上游系统对地电容，而分界开关上游系统对地电容等于除分界开关下游用户供电系统外本线路对地电容与除本线路外系统对地电容之和。因此，用户侧出现接地故障时，流过分界开关的零序电流一般会大于上游系统接地时的零序电流，据此可以判断接地故障的方向。

暂态零序电流幅值法接地故障分界判据为：通过检测暂态零序电流的幅值是否超过电流定值判断接地故障的方向；电流定值按躲过系统侧故障时用户系

统暂态零序电流的幅值来整定。由于电流定值是根据用户系统暂态零序电流的
幅值来整定的，所以在系统侧故障时，流过分界开关的电流不会超过暂态电容
电流的幅值，分界开关不会误动。当在用户侧发生接地故障时，流过分界开关
的暂态零序电流近似等于故障点的接地电流，其幅值远大于暂态零序电流法的
电流定值，能够可靠地判断出接地点在下游用户系统内。

　　分界开关控制器设两档拨码开关，分别对应架空线路与电缆线路；接地电
流定值按线路长度(km)设定，便于现场调试及维护。

　　此外，分界开关控制器具备相间短路故障保护，在上级保护动作后，自动
分闸隔离用户侧短路故障，可设定 1 次或 2 次检测到过流失压后分闸。分界开关
为断路器时，与上级保护配合，直接跳闸切除短路故障；实际工程中，直接跳
闸方式的分界开关宜根据情况配置一次重合闸：用户进线是架空线路且距离较
长(大于 500m)时，配置一次重合闸避免瞬时性故障造成用户停电；当用户侧接
有多台配变、其中一台配变故障时，故障配变的熔断器或断路器保护动作切除
故障，分界开关重合成功，恢复对用户其他配变的供电。

　　对于同时具备零序电流和零序电压条件的分界开关，可配置暂态零序电流
方向保护。系统侧故障时，流过分界开关的暂态零序电流流向用户方向；用户
侧故障时，流过分界开关的暂态零序电流流向系统方向。通过判断流过分界开
关的暂态零序电流的方向，即可判断界内外故障。

# 5.4　处理模式及适应性对比分析

　　几种配电网单相接地故障处理模式及适应性对比分析如表 5.2 所示。

**表 5.2　配电网单相接地故障诊断及保护处理模式比较**

| 处理模式 | 代表技术路线 | 基本原理 | 适用系统 | 适用线路类型 | 适用接地故障类型 | 一次设备要求 | 通信方式要求 | 制约因素 | 经济性分析及备注 |
|---|---|---|---|---|---|---|---|---|---|
| 故障指示器 | 暂态录波方案 | 属于暂态法，基本原理是根据零序电压、暂态零序电流选线、定位。根据零序电流的暂态特征并结合线路拓扑结构进行综合研究，判断出故障区段 | 不接地/消弧/低电阻/其他系统 | 架空线路 | 金属性接地、弧光接地、间歇性接地、高阻接地 | 线路平均电流要求大于 5A | 无线公网(2G/3G/4G) | 要求具备无线公网通信条件；故障定位精确度受安装指示器数量的限制 | 所需故障指示器需要具备暂态录波功能，提高成本 |

| 处理模式 | 代表技术路线 | 基本原理 | 适用系统 | 适用线路类型 | 适用接地故障类型 | 一次设备要求 | 通信方式要求 | 制约因素 | 经济性分析及备注 |
|---|---|---|---|---|---|---|---|---|---|
| 故障指示器 | 外施信号方案 | 在接地发生时，使故障相与对应的健全相之间通过接地点构成回路，利用系统能量产生具有一定特征的电流信号，安装在线路上的故障指示器通过检测该具有特殊特征的电流信号来实现故障选线和故障点定位 | 不接地系统/消弧线圈接地系统 | 辐射状、环网均可，电缆线路和架空线路均适用 | 接地电阻小于800Ω的永久性接地故障 | 需要增加外施信号发生装置 | 要求低，只需要上传遥信报文 | 对于瞬弧地诊断和接地故障响应受限 | 经济成本除故障指示器外，还需包含外施信号装置成本 |
| 智能终端 | 方向性自适应方案 | 基于零序电压与零序电流的暂态特征进行相关分析，确定单相接地故障并结合馈线自动化(FA)实现故障定位 | 全部接地方式系统 | 电缆线路、架空线路 | 直接接地、高阻接地、弧光接地 | 具备零序电压、零序电流互感器；开关具备接地电流分断能力；对零序CT精度有要求，误差小于3% | 无须通信 | 每台开关需要配置零序电压和零序电流互感器；对过渡电阻1kΩ以上存在不确定性 | 智能终端解决方案成本上，高于故障指示器解决方案 |
| | 多级方向保护方案 | 暂态零序电流方向原理。根据分段开关处暂态零序电流的方向判断故障点所在区段；通过多级时序配合在变电站接地保护动作时限内自动选择性切除接地故障，除故障点上游的第一个开关外，其他开关不需要动作 | 不接地/经消弧线圈接地系统 | 架空线路、电缆线路以及架空电缆混合线路 | 金属性接地、间歇性接地、弧光接地以及高阻接地(1kΩ) | 三相电流互感器以及零序电流互感器、零序电压传感器，外置PT测量、供电 | 不需要 | 线路具备零序电压传感器 | 主干线路保护装置配置两套时间定值，根据供电方向自动启动，自动适应联络线路备供运行状态。接地保护功能由配电终端完成，同时具备"三遥"和(或)就地、分布式馈线自动化功能，避免重复投资 |
| | 相不对称检测方案 | 检测本地三相电流变化的不对称性，实现接地故障线路的选线和分段，就地切除接地故障 | 全部接地方式系统 | 电缆线路、架空线路 | 直接接地、高阻接地、弧光接地 | 开关具备接地电流分断能力 | 无线或光纤通信 | | |

续表

| 处理模式 | 代表技术路线 | 基本原理 | 适用系统 | 适用线路类型 | 适用接地故障类型 | 一次设备要求 | 通信方式要求 | 制约因素 | 经济性分析及备注 |
|---|---|---|---|---|---|---|---|---|---|
| 智能终端 | 外施信号方案 | 单相接地发生后，施加的信号只流过故障回路的故障点上游，根据不同位置终端监测到的外施特殊信号进行选线、定位 | 不接地系统/消弧线圈接地系统 | 架空线路、电缆线路 | 永久性接地故障(可以可靠切除高阻接地故障) | 每段母线只需安装1台信号外施发生装置 | 不依赖通信，本地判断直接可靠切除接地故障 | 无法判断瞬时性接地故障 | |
| 分界开关 | 稳态信号方向性检测方案 | 属于稳态法，基本原理是测量本地零序电压、零序电流并比较相位，判断是不是在装置安装点之后发生单相接地故障，当故障在区内时跳闸隔离故障 | 不接地/消弧线圈接地系统 | 架空线路、架空线和电缆混合线路 | 金属性接地、间歇性接地、弧光接地 | 无要求 | 无要求 | 对零序电压、零序电流的传感器精度和方向性判断要求较高；谐振接地系统中的诊断准确性有待进一步验证 | 成熟产品需从日本进口，成本略高 |
| | 暂态零序电流幅值方案 | 暂态零序电流幅值原理。通过检测暂态零序电流的幅值是否超过电流定值判断界内外接地故障；电流定值按躲过系统侧故障时用户系统暂态零序电流的幅值整定 | 不接地系统/经消弧线圈接地系统 | 架空线路、电缆线路以及架空电缆混合线路 | 金属性接地、间歇性接地、弧光接地以及高阻接地(1kΩ) | 三相电流互感器、零序电流互感器，外置PT测量、供电 | 不需要 | | 由于电流定值是根据用户系统暂态零序电流的幅值来整定的，所以在系统侧故障时，流过分界开关的电流不会超过暂态电容电流的幅值，分界开关不会误动。当在用户侧发生接地故障时，流过分界开关的暂态零序电流近似等于故障点的接地电流，其幅值远大于暂态零序电流法的电流定值，能够可靠地判断出接地点在下游用户系统内 |

## 5.5 基于数据层与特征层融合的单相接地故障分析方法

单相接地故障选线方法依据特征量不同可分为三类：信号注入法、稳态量选线法和暂态量选线法。其中，信号注入法需要附加信号装置，工程实现复杂；稳态量选线法存在特征信号微弱、选线结果不可靠等问题；暂态量选线法所依据的暂态特征比稳态值大几倍甚至几十倍，且不受消弧线圈的影响，无须添加额外设备，因此具有更高的可靠性及应用价值。

暂态量中除故障信号外，还混杂了多类型信号，直接利用易引发误判。本节提出一种基于最优有限长单位冲激响应(finite impulse response, FIR)滤波器与层次聚类的小电流接地系统单相接地故障选线方法。该方法依据故障暂态特征量的频率特性，设计最优 FIR 滤波器以提取暂态容性零序电流，在此基础上，利用层次聚类算法综合故障信号的极性与幅值特征确定故障线路，能降低采样频率需求，避免复杂多层次信号分解，节约计算量。

小电流接地系统发生单相接地故障后，可通过各馈线始端产生的零序电流中包含的暂态容性零序电流分量 $i'_{0C}$ 的变化趋势，有效区分故障线路与非故障线路。而利用 $i'_{0C}$ 与采集到的零序电流中的其他分量在频域上无交集这一特性，即可实现信号的有效提取。

### 5.5.1 最优 FIR 滤波器设计

如前文所述，馈线始端暂态容性零序电流的变化趋势可作为区分故障线路与非故障线路的可靠依据。为从馈线始端采集到的零序电流中提取出频率范围为 300～3000Hz 的暂态容性零序电流，并考虑到准确获得故障发生时刻的事故记录需求，需设计一个具有线性相位的带通滤波器，其理想幅频特性为

$$\begin{cases} |D(\mathrm{j}\omega)|=1, & 300 \leqslant \dfrac{\omega}{2\pi} \leqslant 3000 \\[2mm] |D(\mathrm{j}\omega)|=0, & \dfrac{\omega}{2\pi} < 300, \dfrac{\omega}{2\pi} > 3000 \end{cases} \tag{5.1}$$

基于上述需求，可考虑设计一个 FIR 滤波器，该滤波器的传递函数为

$$H(z) = \frac{Y(z)}{X(z)} = \sum_{n=0}^{N-1} h(n)z^{-n} \tag{5.2}$$

式中，$N$ 为滤波器阶数。该滤波器的脉冲响应 $h(n)$ 仅在 $n=0,1,\cdots,N-1$ 的有限个点上有值。对于输入 $x(n)$，其输出为

$$y(n) = h(0)x(n) + h(1)x(n-1) + \cdots + h(N-1)x(n-N+1)$$
$$= \sum_{m=0}^{N-1} h(m)x(n-m) = h(n) \otimes x(n) \tag{5.3}$$

该类滤波器具有线性相位，即相频特性满足

$$\angle H(\mathrm{j}\omega) = -\alpha\omega \tag{5.4}$$

这保证了输出与输入信号的固定时延。因此，基于滤波后的故障特征信号，可准确获得故障发生时刻。

为实现实际频响 $H(\mathrm{j}\omega)$ 和理想频响 $D(\mathrm{j}\omega)$ 之间最大误差最小化，即实际频

响最大化地接近理想频响，可采用最优 FIR 滤波器设计方法，得到的即最优 FIR 滤波器。300～3000Hz 的最优 FIR 带通滤波器设计过程包括如下两个步骤。

1) FIR 滤波器阶数估计

FIR 滤波器最小阶数取决于最窄的过渡频带宽度。依据信号提取需求，对低频信号的过滤要求较高，需滤除 50Hz 的稳态信号及 250Hz 以下的噪声信号。考虑到 300～3000Hz 的通带频段设计需求并保持适当裕度，低频过渡带可设计为 280～300Hz，据此并结合配电网常见信号采集频率 $F_t$=6.4kHz，利用 Kaiser 方程 (5.5)，可计算得到 FIR 滤波器最小阶数为 500。

$$N \approx \frac{-20\lg\left(\sqrt{(1-10^{-\alpha_p/20})(10^{-\alpha_s/20})}\right)-13}{14.6(\omega_s-\omega_p)/(2\pi)} \tag{5.5}$$

式中，$\omega_p$ 与 $\omega_s$ 为归一化通带与阻带边界角频率；$\alpha_p$ 为峰值通带波纹；$\alpha_s$ 为最小阻带衰减。

通常在满足滤波性能的情况下，滤波器阶数越小越易实现，运算速度也越快。因此，这里以 500 作为 FIR 滤波器的设计阶数。

2) 最优 FIR 滤波器参数求解

该问题可转化为优化问题，即根据约束最小二乘法，求解阶数为 500 的 FIR 滤波器系数，实现加权误差绝对值的峰值最小化。

$$\min_{\omega\in\mathbf{R}} \max |W(\mathrm{j}\omega)[H(\mathrm{j}\omega)-D(\mathrm{j}\omega)]| \tag{5.6}$$

最终，得到具有如图 5.13 所示频率特性的最优 FIR 滤波器。由于该滤波器阶数为 500，信号滤过后会有 0.04s$\left(\text{即}\dfrac{500-1}{2F_t}\text{s}\right)$的固定时延。

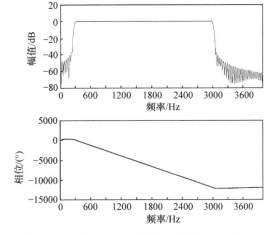

图 5.13　最优 FIR 带通滤波器幅频与相频特性

### 5.5.2　特征的层次聚类

利用最优FIR滤波器可有效提取暂态容性零序电流分量 $i'_{0C}$ ，之后即可根据各馈线始端 $i'_{0C}$ 变化趋势的不同检测出故障线路。然而，某些情况下， $i'_{0C}$ 幅值整体偏小且振荡频繁，仅靠人为定性判断易引发误判。因此，可采用层次聚类法，综合 $i'_{0C}$ 幅值与相位信息对馈线进行分类，得出变化趋势区别于其他馈线的单根馈线即故障馈线。若不存在此类馈线且确定配电网中发生单相接地故障(即母线零序电压超过一定阈值，该阈值一般为母线额定电压的35%)，则为母线故障。

层次聚类是将每个对象作为一个类，合并该层次上最小类间距离对应的两个类；然后在新的聚类层次上，重复上述类合并过程，直至所有对象聚为一类，并形成一个表示亲疏关系的谱系图；最后利用各层次上的聚类评价指标，对谱系图进行剪切，确定类个数，完成分类。

结合馈线聚类的目标，确定层次聚类中的两个关键定义，即类间距离与谱系图的剪切标准。

1. 类间距离

基于各馈线始端的暂态容性零序电流时间序列进行馈线聚类，可采用如下类间距离定义方式：

$$D_{AB} = \| \overline{X_A} - \overline{X_B} \|^2 + \frac{W_A}{N_A} + \frac{W_B}{N_B} \tag{5.7}$$

式中， $X_i$ 为第 $i$ 个对象； $\overline{X_A}$ 为 $A$ 类对象均值向量； $W_A = \sum_{i \in C_A} \| X_i - \overline{X_A} \|^2$ 为 $A$ 类对象类内离差平方和； $N_A$ 为 $A$ 类对象的个数。

这种类间距离定义方式趋向于合并具有相近均值及相似方差的类，与馈线聚类的目的一致。

2. 谱系图的剪切标准

为确定对象聚成几类最优，需综合考虑两个量，即伪 $F$ (式(5.8))与伪 $t^2$ (式(5.9))：

$$P_{SF} = \frac{W - P_G}{G - 1} \cdot \frac{N - G}{P_G} \tag{5.8}$$

$$P_{ST2} = \frac{B_{AB}(N_A + N_B - 2)}{W_A + W_B} \tag{5.9}$$

式中， $G$ 为在该聚类层次上的类个数； $W_j = \sum_{i=1}^{N} \| X_{ij} - \overline{X} \|^2$ ， $N$ 为第 $j$ 类对象的个数； $P_G = \sum_{j=1}^{G} W_j$ ； $B_{AB} = W_C - W_A - W_B$ ，类 $C$ 为类 $A$ 与类 $B$ 合并的结果。

伪 $F$ 用于评价归为 $G$ 个类时的聚类效果，其值越大表示对象越可显著地归为 $G$ 个类。伪 $t^2$ 用于评价类 $A$ 与类 $B$ 的合并效果，其值大说明合并的两个类 $A$ 与类 $B$ 是很分开的，即上一次聚类的效果是好的。因此，伪 $t^2$ 出现峰值的前一层以及伪 $F$ 出现峰值时所对应的聚类数较合适。

预估馈线发生单相接地故障后的馈线聚类结果，分成两个类应是最合理的，单独归为一类的单根馈线即故障馈线。

### 5.5.3　基于最优 FIR 滤波器和层次聚类的故障选线方法

利用设计出的最优 FIR 滤波器，根据层次聚类算法，遵循如下步骤，实现小电流接地系统中单相接地故障选线。图 5.14 为基于最优 FIR 滤波器和层次聚类的故障选线方法流程，具体步骤如下：

(1) 实时采集配电网运行信息，若母线零序电压 $U_0$ 超过一定阈值，则进入步骤 (2)，否则，重复本步骤。

(2) 利用最优 FIR 滤波器，对各馈线始端采集到的零序电流 $I_{0i}(i=1,2,\cdots,n$，$n$ 为馈线条数)进行滤波，得到暂态容性零序电流分量 $I_{C0i}(i=1,2,\cdots,n)$。

(3) 基于 $I_{C0i}(i=1,2,\cdots,n)$ 对馈线分类，$n$ 条线路对应 $n$ 个原始类(即 $k=n$，其中 $k$ 为该聚类层次上类的个数)。

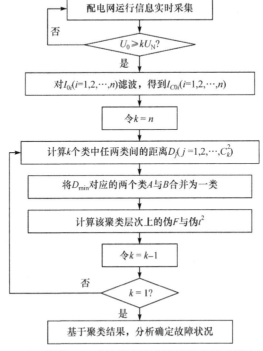

图 5.14　基于最优 FIR 滤波器和层次聚类的故障选线方法流程

(4) 根据式(5.9)计算任两类之间的距离，得到 $C_k^2$ 个距离值，合并最小距离对应的两类，形成新的聚类层次，对应 $k-1$ 个类。

(5) 计算该聚类层次上的伪 $F$ 与伪 $t^2$。

(6) 令 $k=k-1$，检验 $k$ 是否为 1，即所有对象是否已聚为一类，若是，则进入步骤(7)，若不是，则返回步骤(4)。

(7) 根据谱系聚类评价指标，即伪 $F$ 与伪 $t^2$ 极值出现位置，确定最佳聚类个数 $m$。

(8) 若 $m=2$，且其中一类仅包含一条馈线，则该馈线为故障馈线；若上述条件不满足且母线零序电压持续超过一定阈值，则为母线故障。

### 5.5.4　算例分析

本节以一典型配电网为例进行故障仿真。该配电网母线电压为 10.5kV，引出 5 条馈线，其中，$L_1=13$km，$L_2=12$km，$L_3=9$km，$L_4=20$km，$L_5=7$km。线路参数如下：正序电阻 0.45Ω/km，正序感抗 $1.17\times10^3$mH/km，正序容抗 $6.1\times10^8$F/km，零序电阻 0.7Ω/km，零序感抗 $3.9\times10^3$mH/km，零序容抗 $3.8\times10^8$F/km。采用过补偿，消弧线圈参数为：电阻 6.8Ω、电感 0.26H、采样频率 6.4kHz，即每周期采样 128 个点。

**1. 故障合闸角较小且接地电阻较大的故障(算例 1)**

假设在故障合闸角为 15°时，距馈线 $L_2$ 始端 8km 处发生单相接地故障，接地电阻为 200Ω。

各馈线始端零序电流 $I_{0i}(i=1,2,\cdots,5)$ 采集波形如图 5.15(a)所示，经最优 FIR 滤波器滤波后，暂态容性零序电流分量 $I_{C0i}(i=1,2,\cdots,5)$ 波形如图 5.15(b)所示。可见，$I_{C0i}$ 较之 $I_{0i}$ 具有 0.04s 的固定延时，这是由最优 FIR 滤波器的线性相位造成的。

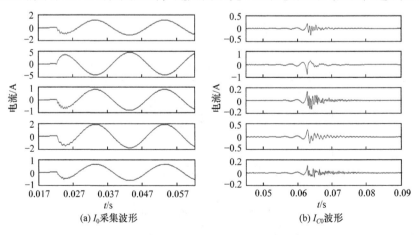

图 5.15　馈线始端零序电流滤波前与滤波后波形(故障合闸角较小且接地电阻较大的故障)

基于滤波后得到的暂态容性零序电流，对馈线进行层次聚类，得到如表 5.3 所示的谱系聚类结果。

表 5.3　层次聚类过程

| 聚类个数 | 聚类方式 | $P_{SF}$ | $P_{ST2}$ |
|---|---|---|---|
| 4 | CL3∪CL5 | 6.8525 | — |
| 3 | CL1∪CL6 | 5.9209 | 4.7156 |
| 2 | CL4∪CL7 | 7.2511 | 2.0508 |
| 1 | CL2∪CL8 | — | 7.3514 |

由表 5.3 可知，伪 $F$ 在归为两类时出现极值，伪 $t^2$ 出现峰值的前一层次聚类数为 2。因此，这 5 个样本可显著归为两类。由表中最后一行可知，馈线 2 单独聚为一类，则馈线 2 为故障馈线。该结论与实际故障状况相符。

2. 间歇性电弧接地故障(算例 2)

间歇性电弧接地故障是单相接地故障的一种，其电弧中既存在工频分量，也包含高频振荡分量。在工频或高频电流过零时电弧熄灭，之后随故障相电压的升高，电弧重燃，形成间歇性电弧接地。

假设距馈线 $L_1$ 始端 2km 处发生间歇性电弧接地故障，则 $I_{0i}$ 与 $I_{C0i}(i=1,2,\cdots,5)$ 如图 5.16 所示。

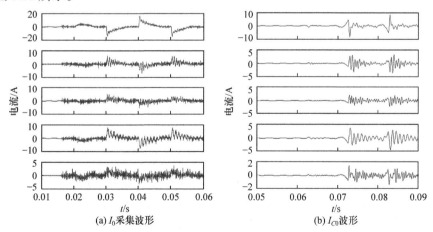

(a) $I_0$ 采集波形　　　　　(b) $I_{C0}$ 波形

图 5.16　馈线始端零序电流滤波前与滤波后波形(间歇性电弧接地故障)

对馈线进行层次聚类，经过如算例 1 所示的分析过程可知，馈线 $L_1$ 单独聚为一类，即为故障馈线，与实际故障状况一致。

### 3. 配电网严重不平衡运行状态下的故障状况

配电网临近用户，会出现三相不平衡运行状况，引发零序分量，易与单相接地故障引发的零序分量相混淆，影响故障下的准确选线。而在故障合闸角较小、接地电阻较大的情况下，单相接地故障引起的零序分量较小，如果又出现严重的配电网不平衡运行状况，那么故障选线的难度更大。

在配电网严重三相不平衡运行状态下，算例 1 所示故障状况采集到的 $I_{0i}$ 如图 5.17 所示。

由于三相不平衡引发的零序电流分量远大于由单相接地故障引发的零序电流分量，所以很难肉眼分辨出故障信息，找出因故障发生而产生信号突变的时间点。

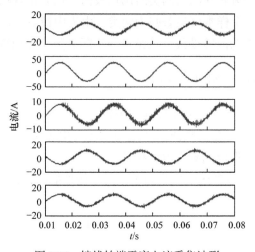

图 5.17　馈线始端零序电流采集波形

#### 1) 基于小波分析的故障选线方法

小波分析可将信号分解为细节分量与趋势分量两部分，其中细节分量用来确定故障发生时刻，趋势分量用来描述零序电流的变化趋势，并据此进行故障选线。各馈线始端零序电流经 db10 小波进行 4 层分解后，得到如图 5.18(a)所示趋势分量。

由图 5.18(a)可知，馈线 $L_1$、$L_4$ 始端零序电流变化趋势一致，馈线 $L_2$、$L_3$、$L_5$ 变化趋势一致，且两组馈线变化趋势相反，据此无法找出变化趋势异于其他馈线的单根馈线，即无法确定故障馈线。造成这种情况的原因在于三相不平衡引发的零序电流分量为各馈线始端零序电流中的主导成分，根据能量最大的特征频段提取原则，小波分析未能将能量较小的单相接地故障引发的故障特征提取出来。因此，传统小波分析方法在处理严重不平衡运行状态下的配电网单相接地故障选线问题时会失效。

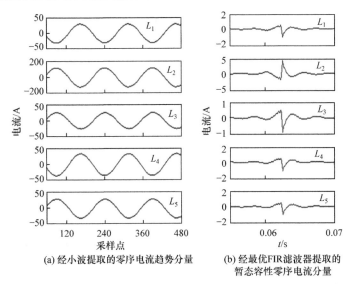

(a) 经小波提取的零序电流趋势分量　　　(b) 经最优FIR滤波器提取的
　　　　　　　　　　　　　　　　　　　　暂态容性零序电流分量

图 5.18　基于小波分析与基于最优 FIR 滤波器的单相接地故障选线方法对比

2) 基于最优 FIR 滤波器的故障选线方法

各馈线始端零序电流经最优 FIR 滤波器滤波后波形如图 5.18(b) 所示。可见，最优 FIR 滤波器滤除了零序电流中由三相不平衡引发的工频零序电流分量，得到纯的由单相接地故障引发的暂态容性零序电流，故障特征明显。之后，进行层次聚类并分析聚类结果可知，馈线 $L_2$ 单独聚为一类，为故障馈线。结论与实际故障状况相符。

4. 母线单相接地故障

假设母线处发生 $A$ 相接地故障，接地电阻为 50Ω。基于滤波后波形对馈线进行层次聚类，结果如表 5.4 所示。

表 5.4　层次法聚类过程

| 聚类个数 | 聚类方式 | $P_{SF}$ | $P_{ST2}$ |
| --- | --- | --- | --- |
| 4 | CL1∪CL2 | 2.5095 | — |
| 3 | CL4∪CL6 | 1.5164 | 2.3892 |
| 2 | CL5∪CL7 | 1.3995 | 1.4318 |
| 1 | CL3∪CL8 | — | 1.3995 |

如算例 1 所示的分析过程可知，将馈线聚为四类最为合理。依据本节所述的聚类结果分析规则推断，该故障为母线故障。该结论与实际情况一致。

此外，对一般单相接地故障状况以及严重噪声干扰下的故障状况进行仿真，同样能够得到与实际情况一致的结论。

对于小电流接地系统单相接地故障，由于故障特征不明显、噪声干扰、易受配电网本身不平衡运行状况影响等问题，现有故障选线装置的正确率普遍不高。本节采用两项技术解决此问题：①通过最优 FIR 滤波器对采集数据进行滤波，提取出有效的故障特征信号；②利用层次聚类法，基于滤波后波形，对馈线分类，获得故障线路。该方法通过滤波器有效抑制了配电网实际运行中各因素的干扰。此外，利用 FIR 滤波器进行信号处理，数据采样频率只需达到 6kHz 以上即可，低于基于小波分析的故障选线方法的采样频率需求，节约系统资源。同时，基于聚类算法，根据谱系聚类评价指标确定故障馈线，保证选线结果的可靠性。仿真试验表明，该方法在各类故障状况下均能有效检测出故障线路，比小波算法具有更高的可信度。

# 5.6　分布-集中协同的断线故障诊断方法

## 5.6.1　分布-集中协同的断线故障诊断规则

对于开环运行的配电网中的多端区段，当上游端点三相相电压正常且下游端点某两个相间电压降为正常值的一半左右时，即可判断该区段发生单相断线故障；当上游端点三相相电压正常，且下游端点三相相电压正常而三相相间电压接近于零时，即可判断该区段发生两相断线故障；当上游端点三相相电压正常，且下游端点三相相电压接近于零时，即可判断该区段发生三相断线故障。

对于闭环运行的配电网中的主干线区段，在负荷大小及其分布变化不大的情况下，如果一端点某相潮流或三相潮流发生方向逆转(即由指向区段外部变为指向区段内部)，或潮流幅值发生大幅度变化，则该区段可能发生断线故障。对于闭环运行的配电网中的分支线区段，与开环运行的配电网中的多端区段采取相同的断线故障判定规则。

此外，当区段端点导线应力发生大幅度降低时，也可确定该区段发生断线故障。

1. 开环方式运行的配电网断线故障诊断与分析规则

1) 单端区段模式

(1) 规则一。

基本条件一：本区段端点三相相电压正常，且三相相间电压正常。

基本条件二：本区段中配变某一相(设为 $A$ 相)与另外两相的相间电压(即 $AB$、$AC$ 相间电压)降为另一相间电压(即 $BC$ 相间电压)的一半左右。

基本条件三：该配变 $BC$ 相间电压处于正常范围内。

结论：本区段发生 $A$ 相断线故障。

(2) 规则二。

基本条件一：本区段端点三相相电压正常，且三相相间电压正常。

基本条件二：本区段中配变三相相间电压均接近于零，且三相相电压处于正常范围内。

结论：本区段发生两相断线故障。

(3) 规则三。

基本条件一：本区段端点三相相电压正常，且三相相间电压正常。

基本条件二：本区段中配变三相相电压均接近于零。

结论：本区段发生三相断线故障。

(4) 规则四。

基本条件：本区段端点某相(设为 $A$ 相)导线应力大幅度降低。

结论：本区段发生 $A$ 相断线故障。

2) 双端区段模式

(1) 规则一。

基本条件一：本区段上游端点三相相间电压正常。

基本条件二：下游端点某一相(设为 $A$ 相)与另外两相的相间电压(即 $AB$、$AC$ 相间电压)降为另一相间电压(即 $BC$ 相间电压)的一半左右。

基本条件三：下游端点 $BC$ 相间电压处于正常范围内。

结论：该区段发生 $A$ 相断线故障。

(2) 规则二。

基本条件一：本区段上游端点三相相间电压正常。

基本条件二：下游端点三相相间电压均接近于零，且三相相电压处于正常范围内。

结论：该区段发生两相断线故障。

(3) 规则三。

基本条件一：本区段上游端点三相相间电压正常。

基本条件二：下游端点三相相电压均接近于零。

结论：该区段发生三相断线故障。

(4) 规则四。

基本条件：本区段一端点某相(设为 $A$ 相)导线应力大幅度降低。

结论：该区段发生 $A$ 相断线故障。

## 2. 闭环方式运行的配电网断线故障诊断与分析规则

对于主干线上的双端区段模式，有如下结论。

(1) 规则一。

基本条件一：本区段两端点三相电流幅值均不高于正常上限。

基本条件二：本区段一端点(记为端点 1)原有三相潮流均指向区段外部。

基本条件三：在负荷大小及其分布变化不大的情况下，端点 1 某相(设为 $A$ 相)潮流发生逆转，即 $A$ 相潮流方向指向区段内部，而 $B$、$C$ 两相潮流方向不变。

基本条件四：本区段另一端点(记为端点 2)$A$ 相潮流减小。

校验条件一：流经端点 1 的 $A$ 相的实际潮流与其计算潮流产生大幅度偏差。

结论一：该区段可能发生 $A$ 相断线故障。

结论二：该区段很可能发生 $A$ 相断线故障。

(2) 规则二。

基本条件一：本区段两端点三相电流幅值均不高于正常上限。

基本条件二：本区段一端点(记为端点 1)原有三相潮流均指向区段外部。

基本条件三：在负荷大小及其分布变化不大的情况下，端点 1 三相潮流发生逆转，即三相潮流方向均指向区段内部。

基本条件四：本区段另一端点(记为端点 2)三相潮流均减小。

校验条件一：流经端点 1 的实际潮流与端点 1 的计算潮流产生大幅度偏差。

结论一：该区段可能发生两相或三相断线故障。

结论二：该区段很可能发生两相或三相断线故障。

(3) 规则三。

基本条件一：本区段两端点三相电流幅值均不高于正常上限(正常上限为配电网正常运行时，流过该端点的三相电流最大幅值，可根据配电网实际运行情况设定)。

基本条件二：本区段两端点原有潮流方向均为指向区段内部。

基本条件三：在负荷大小及其分布变化不大的情况下，两端点潮流方向不变，且一端点潮流幅值大幅度升高，另一端点潮流幅值大幅度降低。

校验条件一：两端点流经的实际潮流与其计算潮流产生大幅度偏差。

结论一：该区段可能发生断线故障。

结论二：该区段很可能发生断线故障。

(4) 规则四。

基本条件：本区段一端点某相(设为 $A$ 相)导线应力大幅度降低。

结论：该区段发生 $A$ 相断线故障。

对于有校验条件与多个结论的方法，如果实际情况满足所有基本条件与校验条件，则结论二成立。

### 5.6.2　融合营销系统信息的断线故障分析方法

营销系统主要包括客户档案管理、电能计量管理等功能模块，如图 5.19 所示。

无论是架空线路，还是电缆线路，断线故障时有发生。通过电力营销系统的"电能计量管理"模块，负荷处的各相电压、电流值均可获得，为断线故障的准确定位提供了充足的数据基础。

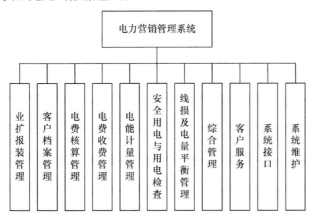

图 5.19　营销系统功能组成

1. 断线故障诊断原理

经故障特性分析可知，断线故障发生后，故障点后各点正序电压小于故障点前各负荷点和非故障线路各负荷点的正序电压；Yyn0 型配电变压器在 A 相断线情况下，配电变压器低压侧 a 相正序电压变为原来的 $\sqrt{3}/3$；Dyn11 型配电变压器在 A 相断线情况下，配电变压器低压侧 a 相正序电压为原来的 1/2。其他相位依此类推。基于此，可进行断线故障分析。

2. 断线故障分析方法

由于我国各地区配电网建设水平参差不齐，营销系统数据完备程度也不尽相同。根据我国营销系统的实际情况，将负荷点分为高压侧具有测量信息的负荷点和低压侧具有测量信息的负荷点两类，分别阐述其正序电压计算方法。

1) 高压侧具有测量信息的负荷点正序电压计算

配电变压器高压侧具有测量信息，假设高压侧的三相电压分别为 $\dot{U}_A$、$\dot{U}_B$、$\dot{U}_C$，则配电变压器高压侧正序电压模值为(以 A 相为例)

$$\left|U_{A(1)}\right| = \left|\frac{1}{3}\left(\dot{U}_A + \partial\dot{U}_B + \partial^2\dot{U}_C\right)\right| \tag{5.10}$$

式中，$\partial = e^{j120°}$。

2) 低压侧具有测量信息的负荷点正序电压计算

配电变压器低压侧通常只有三相电压模值，不能采集到相角，配电变压器低压侧正序电压采用近似计算。

低压侧相电压平均值为

$$U_{\mathrm{ave}} = \frac{U_a + U_b + U_c}{3} \tag{5.11}$$

$a$ 相电压的正序分量计算公式为

$$\left| U_{a(1)} \right| \approx \left| U_{\mathrm{ave}} \right| \tag{5.12}$$

计算出各个负荷点电压正序分量，如果某一负荷点及其下游负荷点的正序电压明显变小，且该负荷点上游负荷点正序电压保持不变，则该负荷点的上游相邻线路段发生单相断线故障，具体计算流程如图 5.20 所示。

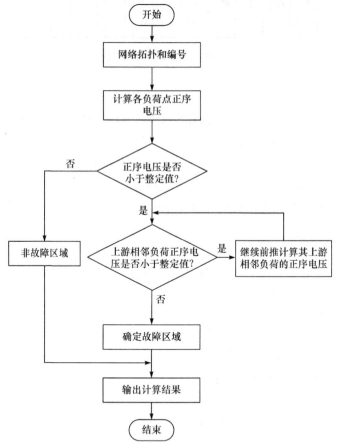

图 5.20　配电网单相断线故障定位方法流程图

**3. 断线故障精确快速定位**

上述过程仅利用营销系统信息实现断线故障的精确定位，但由于负荷节点分布密度较高，逐一计算判断，影响分析速度，为此可将配电自动化采集到的

FTU 信息(分布较稀疏)以及营销系统信息进行融合，实现断线故障的精确快速定位。

1) 基本思路

线路 FTU 的分布密度小于配电变压器的分布密度，因此可以根据线路 FTU 的采集量初步定位断线故障，之后根据故障区段中配电变压器的采集信息将故障进一步定位至两配电变压器之间。

2) 启动条件

在无线路开关动作的前提下，配电网中某一 FTU 采集到的某一电压(相电压或相间电压)异常(连续异常)。

3) 具体原理

(1) 在无线路开关动作的前提下，配电网中某一 FTU 采集到的某一电压(相电压或相间电压)异常，则根据下述规则进行线路故障判断：

当上游端点三相相电压正常且下游端点某两个相间电压降为正常值的 1/2 或 $\sqrt{3}/3$ 时，该区段发生单相断线故障；当上游端点三相相电压正常，且下游端点三相相电压正常而三相相间电压接近于零时，该区段发生两相断线故障；当上游端点三相相电压正常，且下游端点三相相电压接近于零时，该区段发生三相断线故障。

(2) 基于故障区段上的配变采集信息(来自营销管理系统/TTU)，根据下述规则进一步进行线路故障定位：

① 对于配电变压器低压侧电压，当上游端点三相相电压正常且下游端点某两个相间电压降为正常值的 1/2 或 $\sqrt{3}/3$ 时，该区段发生单相断线故障；当上游端点三相相电压正常，且下游端点三相相电压正常而三相相间电压接近于零时，该区段发生两相断线故障；当上游端点三相相电压正常，且下游端点三相相电压接近于零时，该区段发生三相断线故障。

② 若无电压信息，则基于电量信息进行故障诊断。当上游端点电量正常，且下游端点用电量显著降低(如下降幅度大于 50%甚至接近于零)时，判断该区段发生断线故障。

而对于配电网中基于 FTU 采集到的电压值无异常，基于营销管理系统/TTU 采集到的电压或电量信息存在异常(单点异常)的状况，即某一配电变压器低压侧出现两相相电压降至正常值的 1/2 或 $\sqrt{3}/3$，或一段时间内两相用电量接近于零时，判断该台区存在其支路高压侧断线或保险丝熔断故障。

# 第6章　连锁/并发复杂故障诊断技术

## 6.1　多重故障诊断分析与仿真

和双重故障发生时利用双口网络分析计算原理一样，当同时包含单相接地、短路和断线故障时，多重故障诊断问题可归结为三口网络分析计算问题。假如网络中发生了 $m$ 重并联型故障(用下标 B 表示)和 1 重串联型故障(用下标 C 表示)时，对于故障口的各序网络电动势方程如下：

$$\begin{bmatrix} U_{B(1)} \\ U_{C(1)} \end{bmatrix} = \begin{bmatrix} U_{pB(1)}^{(0)} \\ U_{pC(1)}^{(0)} \end{bmatrix} + \begin{bmatrix} Z_{BB(1)} & Z_{BC(1)} \\ Z_{CB(1)} & Z_{CC(1)} \end{bmatrix} \begin{bmatrix} I_{B(1)} \\ I_{C(1)} \end{bmatrix} \tag{6.1}$$

$$\begin{bmatrix} U_{B(2)} \\ U_{C(2)} \end{bmatrix} = \begin{bmatrix} Z_{BB(2)} & Z_{BC(2)} \\ Z_{CB(2)} & Z_{CC(2)} \end{bmatrix} \begin{bmatrix} I_{B(2)} \\ I_{C(2)} \end{bmatrix} \tag{6.2}$$

$$\begin{bmatrix} U_{B(0)} \\ U_{C(0)} \end{bmatrix} = \begin{bmatrix} Z_{BB(0)} & Z_{BC(0)} \\ Z_{CB(0)} & Z_{CC(0)} \end{bmatrix} \begin{bmatrix} I_{B(0)} \\ I_{C(0)} \end{bmatrix} \tag{6.3}$$

式中，$U_{B(i)}$、$I_{B(i)}$、$U_{pB(1)}^{(0)}$ 分别表示并联型故障处端口电压、端口电流的各序分量和正序网络的开路电压，均为 $m$ 维列向量；$U_{C(i)}$、$I_{C(i)}$、$U_{pC(1)}^{(0)}$ 分别表示串联型故障处端口电压、端口电流的各序分量和正序网络的开路电压，均为 1 维列向量；$Z_{BB(i)}$ 为并联型故障处的端口自阻抗和端口间的互阻抗组成的 $m$ 阶方阵；$Z_{CC(i)}$ 为串联型故障处的端口自阻抗和端口间的互阻抗组成的 1 阶方阵；$Z_{BC(i)}$ 为并联型故障端口和串联故障端口间的互阻抗组成的 $m \times 1$ 矩阵；$Z_{CB(i)}$ 为 $Z_{BC(i)}$ 的转置矩阵。

系统中发生多起并联型故障后，故障处的边界条件以矩阵形式表示，则可写为

$$\begin{bmatrix} n_{B(1)} & n_{B(2)} & n_{B(0)} \end{bmatrix} \begin{bmatrix} I_{B(1)} \\ I_{B(2)} \\ I_{B(0)} \end{bmatrix} = -Y_p' n_{B(1)} \left( U_{B(1)} + z_p I_{B(1)} \right) \tag{6.4}$$

$$n_{B(1)}\left(U_{B(1)} + z_p I_{B(1)}\right) = n_{B(2)}\left(U_{B(2)} + z_p I_{B(2)}\right) = n_{B(0)}\left(U_{B(0)} + z_{p0} I_{B(0)}\right) \tag{6.5}$$

式中，$z_p$ 和 $z_{p0}$ 为 $m$ 维对角线矩阵，其元素分别是正序(负序)和零序网络中并联型故障端口的串联附加阻抗；$Y_p'$ 和 $n_{B(i)}$ 都是 $m$ 维对角线矩阵，$Y_p'$ 的元素由复合序网中并联型故障处移相器外侧的并联导纳组成，$n_{B(i)}$ 的元素由并联型故障处移相系数组成。

相应的串联型故障边界条件为

$$\begin{bmatrix} n_{C(1)} & n_{C(2)} & n_{C(0)} \end{bmatrix} \begin{bmatrix} U_{C(1)} + z_s I_{C(1)} \\ U_{C(2)} + z_s I_{C(2)} \\ U_{C(0)} + z_s I_{C(0)} \end{bmatrix} = 0 \tag{6.6}$$

$$n_{C(1)} I_{C(1)} = n_{C(2)} I_{C(2)} = n_{C(0)} I_{C(0)} \tag{6.7}$$

式中，$z_s$ 和 $n_{C(i)}$ 为 1 维对角线矩阵，$z_s$ 的元素分别是各序网络中串联型故障端口的串联附加阻抗，$n_{C(i)}$ 的元素由并联型故障处移相系数组成。

上面公式构成多重故障的数学模型，以并联型故障端口的各序电流和串联型故障端口的正序电流作为待求量，将所有故障端口的各序电压全部消去，最后可得 $3m+1$ 阶故障方程如下：

$$\begin{bmatrix} Z_{BB(1)} + z_p & 0 & -n_{B(1)}^{-1}\left(Z_{BB(0)} + z_{p0}\right) & Z_{BC(1)} - n_{B(1)}^{-1} Z_{BC(0)} n_{C(1)} \\ Z_{BB(1)} + z_p & -n_{B(2)}^{-1}\left(Z_{BB(2)} + z_p\right) & 0 & Z_{BC(1)} - n_{B(2)}^{-1} Z_{BC(2)} n_{C(2)} \\ Y_p'\left(Z_{BB(1)} + z_p\right) + E & n_{B(2)}^{-1} & n_{B(1)}^{-1} & Y_p' Z_{BC(1)} \\ Z_{CB(1)} & n_{C(2)}^{-1} Z_{CB(2)} & n_{C(1)}^{-1} Z_{CB(0)} & Z_{CC(1)} + n_{C(2)}^{-1} Z_{CC(2)} n_{C(2)} \\ & & & + n_{C(1)}^{-1} Z_{CC(0)} n_{C(1)} + 3z_s \end{bmatrix}$$

$$\times \begin{bmatrix} I_{B(1)} \\ I_{B(2)} \\ I_{B(0)} \\ I_{C(1)} \end{bmatrix} = \begin{bmatrix} -U_{pB(1)}^{(0)} \\ -U_{pB(1)}^{(0)} \\ -Y_p' U_{pB(1)}^{(0)} \\ -U_{pC(1)}^{(0)} \end{bmatrix} \tag{6.8}$$

式中，$E$ 为单位矩阵。

求解式(6.8)可得并联型故障端口的各序电流和串联型故障端口的正序电流，即可进一步求得串联型故障端口的负序电流和零序电流，再计算网络中各序电流、电压和各相电流、电压。故障处的附加阻抗和移相系数由具体的故障条件给出。

本节以 IEEE 33 节点系统作为测试网络，通过数字模拟仿真分析多重故障随位置空间变化发生的故障特性变化。测量点分别设置为该条馈线首端和中部。由于断线和单相接地故障发生的同时性多由断线后线路落地引起，在空间位置和故障相选择上断线和单相接地故障具有关联性。选取线路 7—8 和 14—15 的首端附近为故障点，根据故障可能发生的位置特性分别进行仿真分析，如图 6.1 所示。

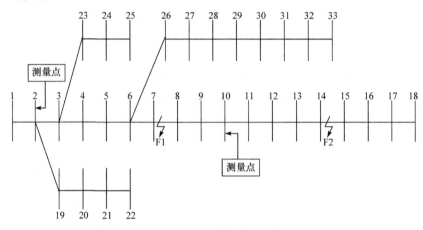

图 6.1　算例测试系统

(1) F1 处 A 相断线且电源侧线路单相接地、F2 处 AB 相间短路，如图 6.2 和图 6.3 所示。

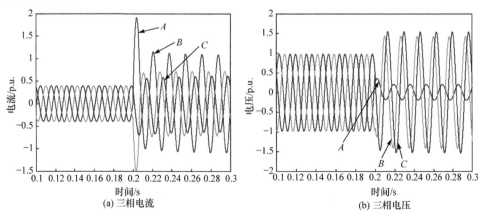

(a) 三相电流　　　　　　　　　(b) 三相电压

图 6.2　节点 2 处所采集的三相电流、电压 1

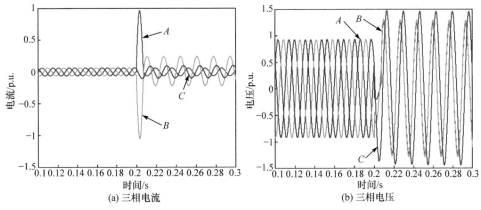

图 6.3　节点 10 处所采集的三相电流、电压 1

当该多重故障发生时，相当于 A 相接地故障，B 相通过短路的形式担负起 A 相断线后失去电源部分负荷，C 相保持不变。测试结果验证了上述等效分析，通过节点 2 测量值发现，从故障线路首端向尾端看过去，其和 A 相单相接地的特征类似。但是通过节点 10 测量值发现，A 相电压和 B 相重合，且由于 B 相多连接了 A 相的负载，在原有三相较为平衡的基础上，B 相电流幅值约为 A 相幅值与 C 相幅值之和。

因此，通过两个测量点即可判断出该多重故障：

① 线路首端测量值表现出 X 相单相接地故障特征；

② 通过线路中部测量值发现，单相接地故障相 X 与另一相 Y 电压重合，且 Y 相电流明显比其他两相大。

由此可以判断两个测量点之间发生了 X 相断线且电源侧断线接地故障，线路中部测量点之后发生了 XY 相间短路。

(2) F1 处 A 相断线且负荷侧线路单相接地、F2 处 AB 相间短路，如图 6.4 和图 6.5 所示。

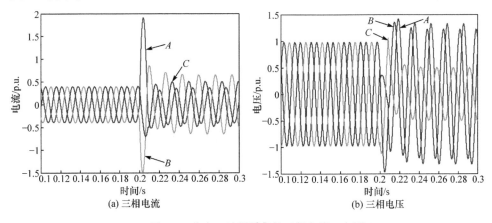

图 6.4　节点 2 处所采集的三相电流、电压 2

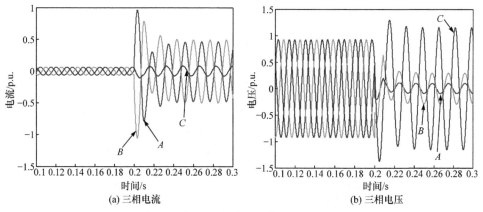

图 6.5　节点 10 处所采集的三相电流、电压 2

当该多重故障发生时，相当于 A 相断线而失去部分线路和负荷，B 相通过短路形式和 A 相负荷侧断线相连，形成接地故障，C 相保持不变。测试结果验证了上述等效分析，通过节点 2 测量值发现，从故障线路首端向尾端看过去，其和 B 相单相接地的特征类似。通过节点 10 测量值发现，C 相电流略有增大，A 相和 B 相电流增大较多且呈现幅值相同、相位相反的现象。

因此，通过两个测量点即可判断出该多重故障：

① 线路首端测量值表现出 X 相单相接地故障特征；

② 通过线路中部测量值发现，单相接地故障相 X 与另一相 Y 电流增大较多且呈现幅值相同、相位相反的现象。

由此可以判断两个测量点之间发生了 Y 相断线且负荷侧断线发生接地故障，线路中部测量点之后发生了 XY 相间短路。

(3) F1 处 A 相断线且电源侧线路单相接地、F2 处 BC 相间短路，如图 6.6 和图 6.7 所示。

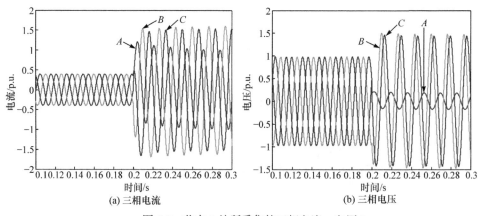

图 6.6　节点 2 处所采集的三相电流、电压 3

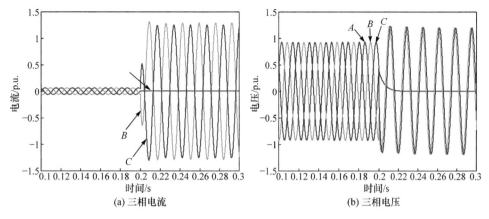

图 6.7　节点 10 处所采集的三相电流、电压 3

当该多重故障发生时，相当于 $A$ 相接地故障，$BC$ 两相间短路故障。测试结果验证了上述等效分析，通过节点 2 测量值发现，从故障线路首端向尾端看过去，其和 $BC$ 相间短路的特征类似。通过节点 10 测量值发现，$A$ 相电压、电流均为零。

因此，通过两个测量点即可判断出该多重故障：

① 线路首端测量值表现出 $XY$ 相间短路故障特征；

② 通过线路中部测量值发现 $Z$ 相电压、电流均为零。

由此可以判断两个测量点之间发生了 $Z$ 相断线且电源侧线路单相接地，线路中部测量点之后发生了 $XY$ 相间短路。

(4) F1 处 $A$ 相断线且负荷侧线路单相接地、F2 处 $BC$ 相间短路，如图 6.8 和图 6.9 所示。

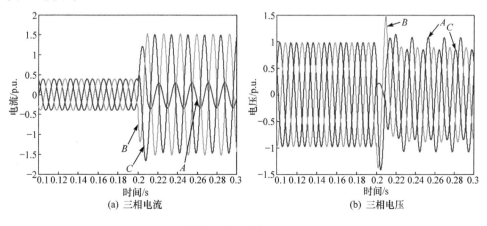

图 6.8　节点 2 处所采集的三相电流、电压 4

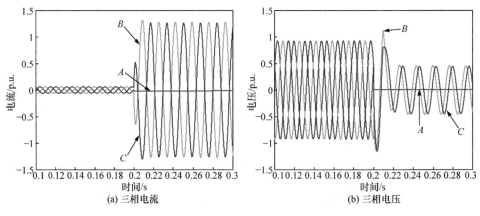

图 6.9　节点 10 处所采集的三相电流、电压 4

当该多重故障发生时，相当于 $A$ 相失去部分负荷，$BC$ 两相间短路故障。测试结果验证了上述等效分析，通过节点 2 测量值发现，从故障线路首端向尾端看过去，其和 $BC$ 相间短路的特征类似，且 $A$ 相呈现出失去负荷后电压略升、电流略降的现象。由节点 10 测量值发现，$A$ 相电压、电流均为零。

因此，通过两个测量点即可判断出该多重故障：

① 线路首端测量值表现出 $XY$ 相间短路故障特征，且 $Z$ 相呈现出失去负荷后电压略升、电流略降的现象；

② 通过线路中部测量值发现 $Z$ 相电压、电流均为零。

由此可以判断两个测量点之间发生了 $Z$ 相断线且负荷侧线路单相接地，线路中部测量点之后发生了 $XY$ 相间短路。

(5)F1 处 $AB$ 相间短路、F2 处 $A$ 相断线且电源侧线路单相接地，如图 6.10 和图 6.11 所示。

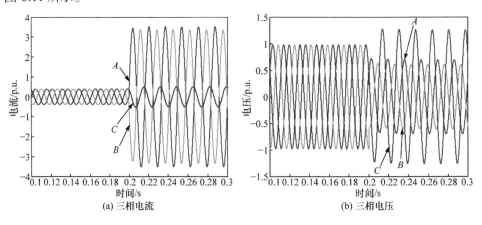

图 6.10　节点 2 处所采集的三相电流、电压 5

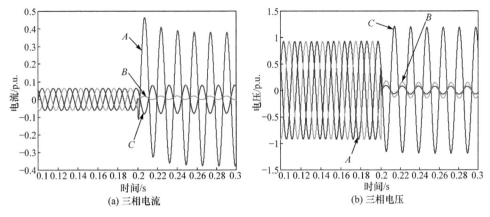

图 6.11　节点 10 处所采集的三相电流、电压 5

当该多重故障发生时，相当于 *AB* 相间短路且经过部分线路阻抗后接地。测试结果验证了上述等效分析，通过节点 2 测量值发现，从故障线路首端向尾端看过去，其和 *AB* 相接地短路的特征类似。但是通过节点 10 测量值发现，*AB* 相电压降低且幅值接近，而 *A* 相电流增大较多，*B* 相电流很小。

因此，通过两个测量点即可判断出该多重故障：

① 线路首端测量值表现出 *XY* 相接地短路故障特征；

② 通过线路中部测量值发现 *XY* 相电压降低且幅值接近，而 *X* 相电流增大较多，*Y* 相电流很小。

由此可以判断两个测量点之间发生了 *XY* 相间短路，线路中部测量点之后发生了 *X* 相断线且电源侧线路单相接地。

(6) F1 处 *AB* 相间短路、F2 处 *A* 相断线且负荷侧线路单相接地，如图 6.12 和图 6.13 所示。

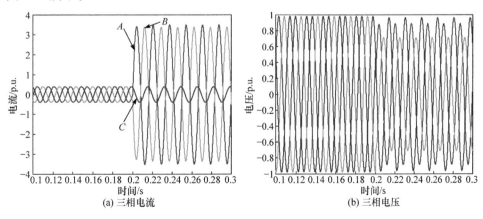

图 6.12　节点 2 处所采集的三相电流、电压 6

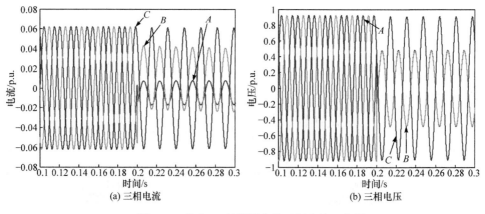

图 6.13　节点 10 处所采集的三相电流、电压 6

当该多重故障发生时，相当于 $AB$ 相间短路。测试结果验证了上述等效分析，通过节点 2 测量值发现，从故障线路首端向尾端看过去，其和 $AB$ 相间短路的特征类似。通过节点 10 测量值发现，$AB$ 相电压几乎重合，且 $B$ 相电流比 $A$ 相电流大。

因此，通过两个测量点即可判断出该多重故障：

① 线路首端测量值表现出 $XY$ 相间短路故障特征；

② 通过线路中部测量值发现 $XY$ 相电压几乎重合，且 $Y$ 相电流比 $X$ 相大。

因此，可以判断两个测量点之间发生了 $XY$ 相间短路，线路中部测量点之后发生了 $X$ 相断线且负荷侧线路单相接地。

(7) F1 处 $BC$ 相间短路、F2 处 $A$ 相断线且电源侧线路单相接地，如图 6.14 和图 6.15 所示。

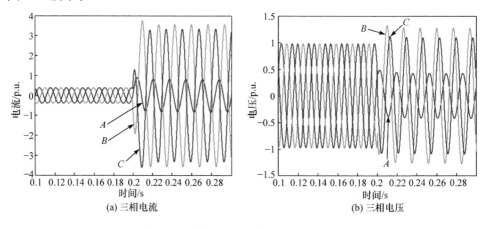

图 6.14　节点 2 处所采集的三相电流、电压 7

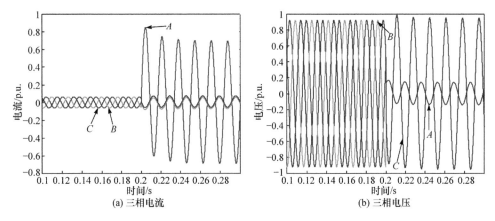

图 6.15　节点 10 处所采集的三相电流、电压 7

当该多重故障发生时，相当于 *BC* 相间短路和 *A* 相接地故障的叠加组合。测试结果验证了上述等效分析，通过节点 2 测量值发现，从故障线路首端向尾端看过去，其既包含 *A* 相接地故障特征，也包含 *BC* 相间短路特征。通过节点 10 测量值发现 *BC* 电压、电流几乎重合，且 *A* 相依然显示出单相接地的故障特性。

因此，通过两个测量点即可判断出该多重故障：

① 线路首端测量值同时表现出 *XY* 相间短路和 *Z* 相接地故障特征；

② 通过线路中部测量值发现 *XY* 相电压、电流几乎重合，且 *Z* 相依然显示出单相接地的故障特性。

因此，可以判断两个测量点之间发生了 *XY* 相间短路，线路中部测量点之后发生了 *Z* 相断线且电源侧线路单相接地。

(8) F1 处 *BC* 相间短路、F2 处 *A* 相断线且负荷侧线路单相接地，如图 6.16 和图 6.17 所示。

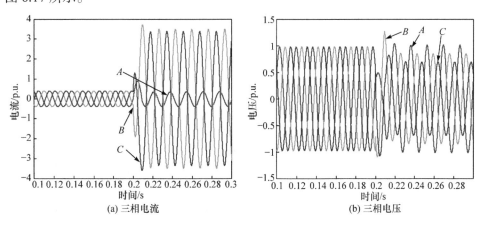

图 6.16　节点 2 处所采集的三相电流、电压 8

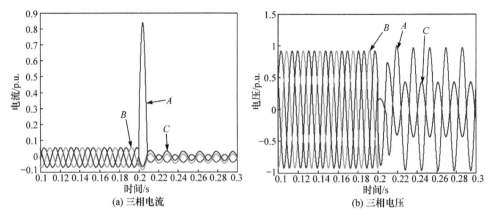

图 6.17　节点 10 处所采集的三相电流、电压 8

当该多重故障发生时，相当于 $BC$ 相间短路，同时 $A$ 相失去部分负荷。测试结果验证了上述等效分析，通过节点 2 测量值发现，从故障线路首端向尾端看过去，其既包含 $BC$ 相间短路特征，也包含 $A$ 相失去部分负荷特性。通过节点 10 测量值发现 $BC$ 相电压、电流几乎重合，且 $A$ 相显示出稳态电压略微增大、稳态电流略微降低的现象。

因此，通过两个测量点即可判断出该多重故障：

① 线路首端测量值同时表现出 $XY$ 相间短路和 $Z$ 相失去部分负荷的故障特征；

② 通过线路中部测量值发现 $XY$ 相电压、电流几乎重合，且 $Z$ 相显示出稳态电压略微增大、稳态电流略微降低的现象。

因此，可以判断两个测量点之间发生了 $XY$ 相间短路，线路中部测量点之后发生了 $Z$ 相断线且负荷侧线路单相接地。

## 6.2　断线与单相接地连锁/并发故障诊断

在我国，35kV 及以下的配电系统大多采用小电流接地方式，即中性点不接地或经消弧线圈接地。配电系统处于电力系统末端，具有分布面广、杆塔矮、线径小、走线地理环境复杂、易受外力破坏等特点，又暴露于大自然当中，受风吹、日晒和雷电袭击，因此导线断落事件时有发生。导线断落后，很容易产生断线加接地的复合故障。根据断线和接地位置的不同，断线加接地复合故障可以分为三种情况：断线点两侧的导线都接地、接地点在断线点的电源侧以及接地点在断线点的负荷侧。由于断线点两侧的导线都接地时，断线点两侧通过大地形成通路，此时系统中电压、电流的分布情况与不发生断线的单相接地故障特征相同，所以这里不再单独对其进行分析。另外两种情况下，系统中电压、电流的分布情况与发生单个故障时有较大变化，下面针对接地点在断线点负荷侧和接地点在断线点电源侧两种情况分别进行讨论。

1. 接地点在断线点负荷侧的故障分析

设 $C$ 相发生断线加单相接地故障，接地点在断线点的负荷侧，分析如下。
负荷侧各相对地电压为

$$\begin{cases} U_{A2} = \dfrac{\sqrt{3}}{2}E_A \mathrm{e}^{\mathrm{j}30°} \\[2mm] U_{B2} = \dfrac{\sqrt{3}}{2}E_B \mathrm{e}^{-\mathrm{j}30°} = -\dfrac{\sqrt{3}}{2}E_A \mathrm{e}^{\mathrm{j}30°} \\[2mm] U_{C2} = U_N = 0 \\[2mm] 3U_{02} = U_{A2} + U_{B2} + U_{C2} = 0 \end{cases} \tag{6.9}$$

式中，$E_A$、$E_B$、$E_C$ 分别表示系统各相电势；$U_{A2}$、$U_{B2}$、$U_{C2}$ 分别表示断线点后各相对地电压；$U_{02}$ 表示断线点后零序电压。

对于断线点的电源侧，非故障相的对地电压与负荷侧情况相同，对于故障相，其对地电压的情况取决于电源变压器的感应电动势，各相对地电压为

$$\begin{cases} U_{A1} = \dfrac{\sqrt{3}}{2}E_A \mathrm{e}^{\mathrm{j}30°} \\[2mm] U_{B1} = \dfrac{\sqrt{3}}{2}E_B \mathrm{e}^{-\mathrm{j}30°} = -\dfrac{\sqrt{3}}{2}E_A \mathrm{e}^{\mathrm{j}30°} \\[2mm] U_{C1} = U_{NN'} + E_C = 1.5E_c \\[2mm] 3U_{01} = U_{A1} + U_{B1} + U_{C1} = 1.5E_C \end{cases} \tag{6.10}$$

式中，$U_{A1}$、$U_{B1}$、$U_{C1}$ 分别表示断线点前各相对地电压；$U_{01}$ 表示断线点前零序电压。

结论：非故障相的对地电压降至原相电压的 $\sqrt{3}/2$，且两非故障相电压相位相反；断线点前故障相对地电压不仅不会降低，反而会升高至原相电压的 1.5 倍，断线点前的零序电压为相电压的 1/2；断线点后故障相对地电压为零，零序电压也为零。

2. 接地点在断线点电源侧的故障分析

设 $C$ 相发生断线加单相接地故障，接地点在断线点的电源侧，分析如下。
由于 $C$ 相接地点的存在，断线点电源侧各相对地电压与无断线情况下的 $c$ 相单相接地情况完全相同，有

$$\begin{cases} U_{A1} = \sqrt{3}E_A\mathrm{e}^{-\mathrm{j}30°} \\ U_{B1} = \sqrt{3}E_B\mathrm{e}^{\mathrm{j}30°} \\ U_{C1} = 0 \\ 3U_{01} = -3E_C \end{cases} \tag{6.11}$$

对于断线点的负荷侧，非故障相对地电压与电源侧相同，有

$$\begin{cases} U_{A2} = \sqrt{3}E_A\mathrm{e}^{-\mathrm{j}30°} \\ U_{B2} = \sqrt{3}E_B\mathrm{e}^{\mathrm{j}30°} \\ U_{C2} = U_{N'} = -1.5E_C \\ 3U_{02} = -4.5E_C \end{cases} \tag{6.12}$$

结论：断线点前故障相对地电压为零，非故障相对地电压升高至原对地电压的 $\sqrt{3}$ 倍，零序电压升高至相电压；断线点后故障相对地电压升高至相电压的 1.5 倍，零序电压升高至相电压的 1.5 倍，非故障相对地电压升高至原对地电压的 $\sqrt{3}$ 倍。

# 第7章 配电网多源并发信息协同分析与融合方法

## 7.1 配电网中的并发信息源

配电网故障分析的信息源主要包括变电站自动化系统、智能监测终端、配电自动化系统、配电设备管理系统、地理信息系统(GIS)以及天气信息系统等。

### 1. 变电站自动化系统

变电站自动化系统采集的信息包括状态量、模拟量及事件记录三类。其中，状态量包括断路器状态、隔离开关状态、变压器分接头信号及变电站一次设备告警信号、事故跳闸总信号等；典型模拟量包括母线、线路电压、电流及有功、无功功率值；事件记录包含保护动作序列记录、开关跳合记录。此外，变电站处，还可安装故障录波装置，实现故障时的暂态信息记录。

### 2. 智能监测终端

智能监测终端通过采集配电网上安装点处状态量(如开关位置和保护动作情况等)和模拟量(如电压、电流和功率等)，实现对该处配电网运行状况的监测。

### 3. 配电自动化系统

配电自动化系统是一项集计算机技术、数据传输、控制技术、现代化设备及管理于一体的综合信息管理系统，其目的是提高供电可靠性，改进电能质量，向用户提供优质服务，降低运行费用，减轻运行人员的劳动强度。

配电自动化系统在配电网运行信息采集的基础上，可实现故障的诊断、隔离和供电恢复。具体过程如下：在配电网发生故障时，配电监测终端监测到故障电流，形成故障信息报告并提交给配电子站，配电子站根据一定时间段内多个故障信息报告与网络拓扑分析结构，对故障发生的位置进行定位，并根据故障定位结果对故障两侧的断路器进行分闸操作，把故障区域与非故障区域隔离开来。配电主站主要根据故障的信息及配电子站对故障隔离的情况和各种网络结构，给出最佳的恢复供电方案实施网络重构，或提供几种恢复供电方案供调度员参考，完成对非故障区域的供电。

配电自动化系统采集到的信息包括遥测信息、故障信息、遥控和遥调信息。遥测信息以采集电流信息和电压信息为主，包括正常负荷状态下的电压、电流、有功功率、无功功率、频率和故障情况下的电压、电流、有功功率、无功功率、频率等参量。故障信息有过流故障检测、零序电流录波、故障持续时间、接地故障检测、传输通道故障检测等。遥控和遥调信息主要是指设备控制操作信号，如断路器跳闸、合闸操作的控制信号等。

### 4. 配电设备管理系统

配电设备管理系统通常基于地理信息系统来实现，其以矢量化地图背景为基础建立配电网设备连接拓扑图，管理的设备包括中高压及低压配网设备。其中，中高压配网设备包括架空线路、电缆、公用配电变压器、中压专用户、开闭所、中压开关等；低压配网设备管理是以变压器或变压器台区为单位进行的，其面向配电变压器以下的设备，包括主线、支线、下户线、杆塔及其附属设备、集装表箱等。

配电设备管理系统能够提供设备台账信息及设备动态信息的查询与修改。其中，台账信息主要是指设备属性信息，例如，对变电站，其台账信息包括变电站名称、编号、所属线路、开关型号、出线形式、保护定值、CT 变比、最大允许电流等；设备动态信息为采集计算信息，其更新周期长于配电自动化实时采集数据，包括线路某月的线损、某表箱中表户的用电数据等。

### 5. 地理信息系统

地理信息系统凭借其对空间信息反映的直观性和准确性，强大的数据管理、空间分析、统计和应用功能，以及便捷的操作、宽阔的服务范围，延伸至多个领域，并得到较好的发展。针对目前配电网管理的现状，结合企业运行管理的特点，基于配电网地理信息系统，可实现以下系统功能。

1) 地图管理子系统

图层控制：系统可分层显示馈线图、设备图、变电站图、开关站图以及基础背景图等，并可设置图层是否可见、可编辑。

地图操作：放大、缩小、无级缩放、全图显示、鹰眼功能等。

图形编辑：背景图、配电网设备、电力线、杆塔、变电站、开关站等图形编辑。

属性编辑：修改每个图形元件附载的属性数据，如设备参数等。

绘图输出：系统具有通用绘图输出功能，能将在屏幕上选取的任意范围配电网图、电站图等输出到各种绘图设备中，便于电力部门的存档。

2) 设备管理子系统

设备管理：为地图上显示的对象建立属性数据库，可以输入或编辑设备台账信息。

设备维护：可对供电设备进行增加、修改、删除等操作，并制订设备的巡视、大修、小修、清扫等工作计划，同时开具工作票和操作票。

此外，还可基于配电网地理信息系统，提供查询统计子系统、配电网运行管理子系统、分析决策子系统、与其他系统接口子系统等功能模块。

6. 天气信息系统

雨、雪、风、雷电、阴晴、气温等气象变化对电力系统的负荷变化有重要影响，并可能构成电力系统安全运行的潜在威胁。不少电力系统调度室内装有气象和雷电显示的独立装置，监控系统可接入卫星或雷达气象信息，经处理后可将它们显示在电力系统地理接线图上，使调度员监视更为方便。

综上所述，总结各个系统能够获得的信息可得到表 7.1。

**表 7.1　配电网中的信息源**

| 信息源 | 提供的信息种类 |
| --- | --- |
| 变电站自动化系统 | 状态量：断路器状态、隔离开关状态、变压器分接头信号及变电站一次设备告警信号、事故跳闸总信号等。<br>模拟量：母线、线路电压、电流及有功、无功功率值。<br>(事件记录：保护动作序列记录、开关跳合记录) |
| 智能监测终端 | 安装点处状态量(如开关位置和保护动作情况等)和模拟量(如电压、电流和功率等) |
| 配电自动化系统 | 遥测信息：正常负荷状态下的电压、电流、有功功率、无功功率、频率。<br>故障信息：过流故障检测、零序电流录波、故障持续时间、接地故障检测、传输通道故障检测等。<br>遥控和遥调信息：设备控制操作信号，如断路器跳闸、合闸操作的控制信号等 |
| 配电设备管理系统 | 台账信息：设备属性信息，例如，对变电站，其台账信息包括变电站名称、编号、所属线路、开关型号、出线形式、保护定值、CT 变比、最大允许电流等。<br>设备动态信息：采集计算信息，如线路某月的线损、某表箱中表户的用电数据等 |
| 地理信息系统 | 设备的空间分布及配电网拓扑结构 |
| 天气信息系统 | 雨、雪、风、雷电、阴晴、气温等气象变化 |

## 7.2　配电网多源故障信息归类

配电网故障分析技术以故障后所表现出的征兆信息为基础，综合设备使用情况信息、天气信息、施工建设信息、用户投诉信息等来实现。

发生故障后，配电网一般运行机理如下：配电网发生故障，将引起电压降低、电流增加等电气量变化，这些电气量的变化引起继电保护装置动作并引起相应的断路器跳闸以切除故障。所以，实际运行的配电网故障时表现出的一般故障征兆可分为三层(图 7.1)：故障的电气量信息；由故障电气量变化引起保护动作信息；由保护动作而引起相应开关动作信息。

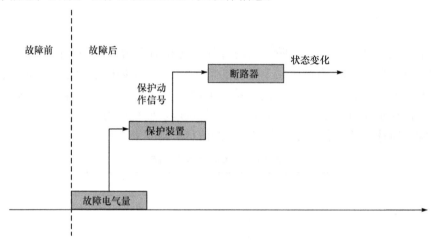

图 7.1　配电网故障分析相关的信息衍化

换句话说，能被故障分析利用的基础信息如下：

(1) 配电网遥测信息，如电压、电流及有功功率、无功功率测量值；

(2) 保护时间信息，如不同规约的保护动作信息；

(3) 配电网遥信信息，如断路器、隔离开关动作信息及动作时间；

(4) 顺序时间记录信息(SOE 信息)等。

以上信息可通过配电自动化系统和配电监测终端得到。

配电网实际运行中，会存在保护误动、拒动等现象，此外，通信信道存在干扰，会出现信息丢失、信息错误等现象。另外，通过配电网遥测及遥信信息进行故障分析，能够处理的事件类型有限，得到的故障分析结论不完备。因此，为得到更准确、更丰富的故障分析结论，还需利用其他类型故障信息进行辅助校验或决策控制。具体信息如下。

(1) 变电站运行异常信息：通过变电站自动化系统得到，可进行变电站内部的故障分析，或给出母线电气量信息，辅助配电网故障分析。

(2) 用户投诉信息：当电力用户发现其环境范围内出现用电异常状况时，可通过 95598 系统进行投诉，告知配电网运营商，使之立即进行故障分析并采取措施消除故障。

(3) 营销系统信息：可得到各用户的用电异常状况，即各配电变压器的异常运行信息。此外，结合营销系统信息得到的各负荷等级及用电状况，可得到故障影响范围及严重程度等结论。

(4) 设备使用情况信息：可通过配电设备管理系统得到各设备的生产日期、投产日期、使用寿命、维修状况、制造参数等信息，从而发现使用时间过久、维修频繁等存在安全隐患的设备。在发生故障后，可利用此信息，辅助查找故障原因。

(5) 天气信息：可通过天气信息系统得到，若发生故障的配电网区域内存在异常天气信息，则该故障很可能由天气因素导致，据此获得故障原因。

(6) 施工建设信息：若发生故障的配电网区域内存在施工状况，则该故障很可能由施工因素导致，据此获得故障原因。

综上，将故障信息分为三类(图 7.2)：基本故障信息、其他可决策故障信息、辅助支持故障信息。其中，基本故障信息为进行故障分析所基于的最原始信息，也是进行故障诊断的主要信息，包括配电网遥测信息、配电网遥信信息、保护时间信息和顺序时间记录信息等；其他可决策故障信息，既可仅基于该类信息进行故障分析，也可与基本故障信息互相补充，得到更精确、更完备的故障分析结论，包括用户投诉信息、营销系统信息、变电站自动化系统信息等；辅助支持故障信息不可独立用于故障分析，需要与基本故障信息或其他可决策故障信息一起使用，通常有助于得到故障原因、故障影响范围及故障严重程度等结论，包括天气信息、设备使用情况信息、施工建设信息等。

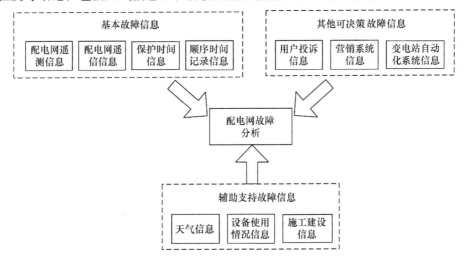

图 7.2　配电网多源故障信息归类

对于不同类型的故障，故障分析时所需的信息来源和信息量也有所区别。配电网发生故障后，首先基于智能监测终端、配电自动化系统和用电信息采集系统获得的电气量信息判断故障类型为断线故障及断线位置；然后基于天气信息系统及施工信息，分析可能的故障原因，并结合营销系统、95598 系统和地理信息系统，进一步分析故障的影响范围及严重程度，最终得到全面完整的故障分析结论，如表 7.2 所示。

**表 7.2　断线故障分析所需的多源信息**

| 信息源 | 提供的信息量 | 故障分析类型 |
|---|---|---|
| 智能监测终端 | 开关位置、保护动作情况、电压及电流信息 | |
| 配电自动化系统 | 各相电压及电流信息、故障监测信息 | |
| 用电信息采集系统 | 配电网低压侧电压、电流信息 | |
| 营销系统 | 用户的用电异常状况 | 断线故障 |
| 95598 系统 | 用户投诉信息 | |
| 天气信息系统 | 雨、雪、风、雷电、阴晴、气温等气象变化 | |
| 施工信息 | 是否存在建筑施工 | |
| 地理信息系统 | 设备的空间分布及配电网拓扑结构 | |

　　综合智能监测终端提供的电压和电流波形以及配电设备管理系统提供的设备运行极限信息，可以用来判断故障的类型是否为短路故障，综合配电自动化系统、营销系统和95598 系统可以判断故障位置，综合配电自动化系统和地理信息系统可以判断故障的影响范围，综合是否是雨天和施工信息可以粗略判断短路故障原因，综合营销系统和配电自动化系统可以判断短路故障的严重程度。短路故障分析所需的多源信息如表 7.3 所示。

**表 7.3　短路故障分析所需的多源信息**

| 信息源 | 提供的信息量 | 故障分析类型 |
|---|---|---|
| 智能监测终端 | 故障录波，包括电压、电流波形 | |
| 配电自动化系统 | 馈线开关动作信息、电压和电流稳态量信息 | |
| 变电站自动化系统 | 变电站内保护及断路器动作信息 | |
| 营销系统 | 营销用电采集系统出现异常功率点 | |
| 95598 系统 | 用户报告设备有烧损现象 | 短路故障 |
| 配电设备管理系统 | 设备电流运行限值，超过运行限值，发生烧损 | |
| 天气信息系统 | 空气湿度、降雨量，空气湿度大，短路故障概率高 | |
| 施工信息 | 是否有建筑施工引起绝缘破损 | |
| 地理信息系统 | 根据地理信息系统提供的接线信息，判断短路故障的影响范围 | |

单相接地故障是配电系统最常见的故障，多发生在潮湿、多雨天气，主要由树障、配电线路上绝缘子单相击穿、单相断线以及小动物危害等诸多因素引起。单相接地不仅影响用户的正常供电，而且可能产生过电压、烧毁设备，甚至引起相间短路而造成事故扩大。单相接地故障的表征特征不明显，需综合配电自动化的电压、电流波形，95598 系统的用户设备损毁投诉信息，以及变电站自动化系统提供的断线信息，天气信息系统提供的高温、雨雪、雷电等气象信息进行综合判断，如表 7.4 所示。

**表 7.4　单相接地故障分析所需的多源信息**

| 信息源 | 提供的信息量 | 故障分析类型 |
| --- | --- | --- |
| 变电站自动化系统 | 变电站内断路器动作信息、熔断器一相熔断信息、电压互感器电压升高信息、单相断线信息 | 单相接地故障 |
| 配电自动化系统 | 各相电压、电流稳态量信息 | |
| 配电设备管理系统 | 设备最大允许工作电压 | |
| 智能监测终端 | 电压、电流录波 | |
| 95598 系统 | 用户投诉有设备损毁现象 | |
| 天气信息系统 | 空气湿度大、高温、冰雪天气或有雷击现象 | |
| 施工信息 | 是否有建筑施工引起绝缘破损 | |

## 7.3　配电网多源信息协同分析与深度挖掘方法

配电网故障时会产生大量的故障数据和动作事件信息。经过多年运行，电力公司积累了海量的历史故障信息。但是，若依靠传统的数据处理手段，只能对数据进行较初步的分析和处理，而不能挖掘出其中蕴含的丰富知识，无法从时间和空间意义上深层次理解并有效利用这些数据。所收集的数据不仅得不到充分利用，反而带来越来越严重的数据过剩。同时，电力公司的决策者正期盼应用隐含在这些数据中的知识做出正确的决策，却因"知识局限"而守着这些"数据宝库"开采不出有价值的信息。数据挖掘技术因能有效分析处理海量数据集合、挖掘隐藏知识而倍受重视，数据挖掘技术在配电网故障分析中的应用必将越来越多。

数据挖掘的最终目的在于知识生成。下面首先给出配电网故障分析相关知识生成原理，其次总结多个配电网故障分析相关知识生成方法，建立基于不同 RS(粗糙集)与 NN(神经网络)组合的数据挖掘配电网故障分析模型，再次给出利用 RS 数据挖掘方法的基于用户投诉信息的配电网故障分析方法的具体应用案例。通过以上技术，可得到故障源、故障表征、故障位置、故障影响范围之间的映射关系。最后补充某些常见的故障源、故障状况及故障影响范围之间的映射关系。

### 7.3.1　配电网故障分析相关知识生成原理

知识可以看成一种关联规则。关联规则挖掘的对象一般是事务数据集。设 $I = \{i_1, i_2, \cdots, i_m\}$ 是 $m$ 个不同项目的集合，每个 $i_k(k = 1, 2, \cdots, m)$ 称为数据项(item)，数据项的集合 $I$ 称为数据项集(itemset)，简称项集，其元素个数称为数据项集的长度，长度为 $k$ 的数据项集称为 $k$ 维数据项集，简称 $k$-项集($k$-itemset)。

#### 1. 事务

事务(transaction)，用 $T$ 表示，是数据项集 $I$ 上的一个子集，每个事务均有一个唯一的标识符 tid 与之相关联，记为 $T_1$(1 为 tid 值)。不同事务的全体构成了全体事务集 $D$(即事务数据库)。

#### 2. 关联规则

设 $X$ 是 $I$ 中项的集合，如果 $X \subseteq T$，那么事务 $T$ 包含 $X$。一个关联规则是形如 $X \Rightarrow Y$ 的蕴含式，这里 $X \subset I, Y \subset I$，并且 $X \bigcap Y = \varnothing$。

对于故障分析相关的关联规则，可定义如下。

给定一组故障信息 $C = \{C_1, C_2, \cdots, C_m\}$、故障类型、故障相及区域 $S = \left\{ (\text{Fau}_1, \text{Pha}_A, \text{Sec}_0), (\text{Fau}_2, \text{Pha}_B, \text{Sec}_1), \cdots, (\text{Fau}_i, \text{Pha}_P, \text{Sec}_j) \right\}$，故障诊断关联规则是形如 $X \Rightarrow Y$ 的蕴含式，其中 $X$、$Y$ 分别是 $C$ 和 $S$ 的模式。

若算法实现得到的关联规则的表达式为 $\left\{ C_1, C_2, \cdots, C_k \Rightarrow (\text{Fau}_i, \text{Pha}_P, \text{Sec}_j) \right\}$，则说明由故障信息 $\{C_1, C_2, \cdots, C_k\}$ 可以诊断出故障类型为 $\text{Fau}_i$、故障相为 $P$ 相($P$ 代表 $ABC$ 三相中的某一相、两相或三相)，故障区域为 $\text{Sec}_j$。

#### 3. 关联规则度量

关联规则度量有三个重要指标，分别为支持度(support)、置信度(confidence)和相关度(relevancy)，计算方法如下。

##### 1) 支持度

设 $X \subset I$ 为数据项集，$B$ 为事务集 $D$ 中包含 $X$ 的事务数量，$A$ 为事务集 $D$ 中所有事务的总数，则数据项集 $X$ 的支持度定义为

$$\text{Sup}(X) = \frac{B}{A} \tag{7.1}$$

数据项集 $X$ 的支持度 $\mathrm{Sup}(X)$ 描述了项集 $X$ 的重要性。

2) 置信度

对于关联规则 $R$：$X \Rightarrow Y$，其中 $X \subset I, Y \subset I$，并且 $X \cap Y = \varnothing$，规则 $R$ 的置信度定义为

$$\mathrm{Conf}(R) = \frac{\mathrm{Sup}(X \cup Y)}{\mathrm{Sup}(X)} \tag{7.2}$$

规则的置信度描述了规则的可靠程度。

3) 相关度

相关度用来表征 $X$ 和 $Y$ 之间的相关程度，其定义为

$$\mathrm{Rel}(X,Y) = \frac{\mathrm{Sup}(X \cup Y)}{\mathrm{Sup}(X)\mathrm{Sup}(Y)} \tag{7.3}$$

式中，$\mathrm{Sup}(Y)$ 为事务 $D$ 中包含 $Y$ 的事务数量与事务 $D$ 中所有事务总数之比。

若 $\mathrm{Sup}(X \cup Y) = \mathrm{Sup}(X)\mathrm{Sup}(Y)$ 成立，则说明 $X$ 的出现是独立于 $Y$ 的。因此，若相关度大于 1，则证明 $X$ 和 $Y$ 是正相关的；反之，若相关度小于 1，则证明模式 $X$ 和 $Y$ 是负相关的。若规则负相关，即规则的前件(条件)和后件(结果)的出现概率是互逆的，则此类规则不符合客观逻辑，应该删除。

4. 有价值的关联规则选择标准

关联规则满足以下三个指标，称为有价值的关联规则：

$$\begin{cases} \mathrm{Sup}(X) \geqslant \mathrm{Sup}_{\min} \\ \mathrm{Conf}(R) \geqslant \mathrm{Conf}_{\min} \\ \mathrm{Rel}(X,Y) \geqslant \mathrm{Rel}_{\min} \end{cases} \tag{7.4}$$

式中，$\mathrm{Sup}_{\min}$ 为最小支持度，由用户或领域专家设定，$\mathrm{Sup}_{\min} > 0$，如果项集满足最小支持度，则称其为频繁项集；$\mathrm{Conf}_{\min}$ 为最小置信度，$\mathrm{Conf}_{\min} > 0$；$\mathrm{Rel}_{\min}$ 为最小相关度，$\mathrm{Rel}_{\min} > 1$。

### 7.3.2　配电网故障分析相关知识生成方法

本节通过研究不同 RS 与 NN 组合故障分析模型的容错性能，在对各类模型的机理进行分析的基础上，掌握 RS 和 NN 在各类模型中的互补性和关联关系、性能和局限性。

1. 模型 1——常规 NN 故障分析模型

为了便于对本节所构造的各类模型的性能进行有效对比和分析，本节以常规 NN 故障分析模型作为比较基础。在常规 NN 故障分析模型研究中，人们根据

反向传播(BP)算法存在的不足已进行了不少改进研究，比较突出的是遗传算法(GA)，它可以优化 NN 的结构和权重，克服陷入局部最小，加快收敛性，使输出解空间重构，提高 NN 的泛化能力，从而使故障分析的容错性能得到一定的改善。下面对不同 RS 与 NN 组合模型(模型 2～模型 5)进行分析。

**2. 模型 2——基于常规 RS 的故障分析模型**

该模型将基于故障分析知识的全部标准故障模式作为 RS 数据定性分析的依据，并形成最优属性的约简和决策规则。由于未提供实时故障信息畸变时对应的变异故障模式数据，所以 RS 提取的关联规则无法对变异故障模式做出准确诊断。虽然提供给传统 NN 的训练样本集是同样的标准故障模式数据，但 NN 的联想记忆和自学习性能，使其对不完整和畸变的信息具有一定的泛化推理能力，故其容错性能高于常规 RS，但 RS 具备自动构造知识库的能力，可直接用于基于知识规则的专家系统。

由此得出结论：①基于常规 RS 的故障分析模型缺乏抗干扰能力，不宜用于实时故障分析系统，而只适用于非实时的、仅限于提供给 RS 数据范围内的故障分析模式；②在实际应用中，为了获取分析结论，还需将 RS 所提取的关联规则集用推理模块来实现，可采用显式和隐式的推理机来实现，即由 RS 或 NN 完成，由此提出模型 3 的结构。

**3. 模型 3——基于常规 RS+分布式规则型 NN 组合的故障分析模型**

该模型是将模型 2 与分布式规则型结构的 NN 模型相组合。分布式规则型 NN 模型的数目与 RS 的多个决策属性表所对应，即与原分析系统输出故障属性数目对应。例如，配电网故障分析属性有 17 种，采用分别由 17 个故障属性 RS 的单决策属性表提取知识规则和关联规则，它们作为相应规则 NN 模型的训练样本集，为区别于常规 NN，将其称为规则型 NN，或称为 NN 的 ES。

从模型机理分析，其最大的差别是在 NN 的结构上。一般故障分析系统所诊断的故障属性(或故障类型)有多个。为了研究方便，可将多决策属性转化为单决策属性来处理，运用较成熟的单决策属性的约简法，提取每个故障属性的关联规则作为构造分布式 NN 中每个规则 NN 结构的依据，即确定每个 NN 的输入维数和训练样本集。此类分布式 NN 结构可克服大规模、多故障属性 NN 故障分析系统训练样本集庞大、收敛慢、陷入局部最小、测试检验困难等问题。RS 通过分析数据的不可分辨关系来消除冗余数据，可使 NN 结构降维和训练计算简化，即改变 NN 的内部连接机制，使 NN 的冗余性缩减到最低，从而规则型 NN 的泛化性能也被约束。由 NN 的结构机理可知，它与为了使"吸引域"扩大而增加冗余神经元的策略相矛盾，即与 NN 泛化性能相矛盾，故该类组合模型的容错性能是受 RS 控制的, 对任何超越 RS 规则的实时变异故障样本模式, NN 都是无法识别的。

由此得出结论: ①该模型适用于大规模的非实时分析系统, 或限于在给出分析模式空间范围内的故障分析系统; ②经常规 RS 属性约简后提取的关联规则构造 NN, 可使 NN 的维数降低、结构简化、收敛加快; ③由规则 NN 的机理分析可知, 模型 3 的容错性能受常规 RS 所限制, NN 仅是规则的隐式推理机的功能; ④改善容错性能的两个方向为拓宽提供给 RS 分析的数据范围和改变 NN 的冗余结构的研究。因此, 又相应提出了模型 4 和模型 5。

**4. 模型 4——基于常规 RS+改进结构 NN 融合的故障分析模型**

在该组合模型中, 改进结构 NN 模型定义为常规 NN 结构和基于 RS 关联规则结构 NN 的融合。在实际的故障分析模型中往往都是多故障属性的, 常规 NN 的泛化能力会变弱, 即使 "吸引域" 变小的局限性。改进 NN 的提出就是为了提高 NN 的泛化推理能力。依据改进 BP 网络的机理, 可将常规 RS 的关联规则融入 NN 连接机制中, 形成局部连接机制的理论依据, 解决该改进 NN 模型中输入与输出之间哪些应该连接的难点, 它是在按标准故障模式的输入、输出维数确定常规 NN 结构部分的基础上, 再按 RS 提取的关联规则的连接机制, 添加输入与输出节点之间的直接连接形成改进 NN 模型。例如, RS 提取到故障属性 $Y_1$ 的关联规则 $\{X_1, X_2\} \rightarrow \{Y_1\}$, 则形成输入节点 $X_1$、$X_2$ 与输出节点 $Y_1$ 之间的直接互相连接。

该组合模型: ①将 RS 提取关联规则的属性融合于 NN 的内部连接机制中, 增加强制凝聚 "吸引子" 的能力, 使 NN 的泛化推理能力更强, 可有效提高容错性能; ②在变异故障模式难以获取的故障分析系统中, 该模型具有较高的容错性能, 是值得推荐的模型。

**5. 模型 5——基于广义 RS+规则 NN 组合的故障分析模型**

基于广义 RS 的故障模式与模型 2~模型 4 中基于常规 RS 的故障模式的区别在于其拓宽了提供给 RS 分析的数据范围, 除了基于故障分析知识的标准故障模式集外, 还包含信息畸变时的变异故障模式集, 形成广义故障模式集。因此, 广义 RS 所提取的关联规则除了原先的故障分析知识外, 还挖掘了重要的、潜在的、未知的、畸变时的关联规则。这与前述模型中 RS 的本质差别是知识发现概念, 即真正体现了数据挖掘模型的概念。与模型 2 相同, 为了快速形成故障分析结果, 由规则型 NN 以隐式推理来实现分析结果输出。

由此得出结论: ①数据挖掘的概念是要发掘在数据中人们所不知的、潜在的、重要的知识, 因此该模型能力的具备取决于提供的数据范围, 这是从数据仓库进行数据挖掘的关键问题；②在一般故障分析系统的研究中，研究人员对故障分析知识是掌握的，对信息畸变或干扰性能的知识却难以获取，这直接影响该模型的具体应用，因此提出按可靠性理论的信息序列的畸变概率作为获取构造变异故障模式的依据和准则是极为有效的方法；③在此类模型中，由于广义 RS 已充分挖掘潜在的知识，具有高的容错性能，所以仅需构造规则 NN 作为故障分析结论输出的智能推理接口，无须构造改进 NN 结构模型。

### 7.3.3　基于粗糙集知识生成方法的配电网用户投诉故障分析方法

1) 客户服务中心(95598 系统)

95598 系统是指以电话接入为主的呼叫服务系统，它为用户提供各种电话响应服务。随着电信技术和计算机技术的迅猛发展，将计算机网络和通信网紧密结合起来的呼叫中心解决方案已逐渐取代传统的以计算机板卡为核心的解决方案，成为第三代呼叫中心。以计算机电话集成(CTI)技术为核心的呼叫中心是一个集语音技术、呼叫处理、计算机网络和数据库技术于一体的系统。

95598 系统是以计算机、网络、通信等技术为基础的自动化服务，并不受时间、地点、场合限制，通过自动与人工有机结合的方式提供更为有效的服务。不仅可为电力用户提供业务受理、咨询、故障报修等服务，还可为电力部门提供客户的电话查询、咨询、故障投诉等信息，提高了电力市场的运行稳定性，在各综合业务中起着越来越重要的作用。利用 95598 系统收集来的用户投诉信息，可进行配电网故障分析。

2) 配电网用户投诉故障分析方法

配电网发生故障时迅速查出故障并隔离故障区段，及时恢复供电，是配电自动化最重要的功能之一。它对保证用户供电的可靠性、提高供电质量具有重要意义。

目前配电网故障定位和隔离大多采用故障电流判别法。这种方法对联络开关处的故障存在盲区，对网络拓扑多变的适应能力较差，特别是当所采集的实时信息中存在畸变时容易误判。进行故障定位的另一途径是利用数据采集与(SCADA)提供的特定信息，但是与高压输电网相比，节点和支路繁多的配电网，只在主馈线或长分支线上才配置柱上远方终端单元(RTU)，因此当故障发生在这些线路时，可以从配电网 SCADA 获得一些实时故障信息；而在配电网的短分支线或细分支线上，因没有配置柱上 RTU 而不可能获得实时故障信息。所以，完全依靠 SCADA 提供的故障信息进行配电网故障定位实际上是不完全可行的。

实现配电网故障分析的另一手段就是利用 95598 系统。95598 系统不但可以解答停电原因和恢复供电时间等问题，建立电力部门和用户之间的良好关系，而且可利用故障投诉电话方便地获取主叫电话或用户代码，得到该用户与变压器的连接关系，并进行配电网故障定位。95598 系统可作为利用 SCADA 进行配电网故障定位的辅助和补充。

目前，利用用户投诉信息进行故障定位较多的方法是建立专家系统。专家系统能提高判断的准确性，但需要获得专家知识，而这些知识又只对应于一特定的配电网结构，因此适应性较差，而且建立和维护专家系统也非常烦琐。近年来也有学者研究用模糊集理论的方法进行故障定位。然而，如向确定隶属函数，在理论上还没有一个普遍适用的方法，往往依赖于人的主观判断和技巧，因此故障定位的准确度受到很多人为因素的影响。

本节利用粗糙集理论研究基于用户投诉信息的配电网故障定位方法。针对给定的配电网拓扑结构，首先自动形成基于用户投诉电话信息的配电网故障定位决策表，然后利用粗糙集理论对决策表进行化简，导出故障定位的最小约简形式，从而达到快速、准确地进行配电网故障定位的目的。

(1) 粗糙集理论。

粗糙集(rough set，RS)是波兰学者 Z. Pawlak 于 1982 年提出的一种处理模糊和不确定知识的数学工具，它具有很强的定性分析能力，主要思想是在保持分类能力不变的前提下，通过对知识的约简，导出概念的分类规则。

粗糙集理论使用决策表描述论域中的对象，决策表(信息表)是一种特殊而重要的知识表达系统，它指示当满足某些条件时决策(行为)应当如何进行。决策表为一张二维表格，表中每 1 行描述 1 个对象，称为决策规则，每 1 列表征对象的 1 种属性，属性分为条件属性和决策属性。在一个决策系统中，各条件属性之间往往存在着某种程度的依赖或关联。约简可以理解为在不影响分类的前提下，最简单地表示决策表中决策属性的条件属性的集合。利用粗糙集理论从决策表中抽取规则的过程就是对决策表约简的过程，使条件量更少。

化简决策表有两个步骤：①去除决策表中多余的不会影响原来分类结果的条件属性，得到决策表的约简；②化简每条决策规则中的条件属性，得到最小约简。

(2) 基于用户投诉信息的故障定位方法。

配电网一般具有复杂的闭环结构，但由于保护的需要，而多采用辐射状供电的开环运行方式，其结构层次相当明显。因此，可将配电网中的所有用户划分区段，同时考虑到配电网结构的多变性，利用粗糙集理论根据配电网结构自动形成基于故障投诉电话信息的配电网故障定位决策表，然后化简决策表得到最简故障定位规则。当接到故障投诉电话时，就可以用故障定位规则快速地确定故障元件的位置，以便迅速隔离故障区段，缩短停电时间，提高供电可靠性。

### 7.3.4　配电网故障分析各要素间的映射关系

通过上述配电网多源故障信息深度挖掘技术，可挖掘出人们所不知的、潜在的、重要的故障分析知识，建立故障源、故障表征、故障位置、故障影响范围等的映射关系，如图 7.3 所示。

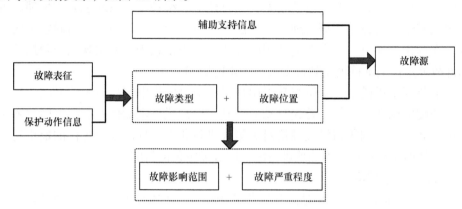

图 7.3　故障源、故障表征、故障位置、故障影响范围之间映射关系的建立原理

在配电网故障分析中，有些常用的故障源与故障表征之间的映射关系，是可由人掌握的常规知识获得的，可据此进行故障原因追溯。

在配电网发生故障后，通过该表格，可首先基于智能监测终端、配电自动化系统及营销系统等获得的电气量信息以及调度系统提供的保护动作信息分析获知故障类型及位置，之后基于天气信息及施工建设信息，生成可能的故障原因，并结合故障类型与位置，进一步分析故障的影响范围及严重程度，最终得到全面完整的故障分析结论，如表 7.5 所示。

表 7.5　故障表征、故障位置、信息源与故障源之间的映射关系

| 故障表征 | 故障诊断结论 | 其他信息源信息 | 可能的故障源 |
|---|---|---|---|
| 过流保护动作 | 短路+故障位置 | 大风(X 级以上) | 树枝、塑料大棚等物体被风刮到故障区段 |
| 过流保护动作 | 短路+故障位置 | 大雨(X 级以上)+大面积农村用户停电 | 低洼处电杆基础被雨水泡软或者腐蚀，导致电杆倾斜或倒塌 |
| 过流保护动作 | 短路+故障位置 | 大雨(X 级以上) | 大雨引发线路与金具或其他金具相互之间的短路 |
| 过流保护动作 | 短路+故障位置 | 雷电+故障区段途径地形空旷，无高大建筑 | 绝缘子被雷电击穿或线路被雷击短路 |
| 过流保护动作 | 短路+故障位置 | 高温天气 | 高温导致线路弧度增大，缩短了与周边物体的安全距离，接触短路 |

| 故障表征 | 故障诊断结论 | 其他信息源信息 | 可能的故障源 |
|---|---|---|---|
| 过流保护动作 | 短路+故障位置 | 故障区段为电缆区段+故障区域存在施工，且故障发生在上班前、下班后或节假日等巡防及现场管控薄弱的时间段 | 施工导致的短路故障 |
| 过流保护动作 | 短路+故障位置 | 线路存在长期过负荷 | 过负荷 |
| 重合闸反复动作，瞬时故障间断发生 | 瞬时性短路+故障位置 | 大风(X级以上) | 故障区段与周边物体的距离小于安全距离，线路舞动接触周边物体造成瞬时性短路故障反复发生 |
| 断线表征 | 断线+故障位置 | 雷电+故障区段途径地形空旷，无高大建筑 | 线路被雷击中而烧断 |
| 断线表征 | 断线+故障位置 | 严寒天气 | 低温导致线路弛度缩减，线路被拉断 |
| 断线表征 | 断线+故障位置 | 断线处刚刚有开关动作 | 三相开关中的一相没有合严、没有合上或接点氧化接触不良 |
| 断线表征 | 断线+故障位置 | 故障线路断线相之前存在过负荷风险 | 线路故障相严重过负荷，使跌落式熔断器一相跌落 |
| 断线表征 | 断线+故障位置 | 故障区段为电缆区段+故障区域存在施工+故障发生在上班前、下班后或节假日等巡防及现场管控薄弱的时间段 | 施工导致的断线故障 |
| 单相接地表征 | 单相接地+故障馈线 | 高温天气 | 高温导致线路弛度增大，缩短了与周边物体的安全距离，接触短路 |
| 闪络性单相接地表征 | 单相接地故障+故障馈线 | 阴雨潮湿 | 故障线路瓷瓶闪络放电 |
| 闪络性单相接地表征 | 单相接地故障+故障馈线 | 冰雪(X级以上) | 线路上覆冰脱落引起线路跳跃，经周围物体接地 |
| 单相接地表征+断线表征 | 单相接地故障+断线故障+故障馈线(位置) | 单相接地故障位置与断线故障位置一致 | 由断线引发的单相接地故障 |

关于故障影响范围及故障严重程度，可基于如下原则获得。

故障影响范围：短路与断线故障影响范围为故障区段下游供电区域，单相接地故障暂无影响。

故障严重程度：视故障位置(越靠近变电站越严重)与断电的负荷等级(断电的负荷等级越高越严重)而定。

# 7.4　考虑信息不确定性的配电网多源信息融合方法

## 7.4.1　配电网多源信息融合故障分析

目前，针对配电系统，发生事故时，故障信息的首要来源是配电自动化监控系统(如 SCADA)提供的信息，如断路器动作信息、电压、电流、频率、潮流信息。随着配电网数字化水平和电力调度自动化水平的不断提高，丰富的信息得以实时或准实时地传送到各级调度中心，这使得综合利用采集的各类实时信息进行电力系统故障分析成为可能。当前，我国各地系统正着手开始综合数据平台的建设，建成综合数据平台后，系统的广域监测系统(wide area measurement System, WAMS)信息、SCADA 信息、故障录波信息、继电保护信息等均可以从数据平台中直接提取，为基于信息融合的故障分析提供了大量的宝贵信息。另外，用电可靠性需求的提高以及配电网复杂程度的加大，对配电网故障分析的要求也越来越高，复杂度与难度也随之加大，而传统的单纯依靠某一类信息进行故障分析的技术已逐渐不适应配电网的发展。随着现代计算机以及通信技术的发展，信息融合技术已在军事、国防、工业、电力等多领域展开了广泛的研究与应用。信息融合技术的快速发展为配电网故障分析提供了新的思路。因此，综合利用与有效融合各类信息，更好地实现快速、准确、全面的分析判断，是配电网故障分析的主要发展方向。

关于信息融合的定义，根据国内外研究成果，可将其概括为：将来自不同用途、不同时间、不同空间的信息，通过计算机技术在一定准则下加以自动分析和综合，形成统一的特征表达信息，使系统获得比单一信息源更准确、更完整的估计和判决，即信息融合是一个多级别、多层次的智能化信息处理过程。信息融合作为一种信息综合与处理技术，实际上是许多相关科学技术和方法的集成与应用，它涉及信号检测、数据处理、数据通信、模式识别、决策理论、估计理论、最优化理论、人工智能、计算机技术等诸多领域。

目前，信息融合还没有一种确定的、统一的融合方法，虽然各种方法都是对系统所得到的各种信息进行有效处理和判断后再得到确定、一致的结果，但是各有利弊和侧重点，因此需要结合具体的处理环境和应用背景而定。结合信息融合技术的典型应用，以下给出三类信息融合方法：数据融合方法(可用于消除错误数据，补充未知数据)、基于概论和统计模型的不确定性问题处理方法、知识融合方法(可用于解决单一判据的不可靠问题)。三类信息融合方法在配电网故障分析中的应用阶段如图 7.4 所示。

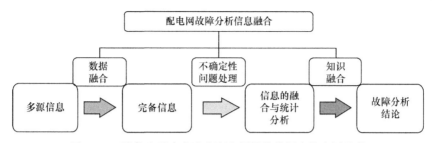

图 7.4　三类信息融合方法在配电网故障分析中的应用阶段

### 7.4.2　数据融合技术

数据仓库中的数据可以分为两类：一类是以时间为主线自动产生的，如调度自动化系统数据，GIS 平台、用电信息采集系统、配电自动化系统、负控系统、SCADA 前置机等采集的数据；另一类是人工录入的数据，如生产管理系统、电力企业故障受理台产生的故障数据和电力企业维修产生的故障数据等。第一类数据不会出现重复记录以及因输入而产生的随机错误，但由于采集设备与采集通道的问题，会产生数据缺失以及数据异常。第二类数据存在录入错误多、记录易产生重复，以及录入记录内容相互矛盾等情况。

#### 1. 自动录入数据

由于自动录入数据按固定的采样频率采集数据，所以在规定时间内的记录数可通过计算确定。

##### 1) 缺失数据

对于缺失数据采用拉格朗日内插值法补齐，具体方法如下。

对于如表 7.6 所示的一组数据，假设 $x_0, x_1, \cdots, x_{n+1}$ 已知，$y_0, y_1, \cdots, y_n$ 已知，$y_{n+1}$ 未知。

表 7.6　某一时刻一组自动录入数据

| $x$ | $x_0$ | $x_1$ | $x_2$ | $\cdots$ | $x_n$ | $x_{n+1}$ |
|---|---|---|---|---|---|---|
| $y$ | $y_0$ | $y_1$ | $y_2$ | $\cdots$ | $y_n$ | $y_{n+1}$(未知) |

拉格朗日多项式为

$$L_n(x) = \sum_{i=0}^{n} f(x_i) l_i(x) \tag{7.5}$$

拉格朗日系数计算公式为

$$l_i(x) = \frac{(x-x_0)(x-x_1)\cdots(x-x_{i-1})(x-x_i)\cdots(x-x_n)}{(x_i-x_0)(x_i-x_1)\cdots(x_i-x_{i-1})(x_i-x_{i+1})\cdots(x_i-x_n)} \tag{7.6}$$

则

$$y_{n+1} = \sum_{i=0}^{n} x_i \frac{(x_{n+1} - x_0)(x_{n+1} - x_1)(x_{n+1} - x_2)\cdots(x_{n+1} - x_n)}{(x_i - x_0)(x_i - x_1)(x_i - x_2)\cdots(x_i - x_{i-1})(x_i - x_{i+1})\cdots(x_i - x_n)} \tag{7.7}$$

2) 异常数据

对于异常数据，采用统计检测法进行初步辨识，再与下一个数据采集周期采集到的数据进行对比，进行再次辨识，具体如下。

对于数列 $x_0, x_1, \cdots, x_n$，计算其平均值与标准差：

$$\bar{x} = \frac{\sum_{i=0}^{n} x_i}{n+1} \tag{7.8}$$

$$\sigma = \sqrt{\frac{\sum_{i=0}^{n} (x_i - \bar{x})^2}{n+1}} \tag{7.9}$$

基于切比雪夫定理(任意一个数据集中，位于其平均数 $m$ 个标准差范围内的比例(或部分)总是至少为 $1-1/m^2$，其中 $m$ 为大于 1 的任意正数。对于 $m=2$ 和 $m=3$ 有如下结果：所有数据中，至少有 3/4(或 75%)的数据位于平均数 2 个标准差范围内；所有数据中，至少有 8/9(或 88.9%)的数据位于平均数 3 个标准差范围内；所有数据中，至少有 24/25(或 96%)的数据位于平均数 5 个标准差范围内)，即对于数列 $x_0, x_1, \cdots, x_n$，若 $x_k > \bar{x} + \varepsilon\sigma$ 或 $x_k < \bar{x} - \varepsilon\sigma$，则 $x_k$ 为疑似异常数据，其中 $\varepsilon$ 为用户定义因子，可根据实际情况确定。

$x_k$ 异常可由两种情况影响：第一种情况是由采集设备与采集通道造成的，这种情况下 $x_k$ 为错误数据；另一种情况是由线路出现故障造成数据突变，该情况下，$x_k$ 为正确数据。为避免造成 $x_k$ 为正确数据而错判成异常数据，需与下一个数据采集周期采集到的数据 $x_k'$ 进行对比，如果 $x_k'(1-\lambda) \leqslant x_k \leqslant x_k'(1+\lambda)$，则 $x_k$ 为正确数据，否则 $x_k$ 为错误数据，其中 $\lambda$ 为用户自定义常数，通常可取 5%。

辨识出异常数据后，需进行数据修正，数据修正方法与缺失数据补充方法相同。

2. 人工录入数据

对于人工录入数据，存在错误数据、重复数据以及相互矛盾数据，数据清洗尤为重要。对于人工录入的错误数据，需由人工进行判断校正。

此外，为方便数据用于知识生成，往往需要进行数据标准化以及数据的离散与约简。

1) 数据标准化

对于数据仓库收集到的数据，数据种类很多，数据单位也不尽相同，数值或者很大或者很小，各参量之间没有可比性，因此需要把参量化成用统一的标准来衡量，这就是数据的标准化。由于故障分析中通常只涉及电压、电流，所以只需对电压、电流进行标准化处理。可采用距离标准化方法，计算方法如下：

$$Z_{ik} = \frac{x_{ik} - f_k}{S_k}, \quad i = 1, 2, \cdots, n \tag{7.10}$$

式中

$$f_k = \frac{x_{\max k} + x_{\min k}}{2} \tag{7.11}$$

$$S_k = \frac{|x_{\max k} - f| + |x_{\min k} - f|}{2} \tag{7.12}$$

$x_{\max k}$ 为属性 $k$ 在正常运行时的最大值；$x_{\min k}$ 为属性 $k$ 在正常运行时的最小值。

$Z_{ik} \in [-1,1]$ 表示该参量是正常的，$Z_{ik} > 1$ 表示该参量增大及增大的幅度，$Z_{ik} < 1$ 表示该参量减小及减小的幅度。

对于逻辑型变量，只有 true 和 false 两个状态，定义其值为

$$f(x) = \begin{cases} 1, & x = \text{true} \\ 0, & x = \text{false} \end{cases} \tag{7.13}$$

对于时间型变量，不需进行标准化。

2) 数据离散与约简

实质上，离散化可归结为利用选取的断点对条件属性构成的空间进行划分的问题，即把条件属性空间划分为几个有限的区域，使每个区域中元素的决策值相同。一般断点选择要依据一定的准则，断点选取太多会造成离散化分类过细，可能导致决策表信息的冗余，加重决策表约简任务；若断点太少，则离散化分类过粗，可能出现不相容信息，而且导致未知样本决策错误。因此，需要根据参量的特点进行离散化。对于参量变化很小但对系统影响很大的参量，离散时的离散区间应选得比较小，这样更能细致反映参量对系统故障的影响。

故障特征是通过电压、电流的变化来反映的，且保护动作情况为逻辑型变量，因此只对数据标准化后的电压、电流数据进行离散化处理。区间 $[-1,1]$ 为配电网正常运行区间，将其离散为零，其余则因参量不同而不同。同时考虑到配电网故障类型包括短路故障、接地故障和断线故障三类，且三种类型的故障具有不同的故障特征，其数据离散化具体如表 7.7 所示。

表 7.7　数据离散化

| 标准化后数据区间 | 离散值 |
| --- | --- |
| $[-1,1]$ | 0 |
| $(1, +\infty)$ | 1 |
| $(-\infty, -1)$ | 2 |

### 7.4.3　基于概论和统计模型的不确定性问题处理方法

基于概论和统计模型的多源信息融合技术，可用于处理配电网故障分析中存在的不确定性问题，常用方法如下。

(1) Kalman 滤波法。对于动态环境中冗余传感器的实时融合，Kalman 滤波法应用测量模型的统计特性可快速准确地递推确定融合信息的估计，且在统计意义中该估计可达到最优。Kalman 滤波法不需要存储大量的历史信息，因此特别适合用于不具有大量信息存储能力的系统。

一般情况下，Kalman 滤波法用于线性模型，且系统与传感器的误差符合高斯白噪声模型，运用五个公式就可以推导出所有信息。但是，许多系统工程往往不能用简单的线性化系统进行描述，因此需要运用扩展 Kalman 滤波法。其基本思想是运用泰勒级数，省略二次以上项，对非线性方程进行线性化处理，然后利用线性系统 Kalman 滤波得到非线性化系统的 Kalman 滤波模型。

(2) 贝叶斯估计法。贝叶斯估计法是静态信息融合中常用的方法，其信息为概率分布，适用于具有高斯噪声的不确定信息处理。贝叶斯估计法将每一个信息源的信息都视为一个概率密度函数，按照概率原则将其组合、优化处理，并以条件概率的方式描述系统的不确定性。

贝叶斯估计法用于多传感器信息融合时，假设所有的可能决策 $A_i(i=1,2,\cdots,m)$ 是相互独立的，当其中一个传感器进行观测时，可得到观测结果 $B$，若系统的先验知识和传感器特性已知，即先验概率 $P(A_i)$ 和条件概率 $P(B|A_i)$ 已知，则可用贝叶斯条件概率公式求得后验概率 $P(A_i|B)$。当有 $N$ 个传感器时，观测结果为 $B_j(j=1,2,3,\cdots,N)$，如果它们之间相互独立且与被观测对象条件独立，则可由先验知识和传感器特性求得各决策的总后验概率 $P(A_i|B_1 \wedge B_2 \wedge \cdots \wedge B_n)$。

有学者针对电力系统故障分析中存在的信息不完备和不确定性问题，提出了基于概率理论和图论的贝叶斯网络故障分析方法，建立了完备和不完备信息下的分布式贝叶斯网络模型，并拓展建立了蕴含时序属性的贝叶斯网络分布式处理模型，可用于配电网故障分析。

参照上述方法，以下给出考虑信息不确定性的配电网短路故障诊断与处理方法。

#### 1. 考虑信息不确定性的配电网短路故障诊断

配电网非健全故障信息是指当馈线发生故障后配电自动化主站收到的各个采集装置上报的存在漏报、误报和错报的故障信息。

1) 开环配电网故障信息

(1) 故障信息的漏报和误报。漏报故障信息的原因一般有通信障碍、采集装置故障、采集装置后备电源故障、电流互感器故障、采集装置的故障电流提取方法有缺陷等。误报故障信息的原因一般有采集装置故障、电流互感器故障、采集装置的故障电流提取方法有缺陷等。

设第 $i$ 台开关流过故障电流但是漏报故障信息的概率为 $p_{M,i}$，则正确上报的概率为 $\bar{p}_{M,i} = 1 - p_{M,i}$。设第 $i$ 台开关没有流过故障电流但是误报故障信息的概率为 $p_{E,i}$，则不误报的概率为 $\bar{p}_{E,i} = 1 - p_{E,i}$。$p_{M,i}$ 一般可以取为 0.1～0.2，$p_{E,i}$ 一般可以设为 0.05～0.1。

设开关 $i$ 流过故障电流的估计为概率 $\hat{p}_{C,i}$，则没有流过故障电流的估计概率为 $\bar{\hat{p}}_{C,i} = 1 - \hat{p}_{C,i}$，且有

$$\hat{p}_{C,i} = \begin{cases} p_{M,i}, & \text{未收到故障信息} \\ 1 - p_{E,i}, & \text{收到故障信息} \end{cases} \tag{7.14}$$

(2) 开关状态估计规则。对于采用了过流脱扣或本地保护措施的情形，配电自动化系统可以根据收到的各个开关的状态以及是否在故障时刻(故障时刻以变电站内 10kV 出线开关保护动作时刻为准)发生了跳闸，来对故障进行辅助判断，以提高判断的准确性。

但是，配电自动化系统主站收到的开关状态信息同样会由于开关辅助接点抖动、自动化终端的电源失去或通信通道障碍等而出现不准确的现象，因此首先需要对开关状态进行估计或确认。

(3) 开关带电且处于合闸状态的判断条件。若满足下列条件之一，则可取概率 $\hat{p}_{H,i}$(一般为 0.85～0.95)估计第 $i$ 台开关带电且处于带电合闸状态：①流过第 $i$ 台开关的电流(或功率)显著不为零且采集值存在明显波动；②流过第 $i$ 台开关的下游开关的电流(或功率)显著不为零且采集值存在明显波动；③流过第 $i$ 台开关的上游开关的电流(或功率)采集值存在明显波动，并且没有在故障时刻发生明显下跌或发生下跌的跌幅比开关 $i$ 流过的电流(或功率)幅度小得多。

若上述条件成立 $h$ 条次，则第 $i$ 台开关带电且处于合闸状态的估计概率为 $\hat{p}_{H,i}$，有

$$\hat{p}_{H,i} = 1 - (1 - \hat{p}_{H,i})^h \tag{7.15}$$

(4) 开关因故障而跳闸的判断条件。若满足下列条件之一，则可取概率 $\hat{p}_{T,i}$(一般为 0.8～0.9)估计开关 $i$ 因故障而跳闸：①第 $i$ 台开关存在上游开关，且流过该上游开关的电流(或功率)在故障时刻突然下跌，跌幅大约为第 $i$ 台开关流过的电流(或功率)幅度；②流过第 $i$ 台开关的电流(或功率)在故障时刻突然下跌至大约为零；③收到第 $i$ 台开关在故障时刻由合变分的信息。

若上述条件成立 $h$ 条次，则计算开关 $i$ 因故障而跳闸的估计概率为 $\hat{p}_{T,i}$，有

$$\hat{p}_{T,i}=1-(1-\hat{p}_{T,i})^h \tag{7.16}$$

(5) 综合判断。当根据以上两个判断条件得到的估计结果不矛盾时，第 $i$ 台开关带电且处于合闸状态的概率为 $p_{H,i}$，第 $i$ 台开关因故障而跳闸的概率为 $p_{T,i}$，有

$$p_{H,i}=\hat{p}_{H,i} \tag{7.17}$$

$$p_{T,i}=\hat{p}_{T,i} \tag{7.18}$$

当根据以上两个判断条件得到的估计结果存在矛盾时，分别修正 $p_{H,i}$ 和 $p_{T,i}$，有

$$p_{H,i}=\frac{\hat{p}_{H,i}(1-\hat{p}_{T,i})}{\hat{p}_{T,i}(1-\hat{p}_{H,i})+\hat{p}_{H,i}(1-\hat{p}_{T,i})} \tag{7.19}$$

$$p_{T,i}=\frac{\hat{p}_{T,i}(1-\hat{p}_{H,i})}{\hat{p}_{T,i}(1-\hat{p}_{H,i})+\hat{p}_{H,i}(1-\hat{p}_{T,i})} \tag{7.20}$$

2) 故障相关信息融合

(1) 开关因故障跳闸信息的融合。若第 $i$ 台开关采用了过流脱扣或本地保护措施(即"电流型"开关)，在某次故障后，在配电自动化主站根据收到的信息判断出该开关因故障而跳闸的概率为 $P_{T,i}$ 的条件下，该开关流过故障电流的概率 $p_{C,i}$ 为

$$p_{C,i}=1-(1-\hat{p}_{C,i})(1-p_{T,i}) \tag{7.21}$$

在配电自动化主站无法判断出该开关因故障而跳闸的概率的条件下，该开关流过故障电流的概率 $p_{C,i}$ 为

$$p_{C,i}=\hat{p}_{C,i} \tag{7.22}$$

(2) 通信中断、采集装置或电流互感器故障的处理。若在某次故障时刻前后一段时期内(一般为故障时刻前 20 个召唤周期和故障时刻后 3 个召唤周期)，配电自动化主站始终未收到第 $i$ 台开关上报的故障信息，则应在故障诊断过程中将该开关视为不存在(即"忽视")，即原来由该开关划分出的 2 个区域(区域是由一些开关节点围成的，其中不再含有开关节点的范围，相应的开关节点称为该区域的端点，在本节中区域用 $D$ 表示)合并为 1 个区域，其先验故障概率为参与合并区域先验故障概率之和。

采集装置故障一般在故障发生前就有比较明显的特征，配电网调度人员一旦发现采集装置故障，就应将相应采集装置暂时从配电自动化主站系统中注销，在故障诊断过程中，主站就会将其视为通信中断的情形对待(即"忽视")。

第 $i$ 台开关的电流互感器故障一般在故障发生前也有较明显的特征，经配电

网调度人员确认后应加以标记。在故障诊断过程中，可取 $\hat{p}_{C,i} = 0.5$。

(3) 开关带电合闸状态信息的融合。设第 $k$ 个区域故障的先验估计概率为 $\hat{P}(D_k)$，当某次故障排除后，在配电自动化主站根据收到的信息判断出该区域的入点第 $i$ 台开关带电且处于合闸状态的概率为 $p_{H,i}$ 的条件下，该区域故障的先验概率 $P(D_k)$ 为

$$P(D_k) = \hat{P}(D_k)(1 - p_{H,i}) \tag{7.23}$$

在配电自动化主站无法判断出该区域的入点第 $i$ 台开关带电且处于合闸状态时，该区域故障的先验概率 $P(D_k)$ 为

$$P(D_k) = \hat{P}(D_k) \tag{7.24}$$

一般情况下，可以认为各个区域故障的先验估计概率 $P(D_k)$ 都相等。

3) 开环故障诊断

开环配电网的故障诊断以馈线为单位。对于一条开环运行的馈线，将其上安装有采集装置且未被忽视的开关称为有效开关。若一条馈线被其上的 $N$ 个有效开关划分出 $M$ 个区域，其上发生故障后配电自动化主站收到的故障信息为 $B$，则有

$$B = [b_1, b_2, \cdots, b_i, \cdots, b_N] \tag{7.25}$$

式中，$b_i=1$ 表示第 $i$ 台开关上报流过了故障电流；$b_i=0$ 表示第 $i$ 台开关没有上报流过故障电流。

设经过信息融合后，得到的各个开关流过故障电流的证据信息矩阵为 $C = [p_{C,1}, p_{C,2}, \ldots, p_{C,N}]$。

第 $j$ 个区域发生故障时符合证据信息矩阵 $C$ 的概率为 $P(C \mid D_j)$，有

$$P(C \mid D_j) = \prod_{m \in \alpha} p_{C,m} \prod_{n \in \beta} \bar{p}_{C,n} = \prod_{m \in \alpha} p_{C,m} \prod_{n \in \beta} (1 - p_{C,n}) \tag{7.26}$$

式中，$\alpha$ 和 $\beta$ 分别代表第 $j$ 个区域的上游电源路径上的有效开关的集合和其余有效开关的集合，分别包括该区域的入点和出点；$D_0$ 表示没有任何区域故障。

一般情况下，可以认为不会在同一瞬间发生 2 处故障，称为单一故障假设。

在证据信息矩阵 $C$ 下，故障发生在第 $i$ 个区域的概率为 $P(D_i \mid C)$，有

$$P(D_i \mid C) = \frac{\delta_i}{\sum\limits_{j=0}^{M} \delta_j} \tag{7.27}$$

式中，$\delta_i = P(C \mid D_i)P(D_i)$。

显然，对于开环配电网，非健全故障信息条件下的故障诊断结果不是唯一的，而是每个区域都有发生故障的可能，只是概率不同。因此，需要筛选出概率较大的可能故障区域，具体筛选方法如下：

(1) 将各个可能故障区域按照其故障概率从大到小的顺序排序;

(2) 按照故障概率从大到小的顺序提取可能的故障区域，每次只提取一个可能的故障区域，满足下列情况之一时终止：①已经提取的区域的故障概率之和超过阈值$\Omega$($\Omega$一般可取 90%~98%)；②第 $k+1$ 个提取的区域故障概率低于第 $k$ 个提取的区域故障概率的$1/\Psi$ ($\Psi$ 一般可取 10~20)。

尽管筛选出来的区域发生故障的可能性已经很高，但是在现实中，故障发生在其他区域的小概率事件仍然有可能发生。这些小概率事件被忽视而造成的影响中的绝大部分可以通过后面描述的故障恢复过程得以解决，但是仍存在较少的情形会导致停电范围有所扩大，这往往是由误报和漏报比较严重造成的，也与误报和漏报开关的分布有关。即使如此，除了有可能使个别健全区域的供电得不到恢复外，不会对运行造成任何风险。

4) 闭环配电网故障信息

在闭环配电网中，相互连接且闭环运行的一组馈线称为一个闭环馈线组。闭环配电网的故障诊断是以闭环馈线组为单位的。

在单一故障假设下，健全故障信息条件下闭环配电网的故障定位判据为：如果流过某个故障区域的各个端点的故障功率的方向都指向该区域内部，则故障就发生在该区域；如果流过某个故障区域的至少一个端点的故障功率的方向指向该区域外部，则故障就未发生在该区域。

但是，故障后配电自动化主站收到的故障信息可能是非健全的，往往存在漏报信息和错报信息的现象。设在收到第 $i$ 台开关故障功率方向信息的条件下，错报的概率为 $p_{H,i}$，误报的概率为 $p_{E,i}$，则正确上报的概率为 $p_{R,i}=1-p_{H,i}-p_{E,i}$。设在未收到第 $i$ 台开关故障功率方向信息的条件下漏报的概率为 $p_{M,i}$，则正确而未漏报的概率为 $\overline{p}_{M,i}=1-p_{M,i}$。

开关带电且处于合闸状态的判断条件只有开环配电网故障信息处理中 1)的(1)成立。开关因故障而跳闸的判断条件只有开环配电网故障信息处理 2)中的(2)和(3)成立。综合判断的方法与开环配电网故障信息处理 3)相同。通信中断、采集装置或电流互感器故障的处理与开环配电网故障信息处理中的2)相同。开关带电合闸状态信息的融合与开环配电网故障信息处理中的3)相同。

5) 闭环故障诊断

若一个闭环馈线组被其上的 $N$ 个有效开关划分出 $M$ 个区域，其上发生故障后配电自动化主站收到的故障信息为

$$A=[a_1,a_2,\cdots,a_i,\cdots,a_N] \tag{7.28}$$

式中，$a_i=1$表示流过第 $i$ 台开关上报的故障功率方向与参考方向相同；$a_i=-1$ 表示流过第 $i$ 台开关上报的故障功率方向与参考方向相反；$a_i=0$表示没有收到

故障信息。

在单一故障假设和故障信息 $A$ 下，故障发生在第 $i$ 个区域的概率为 $P(D_i|A)$，有

$$P(D_i|A) = \frac{\xi_i}{\sum\limits_{j=0}^{M} \xi_j}\qquad\qquad(7.29)$$

式中，$\xi_i = P(A|D_i)P(D_i)$，$P(A|D_i) = \prod\limits_{i=1}^{N} p_{F,i}$，$p_{F,i}$ 为第 $i$ 个开关上报的故障信息与故障发生在第 $j$ 个区域内的假设相一致的概率。

当 $j>0$ 时，若收到第 $i$ 个开关上报的故障信息且故障功率方向与故障发生在第 $j$ 个区域内的假设相一致，则有

$$p_{F,i} = p_{R,i} = 1 - p_{H,i} - p_{E,i}\qquad\qquad(7.30)$$

若收到第 $i$ 个开关上报的故障信息且故障功率方向与故障发生在第 $j$ 个区域内的假设相反，则有

$$p_{F,i} = p_{M,i}\qquad\qquad(7.31)$$

当 $j=0$ 时(表示没有任何区域故障)，若收到第 $i$ 个开关上报的故障信息，则有

$$p_{F,i} = p_{E,i} = 1 - p_{H,i} - p_{E,i}\qquad\qquad(7.32)$$

若未收到第 $i$ 个开关上报的故障信息，则有

$$p_{F,i} = \overline{p}_{M,i} = 1 - p_{M,i}\qquad\qquad(7.33)$$

闭环配电网非健全故障信息条件下的故障诊断结果的筛选方法与开环配电网相同。

**2. 考虑信息不确定性的配电网短路故障自动处理**

**1) 区域的层次**

定义沿着由第 $i$ 个电源点向外的方向，某个开关节点到指定的第 $i$ 个电源点之间的最短路径上经过的开关节点的个数再加 1 为该开关节点到电源点的层数。第 $i$ 个电源点自身的层数为零。到第 $i$ 个电源点的层数越小，称该开关节点距离第 $i$ 个电源点越近，反之越远。

定义沿着由第 $i$ 个电源点向外的方向，某个区域的各个端点中到第 $i$ 个电源点最近的端点的层数为该区域到第 $i$ 个电源点的层数，称其到第 $i$ 个电源点最近的端点为第 $i$ 个电源点到该区域的入点，称其余端点为该区域对第 $i$ 个电源点的出点。

若一个可能故障区域被确诊为其中含有永久性故障或无永久性故障，则称该可能故障区域为确诊区域，否则称为非确诊区域。所有可能故障区域之外的

区域都是无故障确诊区域。

2) 故障自动处理原则

对于开环配电网,在正常方式下,一条馈线只有一个供电电源点,称其为主供电源点,其余可能为其供电的电源点都称为备用电源点。

对于闭环配电网,在正常方式下,一个闭环馈线组存在多个供电电源点,其中来自主网的一些电源都称为优先主供电源点,还有一些分布式电源称为候选主供电源点,与其相连但通过联络开关暂时隔离的可能为其供电的电源点都称为备用电源点。

配电网故障自动处理的原则是:

(1) 尽量采取主供电源点恢复供电,降低备用电源点在参与恢复过程中因合到故障点而导致跳闸扩大故障影响范围的风险。

(2) 按距电源点层次从小到大的顺序对各个可能故障区域进行试探性恢复,在层次相同时,按照故障可能性从小到大的顺序进行。每次只试探性地恢复一个可能故障区域,若恢复成功,则排除该区域故障的可能性;若引起跳闸,则将新收集到的故障信息进行融合后重新进行故障定位并调整故障恢复步骤。

(3) 若遇到开关操作不成功,则重复对该开关的操作,若连续操作 3 次后仍然不成功,则视为开关拒动,放弃对该开关的操作。

3) 故障自动处理过程

故障自动处理过程主要有以下步骤。

(1) 形成电源点队列 $S$。对于开环配电网,将主供电源点排在最前面,然后按照负载余量从大到小的顺序排放备用电源点。对于闭环配电网,将优先主供电源点排在最前面,然后按照负载余量从大到小的顺序排放候选主供电源点,再按照负载余量从大到小的顺序排放备用电源点。从电源点队列 $S$ 中取出一个电源点作为 $s$。

(2) 按距 $s$ 的层次从小到大的顺序对各个非确诊区域进行排序。在层次相同时,按照故障可能性从小到大的顺序排序,将非确诊区域按顺序放入队列 $Q$。

(3) 若队列 $Q$ 不空且元素个数大于 1,则取出一个非确诊区域进行恢复,进行步骤(5)。如果队列 $Q$ 不空且元素个数等于 1,那么:若需要探测区分永久性故障或暂时性故障,则取出 $Q$ 中的该区域进行恢复,进行步骤(5);若不需要探测区分永久性故障或暂时性故障,则使该非确诊区域成为确诊故障区域,清空队列 $Q$,进行步骤(4);若队列 $Q$ 已空,则进行步骤(4)。

(4) 恢复可由 $S$ 恢复的确诊无故障区域供电,若引起跳闸,则将原确诊故障区域改为确诊无故障区域,并将新收集到的故障信息进行融合后重新进行故障定位,筛选出故障可能区域后作为非确诊区域,返回步骤(1);否则执行步骤(6)。

(5) 若因某开关拒合或过载的原因而无法恢复该区域,则返回步骤(3);若恢复成功, 则该区域成为确诊无故障区域, 返回步骤(3); 若引起跳闸, 则将新收集到的故障信息进行融合后重新进行故障定位, 若筛选后没有得到新的故障可能区域, 则使该区域成为确诊故障区域, 使其他非确诊区域成为确诊无故障区域, 清空队列 $Q$, 返回步骤(3); 若筛选后得到了新的故障可能区域, 则返回步骤(2)。

(6) 若除了确诊故障区域之外仍存在未恢复供电区域, 则执行步骤(7); 否则执行步骤(8)。

(7) 若 $S$ 空, 则执行步骤(8); 若 $S$ 不空, 则取出一个电源点作为 $s$, 返回步骤(2)。

(8) 对于闭环配电网, 将可并网的电源投入后结束; 对于开环配电网, 直接结束。

4) 恢复供电的处理过程

恢复某个非确诊区域供电的主要思想如下。

(1) 若恢复该非确诊区域 $a$ 后会导致其他非确诊区域 $b$ 也带电, 则应在恢复前先分断非确诊区域 $b$ 的入点开关。若某开关连续 3 次拒分, 则放弃对该开关的操作, 而尝试分断其父开关节点。若直至某个已经处于分闸状态的开关以前的开关都拒分, 则将以各个拒分开关为入点的区域与待恢复非确诊区域 $a$ 合并为一个不可分割的非确诊区域。

(2) 恢复某个非确诊区域供电的过程是令该待恢复非确诊区域的入点与配电网已带电部分之间处于分闸状态的开关都合闸。若经判断一旦恢复了待恢复非确诊区域供电后超过 $s$ 的负载极限能力, 则放弃恢复该区域; 若某开关连续 3 次拒合, 则放弃对该开关的操作。

(3) 可由电源点 $s$ 供电的确诊无故障区域恢复过程为: 若确诊故障区域相对于电源点 $s$ 的入点开关处于合闸状态, 则分断该开关; 若该开关拒分, 则放弃对该开关的操作, 而分断其父开关节点; 若仍拒分则继续上溯, 直至某个开关处于分闸状态或分断操作成功。恢复可由电源点 $s$ 恢复的各个区域供电, 若某开关连续 3 次拒合, 则放弃对该开关的操作。

### 7.4.4　知识融合技术

知识融合技术可用于解决故障分析中单一判据可靠性低的问题, 常用方法如下。

#### 1. D-S 证据理论

由 Dempster 首先提出, 并由 Shafer 进而发展的 D-S 证据理论是一种不精确推理理论, 它是贝叶斯估计法的扩展。如前文所述, 使用贝叶斯估计法时需要已知先验概率, 而 D-S 证据理论可以回避这一条件, 避开由先验概率带来的不确定性。多源信息融合中的 D-S 推理是将对命题的不确定性的描述转化为对集合的不确定性描述。设有一被识别对象，将其所有可能的状态定义为一个集合，称为辨识框架，用 $\alpha$ 表示，则对象的每一个状态对应 $\alpha$ 中的一个子集。证据理论用基本概率分配函数、信任度函数和似然函数来描述客观证据对命题的支持程度。

在进行推理时，采用化整为零的方法。首先用分割法将要解决的问题进行分解，得到分层的推理网络，即将复杂问题转换为若干子问题(D-S 证据理论称两者为父问题和子问题)，然后根据每一个子问题确定其辨识框架，同时根据从传感器获得的信息形成最下层的基本概率分配函数，接着根据推理网络的逻辑关系进行推理运算，按照一定的合并原则得到最终目标的辨识框架上的概率分配函数和相应的信任函数值，并由此得到最终结果。

有学者针对小电流接地故障发生后可以带故障运行一段时间的特点，提出了一种充分利用故障信息融合的连续选线分析策略。将 D-S 证据理论应用到单相接地故障选线问题中，运用证据理论实现了信息的融合，并提出了故障度(单次故障度和连续故障度)概念，为信息融合提供了定量分析的手段。

### 2. 粗糙集理论

粗糙集理论是一种研究不确定性知识和不完备信息的方法。该理论是建立在分类机制的基础之上的，它把每次传感器采集的信息看成一个等价类，利用粗糙集理论的化简、核和相容性等概念，对大量的配电网故障信息进行分析，剔除相容信息，求出最小不变核，找出对决策有用的决策信息，得到最快的融合算法。知识约简是该理论的核心内容，其通过决策表来描述信息域中的对象，按照一定的规则化简决策表，除去冗余信息，使基于最少量的条件做出正确的决策。但是在消除冗余信息时，要避免将有用的特征信息误剔除，因此确定合适的化简规则、提高分类的精确性对该方法在信息融合中的应用具有重要的意义。

现有的 SCADA、故障录波等检测系统在配电网发生故障时提供的警报信息存在一些局限性，使故障后的系统响应复杂化，产生不完备警报信息，给故障分析工作造成很大困难。粗糙集理论把故障信号作为对故障分类的条件属性集，利用其对包含冗余和不一致信息的故障分析数据进行分析、推理，并发现数据间的关系，提取出用于故障分析的决策规则和简化信息的能力来融合多源复杂故障信息。粗糙集方法考虑各种可能发生的故障情况建立决策表，首先生成简单、有效的分析决策规则，然后进行决策表化简，最后抽取出分析规则，增强系统的决策能力。

有学者运用粗糙集理论研究了因保护装置和断路器误动、拒动以及通信装置故障等造成的不完备警报信号模式下的配网故障分析新方法。它把保护和断路器的信号作为对故障分类的条件属性集，考虑了各种可能发生的故障情况，以此建立决策表，然后实现决策表的自动约简的搜索，并利用决策表的约简形式，区分关键信号和非关键信号，直接从故障样本集中导出故障分析规则，达到了在不完备警报模式下快速准确地分析故障的目的，揭示了警报信息集合内在的冗余性。

### 3. Petri 网理论

Petri 网模型由 Petri 于 1962 年提出。Petri 网具有严格的数学定义，但在实际应用中，人们更感兴趣的是 Petri 网的图形表示，它能用更清晰、更直观的方式表达复杂问题。Petri 网是一种网状信息流模型，包括条件和事件两类节点，在条件和事件为节点的有向图基础上添加表示状态信息的托肯(token，令牌)分布，并按引发规则使事件驱动状态演变，从而反映系统动态运行过程。

有学者提出了 Petri 网与冗余纠错技术结合的配电系统故障区段定位(fault sections locating, FSL)新方法。依据 SCADA 所汇集 FTU 的信息分析，通过两次冗余纠错技术消除信息畸变对 FSL 的影响，在自适应获取故障拓扑结构的基础上，将配电系统的 FSL 问题转换为对单一锁定的 FTU 的 Petri 网的求解问题。

### 4. 专家系统

专家系统(expert system，ES)是人工智能领域中最成熟，配电网故障分析中发展最早的、研究最为深入的、应用最为广泛的一门技术。它是一个智能计算机程序系统，其内部含有大量的某个领域专家水平的知识与经验，能够利用人类专家的知识和解决问题的方法来处理该领域问题，是人工智能应用研究最活跃的领域之一。它将相关领域的专家知识和经验归纳为相应的规则，形成规则库，再通过有效的推理机制将规则应用于实际的系统中，并从不确切的信息中得出尽可能正确的结论。

随着人工智能技术的不断发展，专家系统在配电网故障分析中也获得了越来越广泛的应用。配电网发生故障时，有大量的故障信息涌现，工作人员如果仅依靠经验和规则进行故障分析，会导致准确性不高。专家系统能够高效、准确、周到、迅速和不知疲倦地工作，解决实际问题时不受周围环境的影响，也不可能遗漏忘记，正适合解决配电网多分支、多联路、多规则的复杂问题。目前，专家系统用于故障分析还是比较成功的，根据故障分析的知识表示和所用推理策略的不同，大致可以分为三类。

(1) 基于启发式规则的系统。此类系统把保护、断路器的动作逻辑以及运行人员的诊断经验用规则表示出来，形成故障分析专家系统的知识库，采用数据驱动的正向推理，即将所获得的征兆和知识库中的规则进行匹配，进而获得故障分析的结论。现在大多数故障分析属于这一类。

(2) 基于模型的系统。这类系统用系统的模型来模拟故障时实际电力系统的行为。推理的思路包括产生和检验两个过程，即先根据报警信息产生假设的故障原件，然后进行故障模拟，根据模拟结果和实际故障信息的吻合程度来确定故障假设是否成立。建立这类系统的关键问题是模型的确立，目前提出的模型主要是因果网和 Petri 网故障模型。

(3) 正反推理的系统。此类系统比较符合人脑分析问题的思维过程。如果只进行由跳闸断路器、保护和故障设备的正向推理，那么在有开关、保护拒动或误动的情况下得到的可能故障设备比较多，使用不便；通过采用人机对话形式，对可能故障设备集进行针对其他信息的反向推理，这样可以有效缩小可能的故障范围，保证诊断的正确性。

虽然专家系统能够有效地模拟故障分析专家完成故障分析的过程，但是在实际应用中仍存在一定缺陷：①专家系统比较大时，其推理完成分析的速度慢；②大型专家系统的维护难度非常大；③专家系统的容错能力较差；④一般的专家系统并不具备学习能力。

针对专家系统的这些缺陷，近年来许多专家学者提出了一些行之有效的解决方法。有学者提出把基于事例推理的方法与基于规则推理的方法进行有效融合，形成混合推理的专家系统，在使用中可不断地增加新事例来提高系统分析诊断复杂故障的性能。也有学者提出了 BP 神经网络和专家系统相结合的方法。这两种融合方法都是用来解决单独使用专家系统时容错性较差的缺点。针对配电网规模比较大时专家系统规则匹配方法诊断速度较慢的缺点，还有学者提出了一种将专家系统与 Petri 网相结合的方法，这种方法克服了当配电网规模较大时，专家系统规则匹配方法的诊断速度较慢和难以用精准的数学模型描述的缺陷，有效地提高了配电网故障分析的速度。

下面给出通过模糊积分知识融合方法进行单相接地故障选线的过程。

1) 模糊积分判据融合方法

信息融合技术在导航、自动目标识别、多目标跟踪、机器人等领域中有着广泛的应用。信息融合的方法有很多，其中使用最广的有 Kalman 滤波、Bayes 推理和 Dempster-Shafer(D-S)证据推理等方法，其中前两种方法都需要使用先验信息，如 Kalman 滤波方法需要预先知道滤波初值即初始方差阵，而 Bayes 方法需要先验概率。在实际情况下，这种先验信息通常难以获得，或者即使获得，也不够准确；而 D-S 证据推理法虽然不需要先验信息，但是这种方法所依据的 Dempster 合并规则要求所使用的证据必须相互独立，这就使问题复杂化，而且更为致命的问题是 Dempster 合并规则的计算复杂度随着测量维数的增加以指数形式递增，易出现计算组合爆炸问题。鉴于此，可利用基于模糊积分的信息融合方法，该方法运用模糊集合知识，通过综合考虑客观证据与人的主观评判，将主客观之间的信息进行最佳的匹配，由此获得问题的最优解。模糊积分信息融合既避免了需要给定先验信息，又因为它使用的是模糊集合间的简单的交或并的运算，从而使其计算复杂度相对于 D-S 证据推理法有了很大程度的降低。

模糊积分是建立在模糊测度上的概念，模糊测度是经典测度的自然推广，在欧氏空间中，测度是指长度、面积、体积等基本概念。

**定义 1**　设集函数 $g:\Omega\rightarrow[0,1]$，满足：

(1) $g(\varnothing)=0,g(X)=1$；

(2) 若 $A,B\subset X$ 且 $A\bigcap B=\varnothing$ 则 $g(A\bigcup B)=g(A)+g(B)+\lambda g(A)g(B)$，其中 $\lambda>-1$；

(3) 若 $\{A_i\}_{i=1}^{\infty}$ 为一递增的可测集序列，则 $\lim\limits_{i\rightarrow\infty}g(A_i)=g(\lim\limits_{i\rightarrow\infty}A_i)$；

则称 $g$ 为 $g_\lambda$ 模糊测度。

设 $X=\{x_1,x_2,\cdots,x_n\}$ 为一有限集，$g:X\rightarrow[0,1]$ 为一 $g_\lambda$ 模糊测度，则称 $g(\{x_i\})$ 为 $X$ 上的模糊密度，并记 $g_i=g(\{x_i\})$，显然 $0\leqslant g_i\leqslant1$。

由定义 1 的条件(2)可以知道，$X$ 的任何子集单调模糊测度均可由该集合的模糊密度得到，如 $g(\{x_1,x_2\})=g_1+g_2+\lambda g_1g_2$，其余类推。一般地，有

$$g(\{x_1,x_2,\cdots,x_l\})=\sum_{i=1}^{l}g_i+\lambda\sum_{i_1=1}^{l-1}\sum_{i_2=i_1+1}^{l}g_{i_1}g_{i_2}+\cdots+\lambda^{l-1}g_1g_2\cdots g_l \tag{7.34}$$

**定理 1**　设 $X=\{x_1,x_2,\cdots,x_n\}$ 为一有限集，$\{g_i\}(i=1,2,\cdots,n)$ 为其上的模糊密度，则恒存在唯一的 $\lambda\in(-1,+\infty)$，且 $\lambda\neq0$，满足方程：

$$\prod_{i=1}^{n}(1+\lambda g_i)=\lambda+1 \tag{7.35}$$

由定理 1 可知，如果要求出集合 $A\subset X$ 的 $g_\lambda$ 模糊测度，则只要知道该集合的模糊密度，然后由式(7.35)求出 $\lambda$ 的值，再根据式(7.34)便可以得到其模糊测度。

有了以上模糊测度的概念，下面给出由 Sugeno 提出的定义在模糊测度上的模糊积分的概念。

**定义 2**　设$(X, \Omega)$为可测空间，$h:X\rightarrow[0,1]$ 为一$\Omega$可测函数，则对于 $A\subseteq X$ 上的函数 $h$ 关于模糊测度 $g$ 的模糊积分定义为

$$\int_{A}h(x)g(\cdot)=\underset{E\subset X}{\text{Sup}}[\min[\min_{x\subset E}h(x),g(A\bigcap E)]]=\underset{\alpha\in[0,1]}{\text{Sup}}[\min(\alpha,g(A\bigcap F_\alpha))] \tag{7.36}$$

式中，$F_\alpha=\{x:h(x)\geqslant\alpha\}$。

通常在具体应用中，关于一个有限集 $X$ 的模糊积分的计算如下：设 $X=\{x_1,x_2,\cdots,x_n\}$ 且 $h:X\rightarrow[0,1]$ 为一函数，不妨设 $h(x_1)\geqslant h(x_2)\geqslant\cdots\geqslant h(x_n)$(否则通过重新定义使得以上不等式成立)，则 $h(x)$ 在 $X$ 上关于模糊测度的模糊积分为

$$e=\int_{X}h(x)g(\cdot)=\min_{i=1}^{n}[\min(h(x_i),g(A_i))] \tag{7.37}$$

式中，$A_i = \{x_1, x_2, \cdots, x_i\}$。

当 $g$ 为 $g_\lambda$ 模糊测度时，$g(A_i)$ 可以按下面方法递归求得

$$g(A_1) = g(\{x_1\}) \tag{7.38}$$

$$g(A_i) = g_i + g(A_{i-1}) + \lambda g_i g(A_{i-1}) \tag{7.39}$$

式中，$\lambda$ 由式(7.35)给出。

因此，关于任何一个集合的 $g_\lambda$ 模糊测度的模糊积分的计算，只需知道其模糊密度就可以了。如果把模糊密度理解成信息源对于整个决策的重要性，将 $h(x)$ 理解成由客观证据得到的决策的可信度，则由式(7.37)定义的模糊积分的概念可以理解成寻找客观证据和主观期望之间的最佳匹配。从信息融合的观点来看，通过模糊积分得到的是对目标最近似的认识。

2) 基于模糊积分判据融合的配电网单相接地故障分析

模糊积分是一种基于模糊密度的非线性决策融合方法。模糊积分能够处理不具有独立性的各因子间所具备的交互影响特性，积分过程不仅综合各因子的局部输出，还考虑各因子的重要程度。将模糊积分应用于单相接地故障诊断，考虑各传统故障诊断方法对不同配电网运行状况的适应性差异，基于多类故障表征，融合多个诊断结果，得到唯一确定的结论，能够有效提高诊断方法的适应性与可靠性，且模糊积分方法较之其他决策融合方法，避免了对先验信息的讨论，也无须作各局部诊断方法的独立性假设，同时可以更好地表达并处理系统中因经验值而引起的不确定性问题，更适用于小电流接地系统单相接地故障诊断。

将模糊积分决策融合技术应用于单相接地故障诊断的前提是得到各局部故障诊断方法 $m_i (i = 1, 2, \cdots, n)$(暂态信号小波比幅法、暂态信号小波相关分析法、稳态信号比幅法、稳态信号相对相位法)的输入量(即故障特征，包括暂态信号各频段特征与稳态信号特征)、输出量(各疑似故障馈线 $p_j (j = 1, 2, \cdots, m)$ 的故障测度 $h_{ij}(i = 1, 2, \cdots, n; j = 1, 2, \cdots, m)$)以及各局部故障诊断方法 $m_i$ 的置信度。

基于此需求，首先应用信号提取工具准确获得故障发生时刻、故障暂态各频段分量、故障稳态分量、配电网不平衡运行分量等故障特征向量。

之后，基于去除配电网不平衡运行因素影响的故障暂态信号各频段分量与稳态信号分量，依据各局部故障诊断方法 $m_i$ 的诊断原理，提出各疑似故障诊断对象 $p_j$ 的故障测度 $h_{ij}$ 的生成方法。

此外，通过故障发生所处的配电网状况与各个局部故障诊断方法的适用条件的对比，建立局部故障诊断方法 $m_i$ 的置信度定量度量方法，并将置信度转化为决策融合中的模糊密度 $g_i (i = 1, 2, \cdots, n)$。

在上述基础上，依据模糊积分决策融合思路，基于局部故障诊断方法集合 $M(M = \{m_i \ (i = 1, 2, \cdots, n)\})$ 内部的模糊密度 $g_i$ 分布，得到 $M$ 的子集单调模糊测度

$g_\lambda(\cdot)$，并将故障测度 $h_{ij}$ 在 $M$ 上关于模糊测度 $g_\lambda(\cdot)$ 进行模糊积分，以融合各局部故障诊断结果，得到唯一确定的故障诊断结论。

考虑到实际数据采集及应用情况，以下均利用稳态值进行故障诊断，经简化的模糊积分单相接地故障选线方法流程如下。

(1) 故障定位流程启动依据。当母线零序电压瞬时值大于 $K_u U_n$ (其中，$K_u$ 可取为 0.35，$U_n$ 表示母线额定电压)时，配电网发生单相接地故障。

(2) 基于判据融合的故障定位流程。

① 故障选相。

根据母线上 $ABC$ 三相的电压大小来判定，故障相电压最低，即在其他两相电压超过设定的高门限值的同时，自身电压低于设定低门限值的相即故障相。

② 故障选线。

a. 故障馈线始端的零序电流与非故障馈线始端的零序电流方向相反，前者从馈线流向母线，后者从母线流向馈线。

b. 故障馈线始端的零序电流滞后零序电压 90°，非故障馈线始端的零序电流超前零序电压 90°。

c. 故障馈线始端的零序电流从幅值来看最大，为非故障馈线始端的零序电流之和。

d. 故障馈线始端的零序功率与非故障馈线始端的零序功率方向相反，前者从馈线流向母线，后者从母线流向馈线。

e. 故障馈线始端的零序功率从幅值来看最大，为非故障馈线始端的零序功率之和。

融合上述五个判据的判定结果，得到故障馈线。判据结果的融合方法示例如下。

各判据可信度 $T_i (i = 1, 2, \cdots, 5)$ 如表 7.8 所示。

表 7.8　单相接地故障诊断判据可信度

| 判据 $i$ | 1 | 2 | 3 | 4 | 5 |
|---|---|---|---|---|---|
| 可信度 $T_i$ | 0.9 | 0.6 | 0.8 | 0.9 | 0.8 |

假设某网络有 4 条馈线，根据各判据得到的故障选线结果如表 7.9 所示。表 7.9 可转化为表 7.10。

表 7.9　单相接地故障各判据选线结果

| 判据 $i$ | $a$ | $b$ | $c$ | $d$ | $e$ |
|---|---|---|---|---|---|
| 故障馈线 | 1 | 2 | 3 | 1 | 2 |

表 7.10　　单相接地故障各判据选线结果的矩阵形式

| 判据<br>馈线<br>故障可能性 | 判据 1 | 判据 2 | 判据 3 | 判据 4 | 判据 5 |
|---|---|---|---|---|---|
| $R_{i1}$ | 1 | 0 | 0 | 1 | 0 |
| $R_{i2}$ | 0 | 1 | 0 | 0 | 1 |
| $R_{i3}$ | 0 | 0 | 1 | 0 | 0 |
| $R_{i4}$ | 0 | 0 | 0 | 0 | 0 |

表 7.10 中，$R_{ij}$ 为根据判据 $i$ 得到的馈线 $j$ 的故障可能性。简单起见，令 $R_{ij}$ 仅可取 0 或 1 两个数值，则各馈线的故障可能性为

$$P_j = \sum_{i=1}^{5}(T_i \times R_{ij}) \tag{7.40}$$

以 $P_j$ 值最大的馈线为故障馈线，如表 7.11 所示。可见，馈线 1 为故障馈线。

表 7.11　　各馈线的故障可能性

| 馈线 $j$ | 1 | 2 | 3 | 4 |
|---|---|---|---|---|
| $P_j$ | 1.8 | 1.4 | 0.8 | 0 |

(3) 基于多时间点数据的诊断结果校核。稳态数据易受谐波及配电网中性点接地方式的影响，为此，可利用故障持续过程中的所有故障信息进行连续选线，例如，故障发生后每隔 1s 重复上述选线过程，即使发生少数几次误选，仍可以保证故障线路的选中率最高。

本节所述方法依据模糊积分决策融合思路，基于单相接地故障的多种表征，结合配电网实际运行状况，充分考虑各个诊断判据的适应性差异，融合多个局部诊断结果，给出确定的故障诊断结论，有效提高了单相接地故障诊断的可靠性与适应性。

### 7.4.5　多级别配电网信息融合故障分析模型

一般来说，配电网发生故障，必然涉及系统中的多个变电站、控制中心、电气量、开关量等出现相应的报警或者故障信息，这些都是实际故障的征兆信息，配电网多重故障或其他异常现象(如开关拒动等)的发生会导致故障区域的扩大，这时故障分析信息将涉及更多的变电站。一方面，站内的故障分析系统不能从全局的角度实现故障分析，很难给出准确可信的诊断结论；另一方面，信息中心仅依靠开关量信息实现配电网故障分析，显然未能充分利用站内丰富的故障信息资源，仅能给出简单的诊断结论，还不能真正地起到辅助决策系统应发挥的作用。

为了提取出有效的故障信息，充分且精简地表现故障特征，并对不同故障分析方法得到的可能相互冲突的结论进行综合，得到确定的故障分析结论，需要利用信息融合技术。

关于信息融合的内容，可将其划分为数据融合和规则融合两个方面。数据融合是将所获得的数据序列按一定的要求进行处理，并得出所需要的新数据；规则融合是将所获得的信息序列按一定的规则进行判断、推理，并得出所需要的结论。然而，在故障分析中还有一个问题，就是如何运用大量数据，从中发现潜在而未知的新知识，并根据系统现有的运行状态来修改系统的原有知识，以便更迅速、更准确、更全面地进行故障监测、报警和分析，这就涉及数据挖掘和知识融合的问题。数据挖掘也就是数据库中的知识发现，它是一个从数据库中抽取隐含的、从前未知的、潜在的有用信息的过程。因此，对于故障分析系统，既要包括数据融合，也要包括知识融合(包括规则融合、模型融合等)，还要包括由数据到知识的融合(数据挖掘)。

基于信息融合的配电网故障分析，需要对信息融合和配电网故障分析的内容及其关系进行深入研究，并将它们有机地结合在一起。按照数据抽象的三个层次，配电网信息融合故障分析模型可以分为三个层次，即数据层融合、特征层融合和决策层融合，如图 7.5 所示。

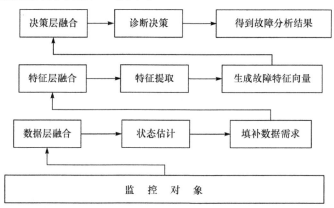

图 7.5  多级别配电网信息融合故障分析模型

**1. 数据层融合故障检测**

从传感器网络得到的信息一方面要存入数据库，另一方面要首先进行数据层的信息融合，以实现故障的监测、报警等初级诊断功能。数据层融合也称为像素层融合，它是直接在采集到的原始数据层上进行融合，即在各种传感器的原始数据未进行预处理之前进行数据的分析与综合。数据层融合保持了尽可能多的现场数据，提供了很多细微信息，主要用来进行故障检测和为特征层提供故障信息。

该融合是最低层次的融合，其融合是直接在采集到的原始数据层上进行的，包括在各种传感器的原始测报未经预处理之前就进行数据的综合和分析。数据层融合的主要优点是能保持尽可能多的现场数据，提供其他融合层所不能提供的细微信息。但也具有很明显的缺点：数据量大、处理时间长、处理代价高、实时性差，同时要求传感器系统要有较好的纠错能力和抗干扰性，在面对具有不确定性、不完全性和不稳定性的原始信息时，能较好地保存和传输这些信息。

### 2. 特征层融合故障识别

特征层融合是利用从各个传感器原始信息中提取的特征信息进行综合分析和处理的中间层次融合，它既需要数据层的融合结果，也需要有关诊断对象描述的诊断知识的融合结果。诊断知识既包括先验的各种知识，如基于规则的知识、基于动态模型的知识、基于故障树的知识、基于神经网络的知识等，也包括数据挖掘系统得到的有关对象运行(即配电网运行)的新知识，如规则、分类、序列匹配等。根据已建立的假设(已知的故障模式)，对观测量进行检验，以确定哪一个假设与观测量相匹配来进行故障识别。

由于实际的传感器系统总是不可避免地存在测量误差，分析诊断系统也不同程度地缺乏有关诊断对象的先验知识，这样当故障发生时，有时往往不能确定故障发生的个数，也无法判定观测数据是由真实故障引起的，还是由噪声、干扰等引起的。这些不确定因素破坏了观测数据与故障之间的关系，因此需要特征层信息融合进行故障识别。特征层信息融合将诊断知识的融合结果和检测量数据层的融合结果结合起来，实现了故障分析系统中的诊断功能。

特征层融合属于中间层次，它的任务是提取来自传感器的原始信息中的特征信息，再对特征信息进行综合分析与处理。同时特征层也可以直接从数据层融合后的信息中提取有用的特征信息，共同进行分析融合。特征层融合对信息可以进行可观的压缩，改善了数据层数据量大的缺点，使得快速处理、实时处理成为可能。同时，特征层融合最大限度地为决策层提供所需要的特征信息，进一步提高了后者的判断和分析能力，为决策层做出最后的、尽可能完善的融合结果提供了必要的先决条件。

### 3. 决策层融合故障分析

决策层融合是一种高层次的融合，其信息既有来自特征层的融合结果，又有对决策知识融合的结果。决策层融合为系统的控制决策提供依据。决策层信息融合前，多传感器系统中的每一个传感器的数据先在本地完成预处理、特征提取、识别或判断等处理，再针对具体决策问题的需求，采用适当的融合技术，充分利用特征层融合所得出的各种特征信息，对目标给出简明而直观的结果。决策层融合是三级融合的最终结果，其直接针对具体的决策目标，融合结果的质量将直接影响决策水平。配电网故障分析系统根据决策层信息融合的结果，针对不同故障源和故障特征，采取相应的容错控制策略，对故障进行隔离、补偿或消除。

决策层融合作为高层次融合，其结果直接针对决策目标，为控制决策提供依据，并直接影响决策水平。因此，决策层融合必须具体问题具体分析，针对具体问题，充分利用数据层的原始数据和特征层融合所提取的测量对象的各类特征信息，采用适当的融合技术来实现信息融合。决策层融合的主要优点如下：

(1) 具有较高的灵活性；

(2) 能有效地反映目标各个侧面的不同类型信息；

(3) 系统对信息传输带宽要求较低；

(4) 具有容错性，可以改善小部分传感器出现的错误信息带来的决策偏差；

(5) 通信量小，抗干扰能力强；

(6) 对传感器的依赖小，传感器可以是同质的，也可以是异质的，但是决策层融合首先要对原传感器信息进行预处理以获得各自的判定结果，而预处理代价又较高。

结合前述章节研究成果，整理配电网信息融合故障分析模型各个层次的输入输出，得到配电网信息融合故障分析详细模型，如图 7.6 所示。

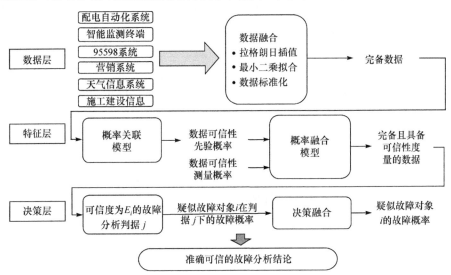

图 7.6　配电网信息融合故障分析详细模型

# 第8章　配电网风险辨识及预警方法

## 8.1　配电网风险辨识的难题

配电网风险隐患是导致故障的重要因素，30%～40%的配电网故障可预警和预防。除外力破坏、环境如上级配电网影响等偶发因素外，配电网故障基本上源于自身性能恶化、出现风险隐患。传统的风险评估以统计指标拟合故障概率模型，然后针对具体的预想故障计算特定设备、配电网存在的故障概率，并综合故障的危害及损失，作为风险指标。其本质是一种长时间尺度的宏观统计评估，并不能真实和实时反映设备、配电网本身存在的具体隐患，无法实现配电网短时间尺度上针对具体隐患的风险预防。在已有技术背景下，及时准确地识别配电网运行过程中面临的风险隐患及预防，存在以下技术难题：①实现主动防御需要挖掘配电网及其装备自身存在的隐患缺陷，而隐患缺陷具有现实性和隐蔽性，现有风险预警理论不支撑，风险隐患挖掘理论方法缺失；②城市配电网运行环境复杂、潜在风险诱因多，风险具有隐蔽性，影响因素多，风险隐患与风险事件/因素间关联复杂，特征量获取及风险隐患判别困难；③风险预防涉及的因素多，普适性的预防控制方案对具体的风险隐患预防效果差。

针对上述难题，本章在分析配电网风险隐患及演变机理的基础上，揭示考虑运行特征表征演变的配电网风险辨识机理，从风险隐患挖掘不同角度出发，构建概率统计、状态转移、风险辨识三层次风险预警框架，提出多源信息融合、在线跟踪网络特征参数异动的性能恶化和事故型风险隐患辨识方法，并在风险辨识的基础上，提出配电网风险预防控制模型和方法，为主动防御的实现奠定技术基础。

## 8.2　配电网风险定义及特征

### 8.2.1　配电网风险定义

将配电网风险定义为未来可能出现的与配电网正常运行状态或所期望的运行结果出现的差异、偏差。配电网风险由配电网风险事件引起，并受风险因素影响。通常情况下，不期望未来配电网发生的结果包括出现各类配电网故障(三相短路、两相短路、断线、单相接地)、设备故障、发生人身财产伤害事件以及配电网的可靠性、线损、功率因数、电压合格率等运行指标超出考核要求等。

### 8.2.2　配电网风险特征

在对配电网运行特性进行全面分析的基础上，配电网风险特征体现在以下几个方面：

(1) 多样性。配电网运行环境复杂，能够引起配电网风险的事件较多，引起的风险差异较大，并且不同的人群、供电区对配电网运行特征的期望不同，具有多样性，这导致对风险种类及判断标准不同，使得配电网风险具有多样性。

(2) 复杂性。引起配电网风险的事件和因素较多，单一事件、因素往往可以引起多项风险，综合下来配电网风险是多因多果、一果多因。配电网风险发生是一个混沌过程，同时决定了配电网风险的复杂性。

(3) 可预测性。配电网风险总是由一定的风险事件及风险因素引起的，而这些风险事件和风险因素具有不同程度的可观测性和可预测性，导致风险具有可预测性。

(4) 非精确性。由于风险本身是发生概率的体现，配电网风险也体现为不确定性，并且事件、风险因素具有不完全可预测性和不完全可观测性，风险结果具有非精确性。

(5) 时效性。风险总是面向未来的，在时间上不能无限延伸，因此时间周期过长的风险只是统计意义上的风险。由于风险的非精确性，时间越长，风险有效性越低。只有一定时效内的风险才有意义。

(6) 相对性。配电网风险总是相对正常状态或者预期运行状态的，而正常状态和预期运行状态具有很大的不确定性及非客观性，因此风险总是相对的。

本节提出配电网风险的运行特征偏差体现的特点，即配电网风险在运行上体现的特点：

(1) 风险发生的后果是引起停电、设备损毁或危害人身安全，造成财产损失，并且造成的后果超出正常运行的结果或超出预期。

(2) 虽然不会造成财产损失或安全事故，但是电压、电流(有功功率、无功功率、功率因数)以及线损、可靠性等运行特征超出正常区间或预期。

(3) 后果兼具(1)和(2)。

## 8.3　配电网风险隐患发生及演变机理

配电网是一个由网络、环境和人员构成的复杂系统。配电网的风险发生是由网络的不安全状态、环境的不安全条件或人的不安全行为导致的，因此风险是多种因素综合作用的结果，且各种因素之间相互具有影响非线性特性，每次风险都具有不确定性。同时，即使是相同类型的风险，从正常状态最终发展到风险状态，其演变过程也体现了对初始状态的敏感性和内在随机性，这些都表明配电网风险具有明显的混沌现象特征。

对于配电网风险积累和传播(从局部到整体发生、发展的过程)，配电网中局部风险特征对整体风险严重程度和发展趋势的影响基本过程如下：配电网正常运行时，由某些局部扰动导致局部区域故障风险水平上升，甚至会一个或几个元件因故障而退出运行，系统原来的潮流和拓扑发生变化，使得其他区域的运行故障风险水平上升，当风险值达到一定指标时，就会引发整体性的风险，甚至是事故的发生。

配电网风险发生机理有以下三个方面的特征：

(1) 配电网风险演变是一个复杂的过程，如图 8.1 所示。不同的初始状态和扰动(各类风险事件)、风险因素会导致不同的风险发生、发展过程和结果。配电网处于正常状态时，所面临的风险有无限多种可能性，其风险演变轨迹构成一个风险的混沌系统，具有不可预测性。

(2) 配电网风险发生发展具有不确定性。风险事件触发特定风险发生发展轨迹，但受风险因素的影响，其结果具有不确定性，即风险事件不能唯一确定风险，还要综合考虑多种因素确定某种风险发生的可能性。

(3) 配电网风险具有积累和传播效应。配电网运行过程中，风险事件可能会同时发生，其影响可相互叠加；风险因素可能会发生变化，这些变化可能会导致运行状态进一步偏离正常状态，从而使风险不断积累。同时，配电网是一个相互联系的整体，其运行状态会相互作用、相互影响，从而使风险可能在配电网传播。

由图 8.1 可以看出，配电网风险发生的过程，表现出混沌特征的配电网风险发展过程具有很强的内在随机性，同时受外部环境作用影响，整个发展过程可分为不可观和可观两部分。按本质和表征区分，风险发展过程本质以现在的技术水平是不可观的，甚至在风险萌发前期，由于系统的混沌特性和某些风险的可逆特性，风险的发展过程呈现往复的特点，这个过程给风险预警带来了很大的困难。但是，同时应该注意到，风险发展到一定程度后可在配电网的某些运行电气变量中表现出关联关系，因此利用风险与关键电气变量之间本质与表征的关系，即可利用可观的电气变量的变化趋势及阈值分析风险发生的可能性和严重程度，实现某种程度上的风险辨识和预警。

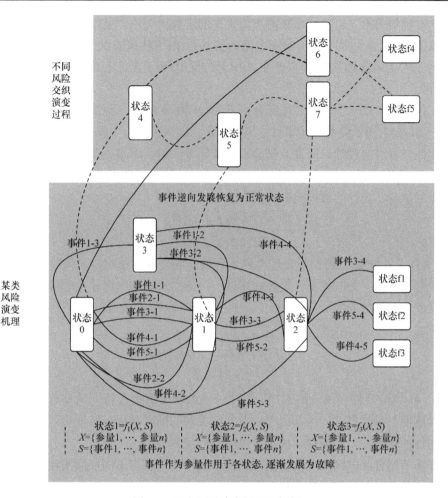

图 8.1　配电网风险发展过程解析

## 8.4　配电网风险隐患挖掘机理及理论方法

从配电网风险机理可以看出，风险主要涉及当前状态、风险事件、风险因素以及风险发生后的配电网状态，还涉及配电网从当前状态向风险状态转移过程中变化的状态变量——运行特征量，风险预警需要从这些方面着手。

本节从配电网风险、配电网运行状态、风险事件、风险因素、风险运行特征量特性及其相互作用关系出发，揭示配电网风险预警机理。

(1) 配电网风险与风险事件、风险因素存在一定的因果关系或者关联关系，从这种因果关系、关联关系出发，通过考察风险事件，可预知风险发生的可能性，再结合风险因素, 可进一步预测风险发生的可能性大小、风险影响及损失。记 $A$ 为风险事件, $B$ 为风险发生时配电网运行状态(以下称风险状态), $D$ 为风险因素, $B_1$ 为不考虑风险因素时风险事件 $A$ 引起的配电网参量变化形成的配电网状态, 则有

$$(f(A) \to B_1) \wedge g(D) \to B \tag{8.1}$$

(2) 配电网风险与风险事件、风险因素的因果关系、关联关系具有可观测性、规律性, 可以通过理论研究、试验、统计等方法建立因果关系、关联关系模型。记 $T$ 为理论分析, $\varPhi_1$ 为基于风险事件的试验、统计的数据集合, $\varPhi_2$ 为基于风险因素的试验、统计的数据集合, 则有

$$(T \vee \varPhi_1) \to f(A) \tag{8.2}$$

$$(T \vee \varPhi_2) \to g(D) \tag{8.3}$$

(3) 配电网运行特征量是配电网运行状态的表征、反映, 与风险事件、风险因素存在因果、关联关系, 是风险事件、风险因素对配电网作用的体现, 其特性及发展趋势直接或在一定程度上反映配电网风险状态。记配电网运行特征量为 $\lambda$, 则有

$$(f(A) \to B_1) \wedge g(D) \to \lambda \tag{8.4}$$

$$h(\lambda) \to B \tag{8.5}$$

(4) 风险事件、风险因素以及与之关联的配电网运行特征量具有可观测性、可预测性。风险事件、风险因素以及与之关联的配电网运行特征量可观测性、可预测性的精确性、完备性, 决定了风险的可预测性。

本节结合配电网风险预警机理, 提出从不同角度、不同层面实现配电网风险准确预警的三类预警理论方法:

(1) 基于事件与特征关联关系的风险辨识。该方法的主要思路是通过融合从多信息源系统中获取的非电气量信息和电气量信息, 在线辨识关键特征表征量, 结合预知的风险事件, 根据预先设定好的关键特征参数阈值, 实现风险辨识及预警, 如图 8.2 所示。

(2) 基于状态转移的风险预测。从风险事件及风险因素对配电网运行状态(运行特征量)的影响出发, 对配电网运行状态进行离散化处理, 建立风险事件及风险因素与运行状态(运行特征量)的因果关系、关联关系模型, 结合当前配电网运行状态及可预测的风险事件、风险因素, 预测下一步配电网运行状态, 从而确定是否存在风险。该方法对风险演变过程中历经的状态划分相应的状态空间, 获取不同状态之间的转移概率, 从而预测配电网不同运行状态间的变化趋势, 达到风险预警的目的, 如图 8.3 所示。

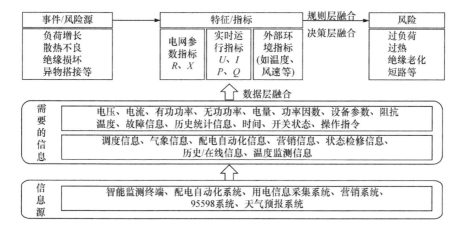

图 8.2　配电网风险辨识

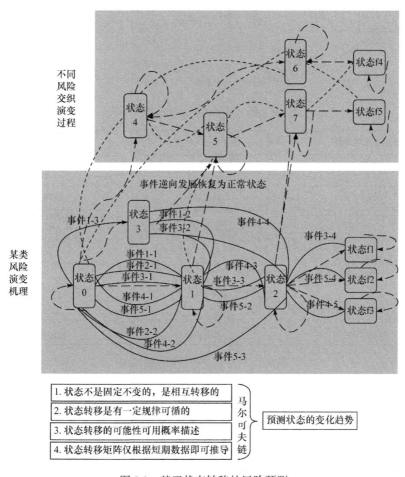

图 8.3　基于状态转移的风险预测

(3) 基于概率统计分析的风险评估。该方法针对给定的运行方式，不涉及事件与状态之间的关联关系和状态转移关系，直接从正常状态出发，通过指标计算、风险分析，采用可能性与严重度综合度量的方法，评估未来可能发生的风险及其严重程度，如图 8.4 所示。

风险辨识、状态转移、概率评估三者相协同，组成分层协同风险隐患挖掘模型，协同辨识出风险源、风险类型和风险程度，如图 8.5 所示。

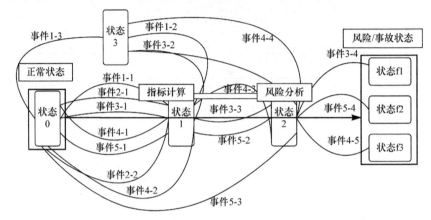

图 8.4　基于概率统计分析的风险评估

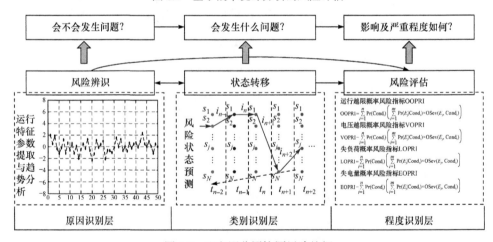

图 8.5　配电网分层协同风险挖掘

## 8.5　基于状态转移的配电网风险预警方法

基于状态转移的配电网风险预警方法可以识别当前状态并预测未来状态，用于系统或设备运行状态的识别和预测，包括确定系统状态空间、计算各个状态间的一步转移概率矩阵、根据初始状态和转移概率矩阵进行状态预测三个主要方面。

1. 确定系统状态空间

以当前状态为负荷增大为例,可以绘制出包括 11 个状态空间的风险状态转移示意图, 如图 8.6 所示。

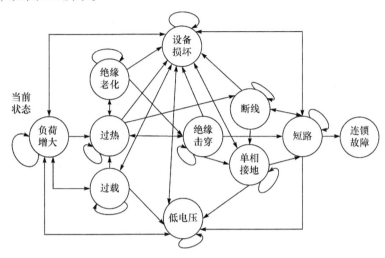

图 8.6　风险状态转移示意图

2. 计算各个状态间的一步转移概率矩阵

计算状态转移概率矩阵,就是计算从每个状态转移到其他任何一个状态的状态转移概率。状态转移概率的计算一般采用频率近似概率的思想进行计算。

设样本数据中, 有 $M_i$ 个数据落在状态 $E_i$ 中, 其中 $M_{ij}$ 个数据在其下一刻转移到状态 $E_j$ 中, 则称 $P_{ij} = M_{ij}/M_i$ 为状态 $E_i$ 经一步转移到状态 $E_j$ 的概率。

根据历史样本数据, 计算出初始的状态转移概率矩阵。

3. 根据初始状态和转移概率矩阵进行状态预测

(1) 对历史样本数据进行初始化。输入样本数据 $X$ , 输入指定簇数目 $N$ , 在 $X$ 中随机选取 $N$ 个对象作为初始簇中心。设定迭代终止条件,如最大循环次数或者簇中心收敛误差容限等。

(2) 进行迭代处理。根据相似度准则将数据对象分配到最接近的簇中心,从而形成一簇。以每一簇的平均向量作为新的簇中心,重新分配数据样本;反复执行此操作,直至满足终止条件。

(3) 根据新的样本数据,计算内聚度,得到新样本所属的风险状态簇别,结合状态转移概率矩阵进行下一时刻的风险状态预测。

上述通过马尔可夫模型对配电网风险状态及变化趋势进行预测，模型中配电网各风险状态不是固定不变的，而是相互转移的，风险状态转移具有一定规律可循，并且状态转移的可能性可以用概率来描述，状态转移矩阵仅根据短期数据即可推导。

这里给出基于隐马尔可夫模型(hidden Markov model，HMM)的配电网铁磁谐振过电压风险辨识及预警方法，下面进行详细介绍。

用 HMM 进行网络风险评估是一种比较新的方法。HMM 通过隐藏状态之间的转移以及一个观测序列和对应状态的关系建立模型来辨识当前和未来一段时间内系统可能面临的风险。

基于 HMM 的配电网铁磁谐振过电压风险预警方法，可以在一个动态的环境中对系统状态及信号特征进行观测和分析，能够在故障发生前挖掘其演化趋势的征兆，从而有效地预警铁磁谐振过电压的发生。因此，将 HMM 用于针对铁磁谐振过电压的过程分析和状态识别，是一种非常有效的建模和状态识别方法。

### 8.5.1　基于隐马尔可夫模型的铁磁谐振过电压风险预警机理

在配电网实际运行中，某一事故发生前都具有一定的可观测或可预测的先兆特征(可以是电气量的变化，也可以是天气、温度等非电气量的变化)，这些特征在时间和空间上的变化规律又反映了某一事故发生的可能性以及严重程度，只有掌握了风险特征的变化规律，才能从根本上找出风险的原因和源头，进行有效的风险预警。

铁磁谐振过电压发生前所表现出来的征兆如下：

(1) 持续过电压，包括相间过电压或相对地过电压；

(2) 持续过电流；

(3) 持续电压或电流波形失真；

(4) 中性点电压偏移；

(5) 空载状态下变压器过热；

(6) 变压器或感抗长时间高噪声；

(7) 热效应或绝缘崩溃引起电气设备损坏；

(8) 保护设备误动作。

由前述分析可知，配电网铁磁谐振过电压是一个发生、发展的过程，在故障发生前有明显的先兆性现象和特征，及时、准确地感知故障发生前的先兆性特征，是分析事故发生的原因以及事故发生发展的趋势，实时、自动地找出配电系统中的各类安全隐患，提出综合风险预警措施首先要解决的问题。

配电网铁磁谐振过电压的演化趋势大致可描述为：扰动或故障的激发造成 PT 的铁芯饱和，从而使电感值降低，在参数配合的情况下，引发铁磁谐振过电压。

铁磁谐振过电压的演化机理如图 8.7 所示。

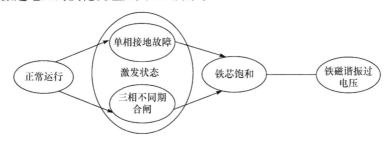

图 8.7　铁磁谐振过电压的演化机理

在中性点不接地系统中，单相接地故障是引起铁磁谐振过电压发生最常见的原因。值得一提的是，单相接地故障与基频铁磁谐振过电压一样，也是由中性点电压位移引起的，其表现都是"两相电压升高，一相电压降低"，若仅由电压幅值辨识，则有可能发生误判，不能有效地进行铁磁谐振过电压的风险辨识。所以，需要深入研究其本质，挖掘能够准确表征各状态的信号特征，从而有效地辨识配电网当前所处的状态以及预警未来一段时间内面临的风险。

### 8.5.2　铁磁谐振过电压风险预警的隐马尔可夫模型建模

对配电网铁磁谐振过电压进行 HMM 建模是本节进行风险预警最重要的内容。其中，状态转移过程(即马尔可夫链的确定)是应用 HMM 的重要内容，它包括以下两个方面：①将铁磁谐振过电压发展全过程划分成几个隐状态；②确定 HMM 的拓扑结构。

将铁磁谐振过电压过程分为三个隐状态，即正常状态、激发状态和铁磁谐振状态。而对于 HMM 的拓扑结构选择，HMM 的马尔可夫链的形状是由状态转移概率矩阵决定的。常用的 HMM 大致分为三种，即遍历型 HMM、左右型 HMM 和并行左右型 HMM。如果马尔可夫链中的状态从任一时刻出发，可以在下一时刻到达任何状态，则状态转移概率矩阵中没有零元素，这样的 HMM 称为遍历型 HMM；而若模型中发生状态转移时，都是按照清晰的左右方式进行的，则称为左右型 HMM；除了前述两种之外，还有很多可能的 HMM 类型，如一种交叉耦合的并行左右型 HMM。

显然，左右型 HMM 更能描述以连续的方式随时间而改变的信号，在 HMM 的应用中，语音信号的识别、旋转机械故障的识别和预测，都是假设为左右型 HMM。由上面的分析可知，本节所研究的配电网铁磁谐振过电压发展过程，与机械故障所示。将全过程划分为正常、激发和铁磁谐振三个隐含状态，其中 $O_k$ 为每个状态对应的观察序列，$a_{ij}(1 \leqslant i \leqslant 3, 1 \leqslant j \leqslant 3)$ 为状态转移概率。

但是，传统左右型 HMM 的本质属性是状态转移概率满足如下约束条件：

$$a_{ji} = 0, \quad j < i \tag{8.6}$$

也就是不允许当前状态在未来时刻转向之前的状态，即对于图 8.3，其状态转移矩阵 $A$ 为

$$A = \begin{bmatrix} a_{11} & a_{12} & a_{13} & 0 \\ 0 & a_{22} & a_{23} & a_{24} \\ 0 & 0 & a_{33} & a_{34} \\ 0 & 0 & 0 & a_{44} \end{bmatrix} \tag{8.7}$$

但对于配电网铁磁谐振过电压，其存在由激发状态回到正常状态的情况，所以传统左右型 HMM 的约束条件并不完全符合所研究的问题。但是由于左右型 HMM 中初始参数的设置对参数估计和模型训练并无影响，所以仍可先假设铁磁谐振过电压过程为左右型 HMM，选用电力系统暂态分析常用的 ATP-EMTP 平台，搭建 10kV 中性点不接地配电网铁磁谐振过电压模型，以单相接地作为激发条件，获取铁磁谐振发生前后全过程的运行波形，采用小波包分解变换方法，提取特征值，结合基于铁磁谐振过电压演化趋势的 HMM，进行模型训练，得出观测值与各状态的关系概率值和状态转移概率矩阵，进行当前时刻的状态辨识和未来一段时间内的风险预警。

### 8.5.3 算例分析

为了验证基于 HMM 的配电网铁磁谐振过电压风险预警的有效性和适用性，本节采用仿真数据进行验证。

根据前述研究可知，铁磁谐振类型仅与对地电容和非线性电感参数的配合有关，铁磁谐振激发与否与单相接地故障消失的时间有关，本节基于 10kV 中性点不接地配电网铁磁谐振过电压仿真模型，通过调整对地电容参数和单相接地故障发生、消失的时间，分别获取 30 组分频、基频、高频铁磁谐振过电压波形。

提取训练样本信号特征值的具体方法为：按照前述状态划分近似地将全过程分为三个阶段，不同谐振类型中的每个状态各选取 30 组数据作为各个状态的训练数据。

对于一组观测序列样本，每个状态获取 2s 的序列长度，将这段 2s 的序列划分为 10 帧，即每 0.2s 为一帧，通过滑动窗获取其信号特征值，包括特征频段能谱及中性点电压幅值，如下所示：

$$\text{trdata} = \begin{bmatrix} r_{1,1} & r_{1,2} & r_{1,3} & r_{1,4} \\ r_{2,1} & r_{2,2} & r_{2,3} & r_{2,4} \\ \vdots & \vdots & \vdots & \vdots \\ r_{10,1} & r_{10,2} & r_{10,3} & r_{10,4} \end{bmatrix} \tag{8.8}$$

矩阵中的每一个元素表示每个窗提取的信号特征值，每一行表示每帧数据的四维信号特征向量，表示一个观测值。从 HMM 的概念来说，矩阵中的每一行都是一个观测值向量，而矩阵则是式(8.4)描述的观测值样本 $O(k)$；然后，由 $K=30$ 组样本建立完整的样本集 $O=[O(1),O(2),\cdots,O(K)]$。针对不同的谐振类型，得到各自的样本集。以高频谐振为例，本节得到的样本集如图 8.8 所示。

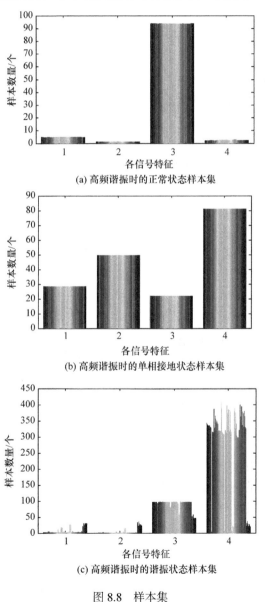

(a) 高频谐振时的正常状态样本集

(b) 高频谐振时的单相接地状态样本集

(c) 高频谐振时的谐振状态样本集

图 8.8　样本集

对经过特征提取的数据，进行矢量量化训练，取得量化索引值作为最终输入待定 HMM 的训练数据。

基于上述训练数据，进行各个状态 HMM 的训练，其训练过程如下。

## 1. 初始模型参数

### 1) 初始概率分布矢量

采用 3 状态左右型 HMM 对模型进行初始化，则初始概率分布矢量为

$$\pi = [1,0,0] \tag{8.9}$$

### 2) 初始状态转移概率矩阵

采用左右型 HMM 模型对状态转移概率矩阵进行初始化，则初始状态转移概率矩阵为

$$\text{hmm.trains} = \begin{bmatrix} 0.5 & 0.5 & 0 \\ 0 & 0.5 & 0.5 \\ 0 & 0 & 1 \end{bmatrix} \tag{8.10}$$

### 3) 初始观测概率矩阵

初始观测概率矩阵按照均匀选取的方法确定，即假定 16 个码字以等概率的形式出现。然后，为了消除由于初始条件选取不当的影响，应用图 8.8 的方法进行训练。

## 2. 训练结果

本节中，程序采用 MATLAB 开发实现。程序中设置的最大迭代步数为 10 步，收敛误差为 $10^{-4}$。HMM 训练过程中，随着迭代步数的逐渐增加，极大对数似然概率的估计值也不断增大，由于铁磁谐振过电压信号特征十分明显，约在 5 步后收敛，充分展现了 HMM 良好的学习能力。

## 3. 状态识别结果

三种谐振类型的三个状态的 HMM 训练完成后，则获取了 HMM 状态识别的模型库。对于当前的特征向量序列，根据 viterbi 算法计算出该特征向量序列在各状态 HMM 中的极大对数似然概率，找出输出概率最大的作为当前状态。本节分别采用 10 组数据形成的观测样本对状态分类器进行检验，测试结果如表 8.2～表 8.10 所示。

(1) 若预判断谐振类型为分频谐振，则结果如表 8.1～表 8.3 所示。

(2) 若预判断谐振类型为基频谐振，则结果如表 8.4～表 8.6 所示。

(3) 若预判断谐振类型为高频谐振，则结果如表 8.7～表 8.9 所示。

**表 8.1　正常状态在三种 HMM 模型下的输出对数似然概率及辨识结果(分频谐振)**

| 运行编号 | 正常状态 | 单相接地 | 铁磁谐振 | 辨识结果 |
|---|---|---|---|---|
| 1 | −10.8639 | — | | 正常状态 |
| 2 | −6.9827 | — | — | 正常状态 |
| 3 | −6.9435 | — | — | 正常状态 |
| 4 | −8.2433 | — | — | 正常状态 |
| 5 | −10.5530 | — | — | 正常状态 |
| 6 | −10.8639 | — | — | 正常状态 |
| 7 | −13.5540 | — | — | 正常状态 |
| 8 | −8.2433 | — | — | 正常状态 |
| 9 | −13.5540 | — | — | 正常状态 |
| 10 | −6.9827 | — | — | 正常状态 |

**表 8.2　单相接地状态在三种 HMM 模型下的输出对数似然概率及辨识结果(分频谐振)**

| 运行编号 | 正常状态 | 单相接地 | 铁磁谐振 | 辨识结果 |
|---|---|---|---|---|
| 1 | — | $-1.1102\times10^{-16}$ | — | 单相接地状态 |
| 2 | — | $-1.1102\times10^{-16}$ | — | 单相接地状态 |
| 3 | — | $-1.1102\times10^{-16}$ | — | 单相接地状态 |
| 4 | — | $-1.1102\times10^{-16}$ | — | 单相接地状态 |
| 5 | — | $-1.1102\times10^{-16}$ | — | 单相接地状态 |
| 6 | — | $-1.1102\times10^{-16}$ | — | 单相接地状态 |
| 7 | — | $-1.1102\times10^{-16}$ | — | 单相接地状态 |
| 8 | — | $-1.1102\times10^{-16}$ | — | 单相接地状态 |
| 9 | — | $-1.1102\times10^{-16}$ | — | 单相接地状态 |
| 10 | — | $-1.1102\times10^{-16}$ | — | 单相接地状态 |

**表 8.3　分频谐振状态在三种 HMM 模型下的输出对数似然概率及辨识结果(分频谐振)**

| 运行编号 | 正常状态 | 单相接地 | 铁磁谐振 | 辨识结果 |
|---|---|---|---|---|
| 1 | — | — | −12.7722 | 分频谐振状态 |
| 2 | — | — | −15.2510 | 分频谐振状态 |
| 3 | — | — | −11.5085 | 分频谐振状态 |
| 4 | — | — | −11.0619 | 分频谐振状态 |

| 运行编号 | 正常状态 | 单相接地 | 铁磁谐振 | 辨识结果 |
|---|---|---|---|---|
| 5 | — | — | −11.1682 | 分频谐振状态 |
| 6 | — | — | −11.2150 | 分频谐振状态 |
| 7 | — | — | −17.5828 | 分频谐振状态 |
| 8 | — | — | −12.7722 | 分频谐振状态 |
| 9 | — | — | −11.5085 | 分频谐振状态 |
| 10 | — | — | −11.8487 | 分频谐振状态 |

**表 8.4　正常状态在三种 HMM 模型下的输出对数似然概率及辨识结果(基频谐振)**

| 运行编号 | 正常状态 | 单相接地 | 铁磁谐振 | 辨识结果 |
|---|---|---|---|---|
| 1 | −12.0928 | — | — | 正常状态 |
| 2 | −10.2572 | — | — | 正常状态 |
| 3 | −15.1072 | — | — | 正常状态 |
| 4 | −15.2469 | — | — | 正常状态 |
| 5 | −11.5022 | — | — | 正常状态 |
| 6 | −10.2572 | — | — | 正常状态 |
| 7 | −15.1072 | — | — | 正常状态 |
| 8 | −14.7657 | — | — | 正常状态 |
| 9 | −14.7657 | — | — | 正常状态 |
| 10 | −10.2572 | — | — | 正常状态 |

**表 8.5　单相接地状态在三种 HMM 模型下的输出对数似然概率及辨识结果(基频谐振)**

| 运行编号 | 正常状态 | 单相接地 | 铁磁谐振 | 辨识结果 |
|---|---|---|---|---|
| 1 | — | $-1.1102 \times 10^{-16}$ | — | 单相接地状态 |
| 2 | — | $-1.1102 \times 10^{-16}$ | — | 单相接地状态 |
| 3 | — | $-1.1102 \times 10^{-16}$ | — | 单相接地状态 |
| 4 | — | $-1.1102 \times 10^{-16}$ | — | 单相接地状态 |
| 5 | — | $-1.1102 \times 10^{-16}$ | — | 单相接地状态 |
| 6 | — | $-1.1102 \times 10^{-16}$ | — | 单相接地状态 |
| 7 | — | $-1.1102 \times 10^{-16}$ | — | 单相接地状态 |
| 8 | — | $-1.1102 \times 10^{-16}$ | — | 单相接地状态 |
| 9 | — | $-1.1102 \times 10^{-16}$ | — | 单相接地状态 |
| 10 | — | $-1.1102 \times 10^{-16}$ | — | 单相接地状态 |

**表 8.6　基频谐振状态在三种 HMM 模型下的输出对数似然概率及辨识结果(基频谐振)**

| 运行编号 | 正常状态 | 单相接地 | 铁磁谐振 | 辨识结果 |
|---|---|---|---|---|
| 1 | — | — | −12.7267 | 基频谐振状态 |
| 2 | — | — | −16.0391 | 基频谐振状态 |
| 3 | — | — | −9.75898 | 基频谐振状态 |
| 4 | — | — | −16.0391 | 基频谐振状态 |
| 5 | — | — | −13.7508 | 基频谐振状态 |
| 6 | — | — | −9.7590 | 基频谐振状态 |
| 7 | — | — | −9.7590 | 基频谐振状态 |
| 8 | — | — | −13.6312 | 基频谐振状态 |
| 9 | — | — | −11.1937 | 基频谐振状态 |
| 10 | — | — | −8.9295 | 基频谐振状态 |

**表 8.7　正常状态在三种 HMM 模型下的输出对数似然概率及辨识结果(高频谐振)**

| 运行编号 | 正常状态 | 单相接地 | 铁磁谐振 | 辨识结果 |
|---|---|---|---|---|
| 1 | −4.6901 | — | — | 正常状态 |
| 2 | −3.0163 | — | — | 正常状态 |
| 3 | −3.0163 | — | — | 正常状态 |
| 4 | −3.0162 | — | — | 正常状态 |
| 5 | −4.6901 | — | — | 正常状态 |
| 6 | −4.6901 | — | — | 正常状态 |
| 7 | −4.6900 | — | — | 正常状态 |
| 8 | −4.6900 | — | — | 正常状态 |
| 9 | −3.0163 | — | — | 正常状态 |
| 10 | −4.6901 | — | — | 正常状态 |

**表 8.8　单相接地状态在三种 HMM 模型下的输出对数似然概率及辨识结果(高频谐振)**

| 运行编号 | 正常状态 | 单相接地 | 铁磁谐振 | 辨识结果 |
|---|---|---|---|---|
| 1 | — | $-1.1102 \times 10^{-16}$ | — | 单相接地状态 |
| 2 | — | $-1.1102 \times 10^{-16}$ | — | 单相接地状态 |
| 3 | — | $-1.1102 \times 10^{-16}$ | — | 单相接地状态 |
| 4 | — | $-1.1102 \times 10^{-16}$ | — | 单相接地状态 |
| 5 | — | $-1.1102 \times 10^{-16}$ | — | 单相接地状态 |

| 运行编号 | 正常状态 | 单相接地 | 铁磁谐振 | 辨识结果 |
|---|---|---|---|---|
| 6 | — | $-1.1102\times10^{-16}$ | — | 单相接地状态 |
| 7 | — | $-1.1102\times10^{-16}$ | — | 单相接地状态 |
| 8 | — | $-1.1102\times10^{-16}$ | — | 单相接地状态 |
| 9 | — | $-1.1102\times10^{-16}$ | — | 单相接地状态 |
| 10 | — | $-1.1102\times10^{-16}$ | — | 单相接地状态 |

**表 8.9** 高频谐振状态在三种 HMM 模型下的输出对数似然概率及辨识结果(高频谐振)

| 运行编号 | 正常状态 | 单相接地 | 铁磁谐振 | 辨识结果 |
|---|---|---|---|---|
| 1 | — | — | $-16.1305$ | 高频谐振状态 |
| 2 | — | — | $-27.2419$ | 高频谐振状态 |
| 3 | — | — | $-18.7605$ | 高频谐振状态 |
| 4 | — | — | $-20.0958$ | 高频谐振状态 |
| 5 | — | — | $-23.4347$ | 高频谐振状态 |
| 6 | — | — | $-24.4487$ | 高频谐振状态 |
| 7 | — | — | $-12.7992$ | 高频谐振状态 |
| 8 | — | — | $-19.2253$ | 高频谐振状态 |
| 9 | — | — | $-16.3548$ | 高频谐振状态 |
| 10 | — | — | $-110.3750$ | 高频谐振状态 |

由前面的表可以看出，各状态辨识结果优良，可见 HMM 对配电网铁磁谐振过电压风险状态辨识方面性能的优良。试验结果表明：运用 HMM 进行配电网铁磁谐振过电压具有算法稳定、训练速度快、辨识精度高等优点。

训练三个不同谐振类型全过程 HMM，设置每一帧信号提取长度 $\Delta T=0.2\text{s}$。对于全过程观测序列，取 30 组观测数据。全过程 HMM 训练观察样本建立如下：

(1) 分别对 30 组观测数据通过滑动窗提取四维的信号特征值，得到全过程的观测值向量序列。每个样本中每个状态有 10 个观测值向量，则全过程有 30 个全过程向量。

(2) 同理，每个观测值序列可以表示为

$$\text{trdata} = \begin{bmatrix} r_{1,1} & r_{1,2} & r_{1,3} & r_{1,4} \\ r_{2,1} & r_{2,2} & r_{2,3} & r_{2,4} \\ \vdots & \vdots & \vdots & \vdots \\ r_{30,1} & r_{30,2} & r_{30,3} & r_{30,4} \end{bmatrix} \tag{8.11}$$

与式(8.8)类似，矩阵中每一行就是一个观测值向量，整个矩阵就是一个观测值向量序列 $O(k)$，总样本数 $K=30$ 的全过程观测样本集 $O$ 如图 8.9 所示。

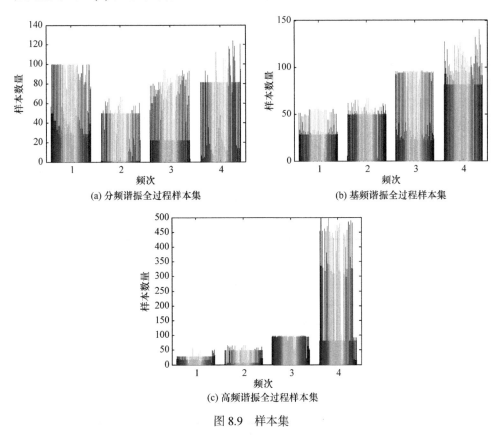

(a) 分频谐振全过程样本集

(b) 基频谐振全过程样本集

(c) 高频谐振全过程样本集

图 8.9  样本集

对总样本集进行矢量量化训练，取得的量化索引值作为最终输入待定 HMM 的训练数据。

4. 训练结果

经训练后，得到状态转移矩阵为

$$A_{分频} = \begin{bmatrix} 0.9686 & 0.0314 & 0 \\ 2.332\times10^{-24} & 0.9642 & 0.0322 \\ 0 & 0 & 1 \end{bmatrix} \tag{8.12}$$

$$A_{基频} = \begin{bmatrix} 0.9691 & 0.0309 & 0 \\ 0 & 1.3430\times10^{-5} & 1 \\ 0 & 0 & 1 \end{bmatrix} \tag{8.13}$$

$$A_{高频} = \begin{bmatrix} 0.9709 & 0.0291 & 0 \\ 0.0036 & 0.9642 & 0.0322 \\ 0 & 0 & 1 \end{bmatrix} \tag{8.14}$$

矩阵 $A$ 中的元素 $a_{i,j}$ 表示在一个 $\Delta T = 0.2s$ 内，系统由状态 $i$ 转移到 $j$ 的概率。基于此矩阵，可以在当前信号状态辨识后，进行风险预警。

取 2 组分频谐振的波形进行验证。取其 7～8s 的波形进行预警。首先经过预判断，得出可能面临的谐振类型为分频谐振，且经过状态辨识得此时状态为单相接地状态，则有

$$\pi_t = (0, 1, 0) \tag{8.15}$$

$$\pi_{t+k} = \pi_t A^k \tag{8.16}$$

计算全过程中的状态分布概率如表 8.10 所示。

**表 8.10　状态分布概率**

| 时间间隔/s | $p_{norm}$ | $p_{sc}$ | $p_{syn}$ |
|---|---|---|---|
| 0.2 | 0 | 0.9642 | 0.0322 |
| 0.4 | 0 | 0.9305 | 0.0695 |
| 1 | 0 | 0.8351 | 0.1649 |
| 2 | 0 | 0.0974 | 0.3062 |
| 3 | 0 | 0.5824 | 0.4176 |
| 4 | 0 | 0.4864 | 0.5136 |
| 5 | 0 | 0.4062 | 0.5938 |
| 6 | 0 | 0.2833 | 0.7167 |

注：$p_{norm}$ 为正常状态概率；$p_{sc}$ 为单相接地短路故障状态概率；$p_{syn}$ 为谐振状态概率。

从表 8.10 得出，在 3s 处，谐振概率达到 0.4176，其概率已经比较大，在 4s 处，其分频谐振的概率达到 0.5136，属于三个状态中最大的概率值，则认为系统在当前状态的 3～4s 后可能发生分频谐振。

利用 2 组全过程波形进行验证，分别在 11.98s 和 12.05s 处发生分频谐振，预警效果良好。

## 8.6　基于概率统计的配电网风险预警方法

配电网概率风险评估方法从宏观层面，采用可能性与严重度综合度量的概率性风险评估的方法计算配电网某一给定运行方式的风险水平、薄弱环节，能反映

系统总体风险水平。下面针对配电网故障概率风险评估及预警方法进行介绍。

### 8.6.1 配电网故障停电概率风险评估及预警方法

配电网系统中元件较大、结构较复杂，而且网络覆盖面较广，用传统的故障模式与故障后果分析法，虽然计算准确度较高，但是遇到复杂的配电网计算量会非常大，给风险评估带来困难。本节提出基于馈线分区的配电网运行风险评估方法，以开关装置为边界将配电网划分为若干区域，分别以各区域为单位进行故障分析和风险评估。该方法以元件为单位的故障分析速度大大加快，对于复杂的配电网特别适用。

基于馈线分区的配电网网络运行风险评估包含以下内容：

(1) 确定配电网各元件在评估时间段内的故障率；

(2) 对配电网进行馈线分区；

(3) 计算配电网馈线分区故障停电概率；

(4) 计算配电网各负荷点故障停电概率；

(5) 计算用户停电损失；

(6) 统计故障停电持续时间；

(7) 计算各负荷点及系统的故障停电风险指标。

#### 1. 配电线路故障率模型

在本节中，由于缺乏详细的不同等级、不同气象因素条件下配电网设备发生故障次数的统计资料，采用传统常规基于气候状态的配电线路故障率模型进行网络运行风险评估。

电气和电子工程师协会(IEEE)将天气分为正常、恶劣、灾难三种情况，许多研究结果也证明恶劣天气对元件具有较大影响，该条件下元件的故障率要远远大于正常天气的故障率，由此可以说明考虑恶劣天气影响的元件故障率对整个配电网系统故障停电风险评估具有重要的影响。将天气状况划分为正常和恶劣两种，若都服从指数分布，则设 $\lambda$ 表示正常天气元件故障率期望值，$\lambda'$ 代表恶劣天气时元件故障率期望值，$n_i$ 为正常天气持续时间，$s_i$ 为恶劣天气持续时间，由图可以发现两种天气状态的变化是随机的，如果将正常天气和恶劣天气的期望持续时间表示为

$$N = \sum_i n_i / T \tag{8.17}$$

$$S = \sum_i s_i / T \tag{8.18}$$

那么在正常和恶劣两种状态的天气条件下，元件故障率的平均值可以表示为

$$\bar{\lambda} = \frac{N}{N+S}\lambda + \frac{S}{N+S}\lambda' \tag{8.19}$$

如果能够获取恶劣天气在统计周期内的百分比 $F$，那么可以根据式(8.19)分别得到正常天气和恶劣天气情况下的元件故障率：

$$\lambda = \bar{\lambda}\frac{N+S}{N}(1-F) \tag{8.20}$$

$$\lambda' = \bar{\lambda}\frac{N+S}{S}F \tag{8.21}$$

**2. 配电网馈线分区过程**

配电系统中的元件主要分为开关元件和非开关元件。开关元件主要包括断路器、重合器、熔断器及隔离开关等；非开关元件主要包括配电线路、变压器等。

对配电网进行馈线分区的步骤如下：

(1) 对开关进行分类。配电网中的开关一般分为自动开关类、手动开关类和联络开关类，其中，自动开关按功能又可以细分为作用于瞬时开断故障的自动开关和作用于隔离故障的自动开关。

(2) 一级分区。以瞬时开断自动开关和联络开关为边界，将配电网划分为一个一级分区。

(3) 二级分区。以隔离自动开关为边界将一级分区分为若干个二级分区。

(4) 三级分区。以手动隔离开关为边界将二级分区划分为若干个三级分区。

**3. 配电网馈线分区故障停电概率**

利用前面给出的设备停电概率模型，结合配电网馈线分区理论，计算每个分块区域的故障率和每个负荷点的停电概率。配电网馈线接线图多为串联网络，根据网络法串联网络内元件的关系，馈线分区后的配电网结构中的每一个分块中的元件如果没有通过各种开关相连，则该分块中的任一元件故障都会导致整个分块网络故障，因此配电网中第 $j$ 个分块的故障率计算公式可以表示为

$$\lambda_k = \sum_{i=1,j=1}^{m}(\lambda_{ti}+\lambda_{lj}), \quad k=1,2,\cdots,n \tag{8.22}$$

式中，$\lambda_{ti}$ 代表分块中第 $i$ 个变压器的故障率，$\lambda_{lj}$ 代表第 $j$ 条线路的故障率，$m$ 为第 $k$ 个分块中元件的总数。

**4. 配电网负荷点故障停电概率估算**

故障遍历法、网络等值法以及最小路径法可用于计算复杂配电网的故障停电

概率。这些方法都是首先将复杂的配电网简化成简单的辐射状配电网系统，然后用传统的方法进行计算评估，大大减少了工作量，提高了工作效率。其中，故障遍历法通常是首先确定系统故障的范围，通过枚举可能的设备故障来确定对负荷点的影响，条理清晰，而经过分块后元件个数变少，枚举次数和计算过程都变简单。首先对配电网进行分块，然后运用基于故障区域的分析算法结合故障遍历法来计算每个负荷点的故障率。为了计算简便，"1"表示元件或系统为故障状态，"0"表示元件或系统为正常运行，应用成功概率法计算各个负荷点的故障停电概率为

$$P(\mathrm{LP}_i = 1) = 1 - \left( \prod_j Z_j = 0 \right) \left( \prod_k b_k = 0 \right) \left( \prod_m r_m = 0 \right) \left( \prod_q s_q = 0 \right) \quad (8.23)$$

式中，$P(\mathrm{LP}_i = 1)$ 表示第 $i$ 个负荷点的停电概率，$Z_j = 0$ 表示第 $j$ 个分块的故障率，$b_k = 0$ 表示第 $k$ 个断路器的故障率，$r_m = 0$ 表示第 $m$ 个熔断器的故障率，$s_q = 0$ 表示第 $q$ 个隔离开关的故障率。通过以上公式可以计算出所有负荷点的故障停电概率，由此可以计算出系统的故障停电概率，计算公式为

$$P(\lambda_{\mathrm{sys}} = 1) = 1 - \left( \prod_j \lambda_{\mathrm{LP}} = 0 \right) \quad (8.24)$$

**5. 用户停电损失模型**

求解停电损失的方法一般有直接停电事故统计法、间接停电事故统计法和用户调查问卷法三类，但为了简化求解过程和提高估算效率，都需要建立停电损失模型。将用户停电损失模型的建立分为四部分，分别是用户分类、分类用户停电损失函数、分块综合用户停电损失函数、配电网综合停电损失函数，计算步骤如下：

(1) 用户分类。我国按用户性质一般将城市配电网电力用户分为居民用户、政府机关用户、商业用户及工业用户四大类。

(2) 分类用户停电损失函数。通常采用调查问卷的方式统计各个用户在停电期间的经济损失，进行分类、汇总、平均即可求得各类用户的停电损失函数 $f_{\mathrm{SCDF}}(t)$，反映各类用户停电损失和停电持续时间的关系，公式为

$$f_{\mathrm{SCDF}_j}(t) = \frac{\sum_{i=1}^{n} f_{\mathrm{CDF}_j}}{n_j}, \quad j = 1, 2, \cdots, m \quad (8.25)$$

式中，$j$ 为第 $j$ 类用户；$m$ 为用户分类数；$i$ 为第 $j$ 类用户中第 $i$ 个客户；$n_j$ 为第 $j$ 类用户的总数。

(3) 分块综合用户停电损失函数。分块综合用户停电损失函数 $f_{CCDF}(t)$，由各类用户停电损失结合各类用户，在一定时间内的用电量比例和负荷率求得，反映综合用户停电损失和停电时间的关系，公式为

$$f_{CCDF}(t) = \sum_{j=1}^{m} f_{SCDF_j}(t) c_j \tag{8.26}$$

式中，$c_j$ 为第 $j$ 类用户的用电量比例。

(4) 配电网综合停电损失函数。计算出分块综合用户停电损失函数和停电持续时间，再结合停电期间的缺供电量，即可计算出某一次故障停电事件中各个分区的用户停电损失，进而计算出配电网系统用户的故障停电损失，计算公式为

$$f_{OC} = \sum_{k=1}^{l} (f_{CCDF_j} t_k p_k) \tag{8.27}$$

式中，$f_{CCDF_j}$ 为综合停电损失函数；$t_k$ 为第 $k$ 个分区的停电持续时间；$p_k$ 为第 $k$ 个分区的损失负荷；$l$ 为分区总数。

**6. 故障停电持续时间**

考虑各类开关对馈线的影响，在具有后备馈线的情况下，根据故障时间的不同，将节点分为四类：

(1) 故障后通过开关正确动作不受影响的节点(A 类)；

(2) 故障后通过隔离开关与故障区隔离的节点(B 类)；

(3) 故障后可以通过开关切换到备用电源的节点(C 类)；

(4) 故障后处于故障区的节点(D 类)。

由此可以确定四类节点的停电持续时间，如表 8.11 所示。

**表 8.11　停电持续时间**

| 节点类别 | 停电持续时间 |
| --- | --- |
| A | 没有停电 |
| B | 隔离操作时间 |
| C | 隔离操作时间+切换操作时间 |
| D | 故障元件修复时间 |

**7. 算例分析**

配电网是一个复杂的系统，包含的元件数量、种类较多，而且影响配电网故障停电的因素也很多，且大多具有不确定性，故障事件发生的随机性很大，因

此需要对配电网故障停电风险评估设定假设条件，采用的基本假设条件如下：

(1) 评估元件都是可修复的，元件停运为强迫条件下的独立停运。

(2) 只考虑由内部故障引起的配电网故障停电风险。

(3) 所有同类用户的电压等级是相同的。

(4) 开关元件能够正常可靠操作。

(5) 采用城市配电网的 $N{-}1$ 准则为评估依据，即系统中某一元件或分块发生故障后，可以通过操作相关开关对非故障区域恢复供电。

配电网络运行风险的评估流程如图 8.10 所示，首先确定待评估的配电网对象；其次收集所评估配电网的基础数据、所在区域的气象预报数据，确定各元件在不同运行工况下的实时故障率；再次对配电网进行分块，建立配电网故障停电概率模型，对负荷点停电概率进行估算，建立配电网故障停电损失模型，对故障带来的后果损失进行估算；最后结合故障停电概率和故障停电损失对所评估配电网进行风险评估。

选择 IEEE-RBTS 母线 2 配电系统中馈线 $F_1$、$F_2$ 组成的子系统为研究对象，如图 8.11 所示。该配电网包括 9 个负荷点，657 个用户，2 个断路器、4 个隔离开关、9 个熔断器、1 个联络开关及 7 个变压器。系统图中共 15 条分支线路，线路具体数据可见表 8.12，断路器和熔断器可靠动作的概率都为 100%，馈线 $F_1$ 和 $F_2$ 的总平均负荷分别为 3.645MW 和 2.150MW，峰值负荷分别为 5.934MW 和 3.5MW。

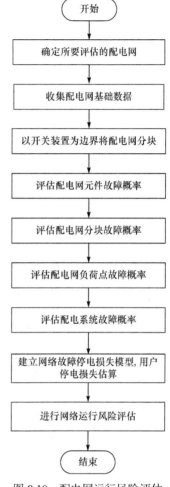

图 8.10　配电网运行风险评估流程

#### 表 8.12　线路数据

| 馈线类型 | 长度/km | 线段标号 |
| --- | --- | --- |
| 1 | 0.6 | 2、6、10、14 |
| 2 | 0.75 | 1、4、7、9、12 |
| 3 | 0.8 | 3、5、8、11、13、15 |

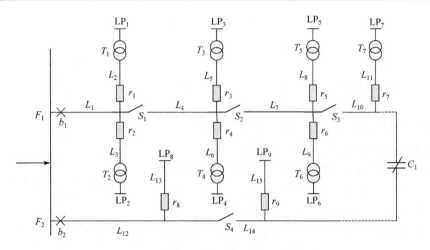

图 8.11　IEEE-RBTS 母线 2 配电网接线图

1) 元件故障率

据统计，线路和变压器的故障率对配电网系统的稳定运行具有较大影响，尤其是线路长期暴露在外，受外部环境的破坏影响较大，发生故障率的可能性较高，假设所有开关元件都正常工作，主要计算变压器和线路的故障率对系统的影响。城市配电网变压器多具有保护装置，受天气的影响不大，据统计数据，设变压器的故障率为 0.015 次/年，而线路受天气的影响较大，尤其是受雷电、覆冰、台风等恶劣天气下线路的故障率会骤然升高，因此在计算线路的故障率时需要考虑两状态天气条件下的故障率，假设系统中线路元件的可靠性参数基本相同，正常天气的期望持续时间为 200h，恶劣天气的期望持续时间为 2h，正常天气线路的故障率为 0.0139 次/(年·km)，恶劣天气线路的故障率为 5.86 次/(年·km)，结合表 8.12 线路的基础数据，利用公式 $\lambda_{li} = \left( \dfrac{N}{N+S} \lambda_l' + \dfrac{S}{N+S} \lambda_l'' \right) l_i$ (这个公式在设备模型中建立)就可以计算出所有线路元件的故障率，计算结果如表 8.13 所示。

表 8.13　线路故障率

| 线路 | $L_1$ | $L_2$ | $L_3$ | $L_4$ | $L_5$ | $L_6$ | $L_7$ | $L_8$ |
|---|---|---|---|---|---|---|---|---|
| 故障率 | 0.054 | 0.043 | 0.058 | 0.054 | 0.058 | 0.043 | 0.054 | 0.058 |
| 线路 | $L_9$ | $L_{10}$ | $L_{11}$ | $L_{12}$ | $L_{13}$ | $L_{14}$ | $L_{15}$ | |
| 故障率 | 0.054 | 0.043 | 0.058 | 0.054 | 0.058 | 0.043 | 0.058 | |

2) 分块故障率

首先依据断路器、隔离开关、熔断器和切换开关为界，将算例配电网接线图分成 15 个分块，如图 8.12 所示。块 1 包括线路 $L_1$，块 2 包括线路 $L_2$、变压器 $T_1$

及负荷点 $LP_1$，块 3 包括线路 $L_3$、变压器 $T_2$ 及负荷点 $LP_2$，块 4 主要是线路 $L_4$ 的区域，块 5 包括线路 $L_5$、变压器 $T_3$ 及负荷点 $LP_3$，块 6 包括线路 $L_6$、变压器 $T_4$ 及负荷点 $LP_4$，块 7 是线路 $L_7$ 经过的区域，块 8 主要包括线路 $L_8$、变压器 $T_5$ 及负荷点 $LP_5$，块 9 包括线路 $L_9$、变压器 $T_6$ 及负荷点 $LP_6$，块 10 是线路 $L_{10}$ 的区域，块 11 主要包括线路 $L_{11}$、变压器 $T_7$ 及负荷点 $LP_7$，块 12 为线路 $L_{12}$ 的区域，块 13 主要包括线路 $L_{13}$ 和负荷点 $LP_8$，块 14 主要包括线路 $L_{14}$，块 15 由线路 $L_{15}$ 和负荷点 $LP_{15}$ 组成。

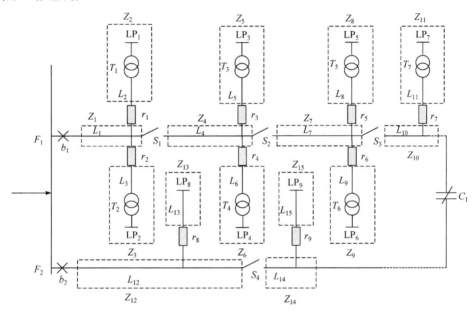

图 8.12 算例配电网分块结构

图 8.12 中每个分块都是由若干个元件组成的，每个分块都可以看成一个独立的元件组，元件组内的任何一个元件故障都会导致整个分块的故障及负荷点的停电，即元件组的停运概率为元件组内每个元件故障概率相加，使用串联公式，即可计算出各个分块的故障率 $\lambda_k = \sum_{i=1,j=1}^{m} (\lambda_{ti} + \lambda_{lj}), k = 1, 2, \cdots, n$，结果见表 8.14。

表 8.14 分块故障率

| 分块 | 块 1 | 块 2 | 块 3 | 块 4 | 块 5 | 块 6 | 块 7 | 块 8 |
|---|---|---|---|---|---|---|---|---|
| 故障率 | 0.054 | 0.058 | 0.073 | 0.054 | 0.073 | 0.058 | 0.054 | 0.073 |
| 分块 | 块 9 | 块 10 | 块 11 | 块 12 | 块 13 | 块 14 | 块 15 | |
| 故障率 | 0.069 | 0.043 | 0.073 | 0.054 | 0.058 | 0.043 | 0.058 | |

3) 负荷点故障率

由于影响某一负荷点故障的因素不仅包括该负荷点所在块内元件的故障，还受其他块故障率和系统内各类开关元件故障率的影响，负荷点故障与其他块和开关故障之间是"或"的关系，运用故障遍历技术——列举出所有影响该负荷点的因素，正向计算虽然也可以得出结果，但为了简便计算，引入成功概率法的概念，用反向算法计算负荷点的停电概率。由此可以列举出所有负荷点故障概率的计算公式如下：

$$
\begin{aligned}
P(\text{LP}_1 = 1) = 1 - &P(Z_1 = 0)P(Z_2 = 0)P(Z_4 = 0)P(Z_7 = 0)P(Z_{10} = 0)P(b_1 = 0)P(r_1 = 0) \\
&\cdot P(r_2 = 0)P(r_3 = 0)P(r_4 = 0)P(r_5 = 0)P(r_6 = 0)P(r_7 = 0)P(S_1 = 0) \\
&\cdot P(S_2 = 0)P(S_3 = 0)
\end{aligned}
$$

$$(8.28)$$

$$
\begin{aligned}
P(\text{LP}_2 = 1) = 1 - &P(Z_1 = 0)P(Z_3 = 0)P(Z_4 = 0)P(Z_7 = 0)P(Z_{10} = 0)P(b_1 = 0)P(r_1 = 0) \\
&\cdot P(r_2 = 0)P(r_3 = 0)P(r_4 = 0)P(r_5 = 0)P(r_6 = 0)P(r_7 = 0)P(S_1 = 0) \\
&\cdot P(S_2 = 0)P(S_3 = 0)
\end{aligned}
$$

$$(8.29)$$

$$
\begin{aligned}
P(\text{LP}_3 = 1) = 1 - &P(Z_1 = 0)P(Z_4 = 0)P(Z_5 = 0)P(Z_7 = 0)P(Z_{10} = 0)P(b_1 = 0)P(r_1 = 0) \\
&\cdot P(r_2 = 0)P(r_3 = 0)P(r_4 = 0)P(r_5 = 0)P(r_6 = 0)P(r_7 = 0)P(S_1 = 0) \\
&\cdot P(S_2 = 0)P(S_3 = 0)
\end{aligned}
$$

$$(8.30)$$

$$
\begin{aligned}
P(\text{LP}_4 = 1) = 1 - &P(Z_1 = 0)P(Z_4 = 0)P(Z_6 = 0)P(Z_7 = 0)P(Z_{10} = 0)P(b_1 = 0)P(r_1 = 0) \\
&\cdot P(r_2 = 0)P(r_3 = 0)P(r_4 = 0)P(r_5 = 0)P(r_6 = 0)P(r_7 = 0)P(S_1 = 0) \\
&\cdot P(S_2 = 0)P(S_3 = 0)
\end{aligned}
$$

$$(8.31)$$

$$
\begin{aligned}
P(\text{LP}_5 = 1) = 1 - &P(Z_1 = 0)P(Z_4 = 0)P(Z_7 = 0)P(Z_8 = 0)P(Z_{10} = 0)P(b_1 = 0)P(r_1 = 0) \\
&\cdot P(r_2 = 0)P(r_3 = 0)P(r_4 = 0)P(r_5 = 0)P(r_6 = 0)P(r_7 = 0)P(S_1 = 0) \\
&\cdot P(S_2 = 0)P(S_3 = 0)
\end{aligned}
$$

$$(8.32)$$

$$
\begin{aligned}
P(\text{LP}_6 = 1) = 1 - &P(Z_1 = 0)P(Z_4 = 0)P(Z_7 = 0)P(Z_9 = 0)P(Z_{10} = 0)P(b_1 = 0)P(r_1 = 0) \\
&\cdot P(r_2 = 0)P(r_3 = 0)P(r_4 = 0)P(r_5 = 0)P(r_6 = 0)P(r_7 = 0)P(S_1 = 0) \\
&\cdot P(S_2 = 0)P(S_3 = 0)
\end{aligned}
$$

$$(8.33)$$

$$P(LP_7 = 1) = 1 - P(Z_1 = 0)P(Z_4 = 0)P(Z_7 = 0)P(Z_{10} = 0)P(Z_{11} = 0)P(b_1 = 0)P(r_1 = 0)$$
$$\cdot P(r_2 = 0)P(r_3 = 0)P(r_4 = 0)P(r_5 = 0)P(r_6 = 0)P(r_7 = 0)P(S_1 = 0)$$
$$\cdot P(S_2 = 0)P(S_3 = 0)$$

$$(8.34)$$

$$P(LP_8 = 1) = 1 - P(b_2 = 0)P(Z_{12} = 0)P(r_8 = 0)P(Z_{13} = 0)P(s_4 = 0)P(Z_{14} = 0)P(r_9 = 0)$$

$$(8.35)$$

$$P(LP_9 = 1) = 1 - P(b_2 = 0)P(Z_{12} = 0)P(r_8 = 0)P(Z_{14} = 0)P(S_4 = 0)P(Z_{15} = 0)P(r_9 = 0)$$

$$(8.36)$$

假设所有开关元件在系统中能成功动作的概率都为 100%，即

$$P(b_1 = 0) = P(r_1 = 0) = P(r_2 = 0) = P(r_3 = 0) = P(r_4 = 0) = P(r_5 = 0) = P(r_6 = 0)$$
$$= P(r_7 = 0) = P(S_1 = 0) = P(S_2 = 0) = P(S_3 = 0) = 1$$

$$(8.37)$$

所以，通过以上各个负荷点故障概率的计算公式，结合各个分块的故障概率即可得出各个负荷点的停电概率，如表 8.15 所示。

**表 8.15　负荷点故障概率**

| 负荷点 | LP$_1$ | LP$_2$ | LP$_3$ | LP$_4$ | LP$_5$ | LP$_6$ | LP$_7$ | LP$_8$ | LP$_9$ |
|---|---|---|---|---|---|---|---|---|---|
| 故障概率 | 0.2368 | 0.2368 | 0.2469 | 0.2368 | 0.2469 | 0.2457 | 0.2469 | 0.1472 | 0.1472 |

**4) 系统故障停电概率**

配电网系统中任何一个负荷点故障停电都会给系统带来停电风险，各个负荷点停电与系统停电是一个明显的"或"关系，由表 8.15 可知各个负荷点的故障停电概率，因此通过以下公式即可计算出整个系统的停电风险概率：

$$P_{sys} = 1 - [1 - P(LP_1 = 1)][1 - P(LP_2 = 1)][1 - P(LP_3 = 1)][1 - P(LP_4 = 1)][1 - P(LP_5 = 1)]$$
$$\cdot [1 - P(LP_6 = 1)][1 - P(LP_7 = 1)][1 - P(LP_8 = 1)][1 - P(LP_9 = 1)]$$

$$(8.38)$$

**5) 综合用户停电损失函数**

该算例配电网结构中的用户主要包括居民用户、政府机关用户、商业用户和工业用户四类，统计各类用户停电损失，结合式(8.25)~式(8.27)分别计算出各类用户停电损失函数值和综合用户停电损失函数值，结果如表 8.16 和表 8.17 所示。

**表 8.16　各类用户停电损失函数值**

| 停电持续时间/min | 各类用户停电损失/(元/kW) | | | |
|---|---|---|---|---|
| | 居民 | 政府机关 | 商业 | 工业 |
| 1 | 0.03 | 0.12 | 0.99 | 1.34 |
| 20 | 1.95 | 1.97 | 1.95 | 2.55 |
| 60 | 4.32 | 4.31 | 4.31 | 6.19 |

**表 8.17　综合用户停电损失函数值**

| 停电持续时间/min | 1 | 20 | 60 |
|---|---|---|---|
| 综合用户停电损失/(元/kW) | 44.70 | 101.88 | 195.10 |

### 6) 用户停电持续时间估算

各分块内用户的停电时间是计算停电损失的重要因素，假设线路的修复时间 $r_1$ 取 2h/次，变压器的修复时间 $r_2$ 取 200h/次，隔离开关的操作时间 $t_1$ 为 20min/次，切换开关的倒闸时间 $t_2$ 为 1h/次，熔断器可靠工作的概率 $P$ 为 100%。设 $L_4$ 发生故障，根据分块后各负荷点所属节点类型，$LP_1$、$LP_2$ 属于 B 类，$LP_3$、$LP_4$ 属于 D 类，$LP_5$、$LP_6$、$LP_7$ 属于 C 类，$LP_8$、$LP_9$ 属于 A 类，同理可以求出所有分块发生故障时各负荷点的类型，从而求出各分块的停电持续时间，15 个分块分别故障时各个负荷点的节点类型和停电持续时间如表 8.18 和表 8.19 所示。

**表 8.18　分块故障时的负荷点类型**

| 负荷点 | 节点类型 | | | | | | | | | | | | | | |
|---|---|---|---|---|---|---|---|---|---|---|---|---|---|---|---|
| | 块1 | 块2 | 块3 | 块4 | 块5 | 块6 | 块7 | 块8 | 块9 | 块10 | 块11 | 块12 | 块13 | 块14 | 块15 |
| $LP_1$ | D | D | A | B | A | A | B | A | A | B | A | A | A | A | A |
| $LP_2$ | D | A | D | B | A | A | B | A | A | B | A | A | A | A | A |
| $LP_3$ | C | A | A | D | D | A | B | A | A | B | A | A | A | A | A |
| $LP_4$ | C | A | A | D | A | D | B | A | A | B | A | A | A | A | A |
| $LP_5$ | C | A | A | C | A | A | D | A | A | B | A | A | A | A | A |
| $LP_6$ | C | A | A | C | A | A | D | A | D | B | A | A | A | A | A |
| $LP_7$ | C | A | A | C | A | A | C | A | A | D | D | A | A | A | A |
| $LP_8$ | A | A | A | A | A | A | A | A | A | A | A | D | D | B | A |
| $LP_9$ | A | A | A | A | A | A | A | A | A | A | C | A | D | D | D |

**表 8.19　分块故障时负荷点的停电持续时间**　　　　　　　　（单位：min）

| 负荷点 | 块1 | 块2 | 块3 | 块4 | 块5 | 块6 | 块7 | 块8 | 块9 | 块10 | 块11 | 块12 | 块13 | 块14 | 块15 |
|---|---|---|---|---|---|---|---|---|---|---|---|---|---|---|---|
| $LP_1$ | 120 | 120 | 0 | 20 | 0 | 0 | 20 | 0 | 0 | 20 | 0 | 0 | 0 | 0 | 0 |
| $LP_2$ | 120 | 0 | 120 | 20 | 0 | 0 | 20 | 0 | 0 | 20 | 0 | 0 | 0 | 0 | 0 |
| $LP_3$ | 80 | 0 | 0 | 120 | 120 | 0 | 20 | 0 | 0 | 20 | 0 | 0 | 0 | 0 | 0 |
| $LP_4$ | 80 | 0 | 0 | 120 | 0 | 120 | 20 | 0 | 0 | 20 | 0 | 0 | 0 | 0 | 0 |
| $LP_5$ | 80 | 0 | 0 | 80 | 0 | 0 | 120 | 120 | 0 | 20 | 0 | 0 | 0 | 0 | 0 |
| $LP_6$ | 80 | 0 | 0 | 80 | 0 | 0 | 120 | 0 | 120 | 20 | 0 | 0 | 0 | 0 | 0 |
| $LP_7$ | 80 | 0 | 0 | 80 | 0 | 0 | 80 | 0 | 0 | 120 | 120 | 0 | 0 | 0 | 0 |
| $LP_8$ | 0 | 0 | 0 | 0 | 0 | 0 | 0 | 0 | 0 | 0 | 0 | 120 | 120 | 20 | 0 |
| $LP_9$ | 0 | 0 | 0 | 0 | 0 | 0 | 0 | 0 | 0 | 0 | 80 | 0 | 120 | 120 | 120 |

7) 用户停电损失负荷估算

假设在峰荷时间发生用户停电事故，因此故障停电损失负荷以某时期的峰值为计算依据，IEEE-RBTS 母线 2 接线图负荷点的峰荷值见表 8.20，可知各个类型负荷点平均负荷和峰值负荷。

表 8.20　各个负荷点数据

| 负荷点数 | 负荷点 | 用户类型 | 平均负荷/kW | 峰值负荷/kW |
|---|---|---|---|---|
| 3 | 1、2、3 | 居民用户 | 535 | 866.8 |
| 2 | 4、5 | 政府机关用户 | 566 | 916.7 |
| 2 | 6、7 | 商业用户 | 454 | 750 |
| 1 | 8 | 工业用户 | 1000 | 1627.9 |
| 1 | 9 | 工业用户 | 1150 | 1872.1 |

由于各类用户的停电持续时间不同，尤其是停电时间较长的用户，在计算其损失负荷总额时，应考虑用户负荷的变化情况，于是提出分时段计算用户停电损失的方法。由表 8.20 可知，在不同块故障的情况下，各个负荷点的停电持续时间不一致，且有些负荷点的停电持续时间较长。对于停电持续时间较长的用户，应该按其所跨越不同时间区域的峰值计算损失的负荷，于是根据小时负荷峰值在日峰值中的百分值对上述停电持续时间较长的负荷点的损失负荷采取分时段计算。例如，在一天的用电最高峰 18 点块 4 发生故障时，$LP_1$、$LP_2$ 的停电时间相对较短，可直接按峰值损失负荷计算，而 $LP_3$、$LP_4$、$LP_5$、$LP_6$、$LP_7$ 的停电持续时间较长，需采取分时段计算。$LP_5$ 的停电持续时间为 80min，停电时间跨越 18 点～19 点及 19 点～20 点两个时间段，$LP_5$ 的峰值负荷为 916.7kW，则停电持续时间内损失负荷在两个时间段的值分别为 916.7kW 和 293.3kW(916.7×96%×20/60)，依次可以计算其他 4 个负荷点的分段损失负荷，同理可以分别计算出所有分块发生故障的情况下各个负荷点损失负荷的情况，具体计算结果如表 8.21 所示。

表 8.21　分块故障时负荷点损失负荷值

| 故障 | 时间分段 | 负荷点损失负荷/kW | | | | | | | | |
|---|---|---|---|---|---|---|---|---|---|---|
| | | $LP_1$ | $LP_2$ | $LP_3$ | $LP_4$ | $LP_5$ | $LP_6$ | $LP_7$ | $LP_8$ | $LP_9$ |
| 块 1 | 18～19 | 866.8 | 866.8 | 866.8 | 916.7 | 916.7 | 750 | 750 | 0 | 0 |
| | 18～20 | 832.1 | 832.1 | 277.4 | 293.3 | 293.3 | 240 | 240 | 0 | 0 |
| 块 2 | 18～19 | 866.8 | 0 | 0 | 0 | 0 | 0 | 0 | 0 | 0 |
| | 18～20 | 866.8 | 0 | 0 | 0 | 0 | 0 | 0 | 0 | 0 |
| 块 3 | 18～19 | 0 | 866.8 | 0 | 0 | 0 | 0 | 0 | 0 | 0 |
| | 18～20 | 0 | 832.1 | 0 | 0 | 0 | 0 | 0 | 0 | 0 |

| 故障 | 时间分段 | 负荷点损失负荷/kW | | | | | | | | |
|---|---|---|---|---|---|---|---|---|---|---|
| | | $LP_1$ | $LP_2$ | $LP_3$ | $LP_4$ | $LP_5$ | $LP_6$ | $LP_7$ | $LP_8$ | $LP_9$ |
| 块4 | 18~19 | 288.9 | 288.9 | 866.8 | 916.7 | 916.7 | 750 | 750 | 0 | 0 |
| | 18~20 | 0 | 0 | 832.1 | 880 | 293.3 | 240 | 240 | 0 | 0 |
| 块5 | 18~19 | 0 | 0 | 866.8 | 0 | 0 | 0 | 0 | 0 | 0 |
| | 18~20 | 0 | 0 | 832.1 | 0 | 0 | 0 | 0 | 0 | 0 |
| 块6 | 18~19 | 0 | 0 | 0 | 916.7 | 0 | 0 | 0 | 0 | 0 |
| | 18~20 | 0 | 0 | 0 | 880 | 0 | 0 | 0 | 0 | 0 |
| 块7 | 18~19 | 288.9 | 288.9 | 288.9 | 305.6 | 916.7 | 750 | 750 | 0 | 0 |
| | 18~20 | 0 | 0 | 0 | 0 | 880 | 720 | 240 | 0 | 0 |
| 块8 | 18~19 | 0 | 0 | 0 | 0 | 916.7 | 0 | 0 | 0 | 0 |
| | 18~20 | 0 | 0 | 0 | 0 | 880 | 0 | 0 | 0 | 0 |
| 块9 | 18~19 | 0 | 0 | 0 | 0 | 0 | 750 | 0 | 0 | 0 |
| | 18~20 | 0 | 0 | 0 | 0 | 0 | 720 | 0 | 0 | 0 |
| 块10 | 18~19 | 288.9 | 288.9 | 288.9 | 305.6 | 305.6 | 250 | 750 | 0 | 0 |
| | 18~20 | 0 | 0 | 0 | 0 | 0 | 0 | 720 | 0 | 0 |
| 块11 | 18~19 | 0 | 0 | 0 | 0 | 0 | 0 | 750 | 0 | 0 |
| | 18~20 | 0 | 0 | 0 | 0 | 0 | 0 | 720 | 0 | 0 |
| 块12 | 18~19 | 0 | 0 | 0 | 0 | 0 | 0 | 0 | 1627.9 | 1872.1 |
| | 18~20 | 0 | 0 | 0 | 0 | 0 | 0 | 0 | 1562.8 | 599 |
| 块13 | 18~19 | 0 | 0 | 0 | 0 | 0 | 0 | 0 | 1627.9 | 0 |
| | 18~20 | 0 | 0 | 0 | 0 | 0 | 0 | 0 | 1562.8 | 0 |
| 块14 | 18~19 | 0 | 0 | 0 | 0 | 0 | 0 | 0 | 542.6 | 1872.1 |
| | 18~20 | 0 | 0 | 0 | 0 | 0 | 0 | 0 | 0 | 1792.2 |
| 块15 | 18~19 | 0 | 0 | 0 | 0 | 0 | 0 | 0 | 0 | 1872.1 |
| | 18~20 | 0 | 0 | 0 | 0 | 0 | 0 | 0 | 0 | 1792.2 |

8) 用户停电损失估算

以该配电网夏季峰荷时间的停电事故为例，计算所有分块分别故障时该配电网所有用户的停电损失。表 8.21 已经求得各分块故障时各个负荷点的损失负荷值，结合综合停电损失函数就可以求得各分块故障分别导致的停电损失，各个时间段的停电损失函数可以根据表 8.21 利用插值法计算得出，停电持续时间可以根据表 8.21 推断得出，根据公式便可计算出各个分块引起的负荷点停电损失矩阵 $A$，具体数据如表 8.22 所示。但在计算配电网故障停电风险时一般考虑计算的期望停电损失，因此结合各个分块的故障率矩阵 $B$(数据如表 8.22 所示)，才能计算出各个分块故障导致的各个负荷点的综合停电损失，具体结果如表 8.22 所示。再结合表中负荷点停电故障率的数据最终可以计算出一定时间内系统发生故障产生的各负荷点期望综合停电损失。

负荷点停电损失矩阵 $A$ 为

$$A = \begin{bmatrix} c_{11} & c_{12} & \cdots & c_{1j} & \cdots & c_{115} \\ c_{21} & c_{22} & \cdots & c_{2j} & \cdots & c_{215} \\ \vdots & \vdots & & \vdots & & \vdots \\ c_{i1} & c_{i2} & \cdots & c_{ij} & \cdots & c_{i15} \\ \vdots & \vdots & & \vdots & & \vdots \\ c_{91} & c_{92} & \cdots & c_{9j} & \cdots & c_{915} \end{bmatrix}$$

分块故障率矩阵 $B$ 为

$$B = \begin{bmatrix} \lambda_{z1} & \lambda_{z2} & \cdots & \lambda_{zk} & \cdots & \lambda_{z15} \end{bmatrix}^{\mathrm{T}}$$

负荷点综合停电损失 $C$ 为

$$C = A \times B = \begin{bmatrix} C_1 & C_2 & \cdots & C_k & \cdots & \lambda_9 \end{bmatrix}^{\mathrm{T}}$$

负荷点期望停电损失 $D$ 为

$$D = \begin{bmatrix} \lambda_{\mathrm{LP1}}C_1 & \lambda_{\mathrm{LP2}}C_2 & \cdots & \lambda_{\mathrm{LP}k}C_k & \cdots & \lambda_{\mathrm{LP9}}\lambda_9 \end{bmatrix}$$

**表 8.22　分块故障时各负荷点停电损失**

| 负荷点 | 负荷停电损失 | | | | |
| --- | --- | --- | --- | --- | --- |
| | 块 1 | 块 2 | 块 3 | 块 4 | 块 5 |
| $LP_1$ | 439869.7 | 439869.7 | 0 | 29433.13 | 0 |
| $LP_2$ | 439869.7 | 0 | 439869.7 | 29433.13 | 0 |
| $LP_3$ | 235272.6 | 0 | 0 | 439869.7 | 439869.7 |
| $LP_4$ | 248800.2 | 0 | 0 | 465191.4 | 0 |
| $LP_5$ | 248800.2 | 0 | 0 | 248800.2 | 0 |
| $LP_6$ | 203565 | 0 | 0 | 203565 | 0 |
| $LP_7$ | 203565 | 0 | 0 | 203565 | 0 |
| $LP_8$ | 0 | 0 | 0 | 0 | 0 |
| $LP_9$ | 0 | 0 | 0 | 0 | 0 |

| 负荷点 | 负荷停电损失 | | | | |
|---|---|---|---|---|---|
| | 块 6 | 块 7 | 块 8 | 块 9 | 块 10 |
| LP$_1$ | 0 | 29433.13 | 0 | 0 | 29433.13 |
| LP$_2$ | 0 | 29433.13 | 0 | 0 | 29433.13 |
| LP$_3$ | 0 | 29433.13 | 0 | 0 | 29433.13 |
| LP$_4$ | 465191.4 | 31134.53 | 0 | 0 | 31134.53 |
| LP$_5$ | 0 | 465191.4 | 465191.4 | 0 | 31134.53 |
| LP$_6$ | 0 | 380605.8 | 0 | 380605.8 | 25470 |
| LP$_7$ | 0 | 203565 | 0 | 0 | 380605.8 |
| LP$_8$ | 0 | 0 | 0 | 0 | 0 |
| LP$_9$ | 0 | 0 | 0 | 0 | 0 |

| 负荷点 | 负荷停电损失 | | | | |
|---|---|---|---|---|---|
| | 块 11 | 块 12 | 块 13 | 块 14 | 块 15 |
| LP$_1$ | 0 | 0 | 0 | 0 | 0 |
| LP$_2$ | 0 | 0 | 0 | 0 | 0 |
| LP$_3$ | 0 | 0 | 0 | 0 | 0 |
| LP$_4$ | 0 | 0 | 0 | 0 | 0 |
| LP$_5$ | 0 | 0 | 0 | 0 | 0 |
| LP$_6$ | 0 | 0 | 0 | 0 | 0 |
| LP$_7$ | 380605.8 | 0 | 0 | 0 | 0 |
| LP$_8$ | 0 | 826122.8 | 826122.8 | 165850.5 | 0 |
| LP$_9$ | 0 | 508108.2 | 0 | 560155.3 | 560155.3 |

表 8.23 能清晰地反映 15 个分块其中任何一个块内发生故障时所分别导致的 9 个负荷点的停电损失，结合各个分块发生故障的概率可以计算出各个负荷点的期望停电损失，由此就可以计算出系统故障对每个负荷点的影响，以及各个分块故障给整个配电网各个负荷点带来的综合期望损失，再结合各负荷点的停电概率就可以计算出系统故障停电事故给各个负荷点带来的期望停电风险，有助于在停电事件发生前后根据停电事件发生的概率和后果有针对性地采取预防措施和补救措施。所以，将分块技术应用于用户停电持续时间估算过程中，分别确认配电网各分区的停电持续时间，同时考虑停电持续时间较长用户在停电期间负荷的变化，对这类用户进行分时段计算其停电损失负荷，从而计算各负荷点的停电损失。

**表 8.23　用户停电损失**

| 负荷点 | LP$_1$ | LP$_2$ | LP$_3$ | LP$_4$ | LP$_5$ | LP$_6$ | LP$_7$ | LP$_8$ | LP$_9$ |
|--------|--------|--------|--------|--------|--------|--------|--------|--------|--------|
| 用停电损失 | 53710 | 60308 | 71423 | 68557 | 87289 | 69895 | 77128 | 99657 | 84014 |

9) 配电网故障停电风险估算

结合配电网故障的停电概率和配电网故障停电导致的用户停电损失，可以计算配电网故障停电情况下各负荷点的停电风险，如表 8.24 所示。

**表 8.24　负荷点期望停电风险**

| 负荷点 | 停电概率 | 综合停电损失/元 | 停电风险/元 |
|--------|----------|------------------|--------------|
| LP$_1$ | 0.2368 | 53710 | 12718.528 |
| LP$_2$ | 0.2469 | 60308 | 14890.0452 |
| LP$_3$ | 0.2469 | 71423 | 17634.3387 |
| LP$_4$ | 0.2368 | 68557 | 16234.2976 |
| LP$_5$ | 0.2469 | 87289 | 21551.6541 |
| LP$_6$ | 0.2457 | 69895 | 17177.2015 |
| LP$_7$ | 0.2469 | 77128 | 19042.9032 |
| LP$_8$ | 0.1472 | 99657 | 14669.5104 |
| LP$_9$ | 0.1472 | 84014 | 12366.8608 |

图 8.13 可以清晰地反映系统故障停电时各个负荷点的综合停电损失和停电风险，实线代表综合停电损失，虚线代表停电风险，实线的波动幅度较大，虚线的变化幅度较小。从实线可以发现系统故障时负荷点 LP$_8$ 的综合停电损失最大，其次是负荷点 LP$_5$、LP$_9$，负荷点 LP$_2$ 的综合停电损失较小，负荷点 LP$_1$ 的综合停电损失最小，说明负荷点 LP$_5$ 和 LP$_8$ 的负荷值较大，一旦停电将会造成较大的经济损失，从基本资料可知，负荷点 LP$_8$ 和 LP$_9$ 是工业用户，LP$_5$ 是政府机关用户，用电负荷较大，尤其是夏季高峰时段故障停电会给这类用户带来较大损失，而负荷点 LP$_1$ 是居民用户，相对于工业用户用电负荷较低，综合停电损失相对不敏感；而从代表期望停电损失及停电风险的虚线可以发现，负荷点 LP$_8$、LP$_9$ 的停电损失并不是最高的，而负荷点 LP$_5$、LP$_7$ 的停电风险最高，究其原因，主要是因为期望停电损失是在综合停电损失的基础上考虑了负荷点停电概率的因素，负荷点 LP$_8$ 和 LP$_9$ 的期望停电损失较低可能是因为工业用户的用电管理比较严格，对形成设备的检修及故障停电的预防工作做得比较到位，所以停电概率较低，导致期望停电损失也小，但并不代表 LP$_8$ 和 LP$_9$ 的停电风险就小；而 LP$_5$ 为商业用户，用户种类复杂，负荷大小不一，且没有统一管理，所以发生故障停电的概率较大，期

望停电损失也稍高，停电风险也高。

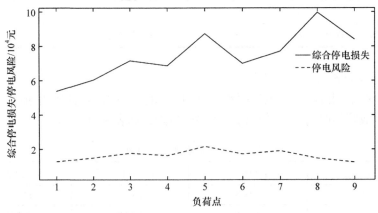

图 8.13　负荷点停电情况示意图

本算例中，在相关假设条件下，首先提出了配电网故障停电风险评估的流程，其次以 IEEE-RBTS 母线 2 配电系统中馈线 $F_1$、$F_2$ 组成的子系统为研究对象进行故障停电风险评估。第一步先计算元件的故障率，主要是架空线路和变压器的故障率，然后计算分块的故障率，最后计算各负荷点的故障概率；第二步计算用户故障停电损失，首先计算各个分块故障条件下各负荷点停电损失，然后结合各个分块的故障率计算各个负荷点用户的期望故障停电损失(表 8.24)；第三步结合负荷点停电概率表，计算出配电网的故障停电风险。

### 8.6.2　基于机器学习和时间序列的配电网区域故障次数预测方法

配电网紧邻用户侧，其供电区域中一段时间内的故障发生次数，是对供电公司配电网运行维护水平考核的重要指标。结合天气预测信息、设备维护规律、运行环境等信息，实现供电区域在未来一段时间内的故障发生次数预测，能够为运检人员日常配电网维护的安排提供依据，并有助于故障防范，避免区域故障频发。

配电网中的故障多由恶劣天气、设备故障、鸟害、树线、异物、人为破坏等情况引发。其中，由于天气是可预测的，且外部环境相对固定，而设备状况受生产批次、运维情况等的影响，也具备一定规律性，所以结合天气预测信息、外部环境信息以及设备运维情况，对某一区域进行未来一段时间内故障发生次数的预测是可行的。而对于人为破坏导致的配电网故障，由于人的行为具有一定的随机性，故其导致的故障发生次数预测难度较大，但可通过挖掘历史数据自身变化规律，修正故障发生次数中随机因素的影响，提高故障次数预测的准确度。

当前，人工智能与数据挖掘技术快速发展。其中，基于数据的机器学习为将人工经验转化为数学模型提供了一种有效的技术手段，具体包括神经网络方法、支持向量机方法等。这些方法作为现代人工智能技术中的重要方面,研究从观测数据(样本)出发寻找规律,利用这些规律对未来数据或无法观测的数据进行预测。通过这些方法,可以有效进行故障发生次数预测。这些方法具有科学依据,且考虑因素更加全面,因此能够得到更为快速、准确、可靠的故障次数预测。除了具有明显关联性的因素影响之外,故障发生还有可能受人为等随机因素的影响,因此可通过时间序列方法,修正通过机器学习方法获得的故障发生次数,得到更加准确的预测结果。

配电网紧邻用户侧,其供电区域中一段时间内的故障发生次数,是对供电公司配电网运行维护水平考核的重要指标。因此,可结合天气预测信息、设备维护规律、运行环境等信息,并增加随机因素的影响,实现供电区域在未来一段时间内的故障发生次数的准确预测,能够为运检人员日常配电网维护频率的安排提供依据,并有助于故障防范,避免区域故障频发。

本节所提出的区域故障次数预测方法,考虑了天气预测信息、设备维护规律等对故障发生频率的影响,基于历史数据,利用机器学习方法,建立了配电网区域故障次数预测基础模型,可获得配电网区域故障次数基础预测数据;之后,考虑了随机因素以及不可量化因素对故障发生频率的影响,通过时间序列方法获得预测值辅助修正量,综合上述基础预测数据与辅助修正量,可获得准确度更高的配电网故障次数预测值,能够为运检人员日常配电网维护频率提供依据,并有助于故障防范,避免区域故障频发。

(1) 确定需要预测的目标区域以及预测的时间段(如年故障发生次数预测、月故障发生次数预测、周故障发生次数预测、日故障发生次数预测等)。

(2) 确定基础模型输入输出。基于配电网区域故障发生次数的主要影响因素,梳理出该模型的输入输出。输入包括目标区域内与预测时间段同等时间长度内的天气统计情况(温度、风力、极端天气、降雨量、降雪量)、设备维护情况(设备维护频率、运检平均工时数),据此输出该目标区域在该时间段内的故障发生次数,如图 8.14 所示。

(3) 整理历史数据。取该地区历史故障记录数据进行整理,依次获取每一个目标时间段内(如每一年内、每一季度内、每一月内、每一周内等)该区域的天气统计情况,具体包括温度(极低温天数、低温天数、高温天数、极高温天数、正常温度天数、日均最高气温、日均最低气温)、风力(大风天数、中风天数、微风天数)、极端天气(暴雨天数、暴雪天数、暴风天数)、降雨量(雨夹雪天数、小雨天数、中雨天数、大雨天数、阵雨天数、雷阵雨天数)、降雪量(小雪天数、中雪天数、大雪天数)、设备维护情况(设备维护频率、运检平均日工时数)等。

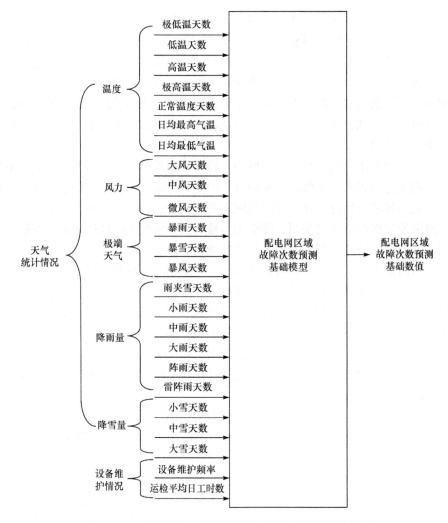

图 8.14 配电网区域故障次数预测基础模型输入输出关系

(4) 基础模型训练与搭建。下面以 BP 神经网络(一种机器学习方法)为例，给出基础模型训练与搭建方法。

① 模型结构确定：所建立的 BP 神经网络输入层节点个数为 $n$(该模型中 $n$ 为 24)，输出层节点数为 1，隐含层节点数设定为 $I(I=\sqrt{n+2}+a$，其中 $a$ 为 1～10 的常数，具体取值通过多次训练与测试试验获得)，如图 8.15 所示。

② 模型训练与搭建：将整理好的历史数据分成两部分，其中 90%作为训练数据，10%作为测试数据。基于 BP 神经网络理论，通过不断地模型训练与测试，最终完成 BP 神经网络模型搭建，建立天气情况、设备维护情况与故障发生次数

的关联模型, 即配电网区域故障次数预测基础模型。

上述配电网区域故障次数预测基础模型, 考虑了天气情况、设备维护情况与故障发生次数的关联关系, 但是导致配电网发生故障的原因还包括人为破坏、交通事故等随机因素的影响。为了在故障次数预测中体现这种随机因素的影响, 可从数据本身的变化规律出发, 依据时间序列方法, 得到一个预测辅助修正量, 修正配电网区域故障次数预测基础模型得到的基础预测值, 以获得更为准确的故障次数预测结果。基于上述思路, 在配电网运行过程中, 利用上述模型, 依据如图 8.16 所示步骤, 预测该配电网区域未来一段时间内的故障发生次数。

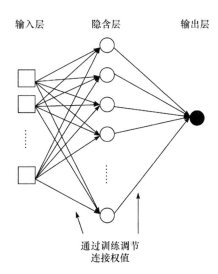

图 8.15 BP 神经网络结构

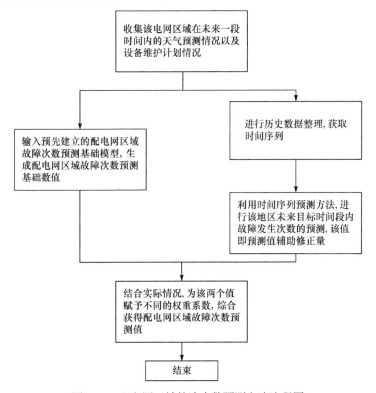

图 8.16 配电网区域故障次数预测方法流程图

# 8.7　配电网风险辨识方法

## 8.7.1　风险辨识的基本信息

　　基于事件与特征关联关系的风险辨识方法的主要思路是，通过融合从多信息源系统中获取的非电气量信息和电气量信息，在线辨识关键特征表征参量，结合预知的风险事件，根据预先设定好的关键特征参数阈值，实现风险辨识及预警。该方法易于寻找、发现风险原因和源头，使得风险发生发展过程可观测、可预测，易于发现风险发生累积、积聚、传播的关键特征和关键路径，能够全面反映风险原因、风险源位置、风险类型、风险严重程度、风险持续时间、风险实际变化趋势，可用于配电网实际运行阶段，指导预防控制。

　　配电网风险辨识方法需要配电网各测量点的电压、电流、功率等实时或历史测量数据，各负荷节点的负荷预测数据，以及从其他信息系统获取的温度、湿度、天气等数据，采用多源信息融合、模式识别或规则匹配等方法，识别导致故障发生的关键运行特征、指标的变化趋势、持续时间等风险特征信息，从而实现风险预警。可实现风险辨识的风险类型不仅包括潮流越限、电压越限、电能质量等风险，工频过电压、雷电过电压、谐振过电压、操作过电压、弧光接地过电压等过电压风险，还有设备绝缘老化、绝缘击穿、PT 断线故障、CT 断线故障、避雷器故障、开关/配变局放、配电变压器烧毁等设备故障风险，以及过热风险、短路、断线、单相接地故障风险。

## 8.7.2　可辨识的配电网风险及分类

　　在配电网风险体系中，风险事件、风险、风险因素是相对的，在一定条件下可以相互转化。配电网偶发性、超出预期事件(风险事件)的发生，导致配电网/设备运行状态、指标发生变化甚至偏离正常状态，在风险事件出现引起后果的持续作用及配电网恢复正常运行状态能力的相互博弈下，博弈的结果之一可能导致配电网不能恢复到正常运行状态或期望运行状态，而是运行到另一状态，形成配电网风险。

　　从风险发生的结果上，配电网风险可分为两类：第一类是不会引起安全、停电事故及造成财产损失的风险，称为性能恶化型风险；第二类是会引起安全、停电事故及造成财产损失的风险，称为故障型风险。

　　配电网风险具有多样性、复杂性。本书在大量调研及理论分析的基础上，归纳、提炼出 35 项典型配电网风险事件，44 种配电网典型风险，其中，配电网性能恶化型风险和配电网故障型风险各 22 种，分别如表 8.25～表 8.27 所示。

### 表 8.25　35 项配电网风险事件

| 序号 | 配电网风险事件 | 序号 | 配电网风险事件 |
|---|---|---|---|
| 1 | 线路/开关/变压器/系统等过负荷、负荷高 | 19 | 预测负荷 |
| 2 | 内部过电压、铁磁谐振过电压、操作过电压 | 20 | 大风天气、台风 |
| 3 | 绝缘线/裸导线/电缆/开关等局部过热 | 21 | 倒杆 |
| 4 | 导线断股、导线接头松动/电阻增大 | 22 | 雨雪、气温及冰冻 |
| 5 | 弧光接地过电压 | 23 | 保护误动/拒动 |
| 6 | 电压低 | 24 | 投入大负荷/空载长线/主变/分布式电源/电源 |
| 7 | 电压越限 | 25 | 切除大负荷/空载长线/主变/分布式电源/电源 |
| 8 | 电压暂降 | 26 | 接地电阻增大/接地装置锈蚀 |
| 9 | 断线 | 27 | 三相负荷不一致 |
| 10 | 打雷 | 28 | 三相电压不平衡 |
| 11 | 雷电过电压 | 29 | 电力电子等谐波源投切 |
| 12 | 绝缘线/裸导线/电缆单相接地 | 30 | 谐波高 |
| 13 | 绝缘线/裸导线/电缆单相接地短路 | 31 | 设备运行工况改变 |
| 14 | 绝缘线/裸导线/电缆二相短路 | 32 | 潜供电流 |
| 15 | 绝缘线/裸导线/电缆三相短路 | 33 | 调压、无功补偿装置投切及运行 |
| 16 | 设备/电缆/导线对地、相间绝缘老化 | 34 | 电网运行方式调整 |
| 17 | 设备/电缆/导线对地、相间绝缘击穿 | 35 | 电网有停电计划/维修计划 |
| 18 | 导线与树木/屋顶/路面等安全距离不足 | | |

### 表 8.26　配电网性能恶化型风险

| 序号 | 性能恶化型风险 | 序号 | 性能恶化型风险 |
|---|---|---|---|
| 1 | 电压低 | 7 | 谐振过电压 |
| 2 | 电压升高 | 8 | 谐波 |
| 3 | 导线过热 | 9 | 波形畸变 |
| 4 | 三相电压不平衡 | 10 | 频率越限 |
| 5 | 操作过电压 | 11 | 过负荷 |
| 6 | 雷电过电压 | 12 | 失负荷(非故障、非计划) |

| 序号 | 性能恶化型风险 | 序号 | 性能恶化型风险 |
|---|---|---|---|
| 13 | 四率(线损率高、可靠率低、电压合格率低、设备利用率低) | 18 | 电压暂降 |
| 14 | 供电能力(整体供电能力) | 19 | 可靠性低(不满足 $N-1$ 可靠性) |
| 15 | 源荷失衡(整体不平衡) | 20 | 功率因数高 |
| 16 | 弃电(分布式电源有电送不出) | 21 | 对外物非正常放电 |
| 17 | 电压波动/电压变动 | 22 | 安全距离(带电部分对地、对树、对道路等的距离)不足 |

**表 8.27　配电网故障型风险**

| 序号 | 故障型风险 | 序号 | 故障型风险 |
|---|---|---|---|
| 1 | 电缆绝缘老化 | 12 | 保护拒动(保护死角的情况) |
| 2 | 电缆绝缘击穿 | 13 | 配电变压器损毁/故障 |
| 3 | 电缆爆炸 | 14 | 开关损毁/故障 |
| 4 | 电缆相间短路 | 15 | 连锁故障 |
| 5 | 电缆对地短路 | 16 | 电压崩溃 |
| 6 | 架空线路断线 | 17 | 失稳 |
| 7 | 架空线路相间短路 | 18 | 用电设备损毁 |
| 8 | 架空线路对地短路 | 19 | 跨步电压过大 |
| 9 | 开关非正常跳闸 | 20 | 接触电压过大 |
| 10 | 保护误动 | 21 | 倒塔 |
| 11 | 保护动作(过流) | 22 | 混线 |

### 8.7.3　多源信息融合的配电网风险辨识方法

下面以配电网过热为例，介绍多源信息融合的配电网风险辨识方法。

#### 1. 配电网电缆线路过热风险发生机理

在电缆运行中，对电缆允许的运行温度有明确规定，如 10kV 的 XPLE 电缆线路允许最高温度为 90℃，当电缆线路负荷增加或超负荷运行，电缆线路载流量超过最大载流量时，导线温度就会超过 90℃ 的规定温升，特别是导线接头在温度达到 90℃ 以上时，接头处的接触电阻增加迅速，恶性循环，引起导线接头部位发热剧烈，在电缆中间接头质量不良、压接头不紧、接头故障、长期过负荷运行等风险因素持续作用下，使得导线接触电阻持续增大，烧毁导线，并进一步导致接地或是短路故障，给配电网运行及人身安全带来极大危害，如图 8.17 所示。

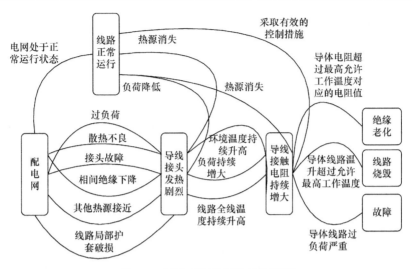

图 8.17　配电网过热风险发生机理

2. 配电网电缆线路过热风险辨识及预警方法

由配电网电缆线路过热风险发生机理可知，与电缆线路过热风险相关的关键变量主要是配电网负荷水平和电缆温度，其中电缆温度包括电缆表皮温度和电缆芯线温度。为此，本节提出从三个方面进行配电网电缆过热风险预警。

(1) 针对电缆线路装有温度传感器的情况，通过获取线路传感器上传的线路测温数据，对温度数据进行分析与处理，基于最小方差温度预报方法进行电缆过热风险预警。

(2) 针对电缆线路无温度传感器的情况，无须额外加装测量装置，根据获取电缆线路首末端的 SCADA 数据，在线分析计算并预测线路电阻的变化规律，基于电缆线路电阻与线芯温升之间的关联关系进行电缆过热风险预警。

(3) 考虑配电网负荷水平的情况，根据采集的三相电压、电流、有功功率、无功功率历史数据，离线计算历史时间段内的高、中、低三层次负荷水平下对应的阻抗参考值 $Z_{高0}$、$Z_{中0}$、$Z_{低0}$ 作为进行过热风险辨识时的阻抗整定阈值，实时在线计算电缆线路阻抗，并结合当前配电网负荷水平，与离线计算的高、中、低三层次负荷水平下的阻抗参考值进行匹配，基于不同负荷水平阻抗参数模式识别的方法进行电缆过热风险预警。

将这三种方法得到的预警结果互相进行校准，实现配电网电缆线路过热风险准确预警。

1) 基于最小方差温度预报的方法进行电缆过热风险预警

基于最小方差温度预报的方法进行电缆过热风险预警的基本原理是，通过对测温装置采集监测到的电缆温度数据进行处理、分析，依据历史温度记录数据及接头温度特性，用最小方差的计算方法推算出短期温度预报数值，并根据电缆当前温度及其变化率、电缆预测温度及其变化率进行过热风险预警。由于电缆在实际的运行使用过程中很难直接测量电缆芯线的温度，但可以通过电缆表皮温度间接反映电缆芯线的温度，而且电缆表皮温度容易测量，目前电缆温度的监测主要是在电缆接头处安装测温装置来监测电缆的温度。常用的电缆测温技术主要包括：

(1) 红外线测温。红外线测温的原理是一切温度高于 0K 的物体都在不停地向周围空间发出红外辐射能量。物体的辐射量由其温度和本身的性质决定，物体表面温度越高，辐射能量就越多。因此，通过对物体自身辐射的红外能量进行测量，便能准确地测定它的表面温度。

(2) 热电偶测温。热电偶测温的基本原理是将两种不同的导体或半导体材料焊接在一起，组成一个闭合回路。因为两种不同材料所携带的电子数不同，所以当连接点之间的温度不同时，根据热电效应原理，高电位会向低电位放电，并在回路中产生电流，温差越大，产生的电流越大。热电偶传感器就是将热电偶直接安装在电缆上需要测温的位置使之充分接触，在工业上应用广泛。热电偶测温的主要优点有：测量范围广，可测量-50～1500℃范围内的温度；测量精度较高，由于热电偶与被测物体充分接触，可以避免外界因素的影响；结构简单，使用方便，可以制作成各种形状；体积小，适合多种测量环境。

(3) 光纤测温。光纤测温技术是利用激光器光源发出的光脉冲在光纤中传播，光在传播过程中会发生散射，一部分散射光对温度敏感，可以用来进行温度测量，在光纤的一端对散射光进行解调，从而实现对目标的温度测量。

当激光脉冲通过光纤时光纤分子相互作用，产生散射，其中拉曼散射光中的斯托克斯散射光基本不受温度影响，而反斯托克斯散射光对温度极其敏感，其强度与温度的大小正相关。该方法安装复杂，需要沿电缆线路铺设光纤，另外不能完全确定电缆表面温度与电缆导线芯温的关系。内置光纤的高压 XLPE 电缆虽然可以测量电缆内部的温度，但是由于光纤较脆弱，若破损则将无法完成温度测量，并且较难修复。

因此，可以根据电缆线路传感器上传的线路测温数据，对电缆温度参数进行分析与处理。

(1) 最小二乘参数估计。每个电缆接头可以看成传递函数是以电缆电流 $I(t)$ 作为输入和电缆接头温度 $T(t)$ 作为输出的高阶系统，采用最小二乘法估计其数学模型，以便在模型基础上进行参数预报的运算。

设可测量电缆接头温度 $T(k)$ 和电缆电流 $I(k)$ 为系统输出和输入序列；$\xi(k)$

为独立同分布的具有零均值和方差 $\delta^2$ 的随机变量序列；$n$ 和 $m$ 为差分方程的阶。
单输入、单输出线性离散时间系统差分方程为

$$T(k) + a_1T(k-1) + a_2T(k-2) + \cdots + a_nT(k-n)$$
$$= b_0I(k) + b_1I(k-1) + \cdots + b_mI(k-m) + \xi(k) \tag{8.39}$$

基于实际系统(8.39)所产生的一组输入、输出序列 $I(k)$ 和 $T(k)$，采用最小二乘法拟合出如下表达式：

$$T(k) = \phi_k^{\mathrm{T}}\theta + e(k) \tag{8.40}$$

式中，$e(k)$ 为残差序列。

而 $\hat{\theta}^{\mathrm{T}} = \left[\hat{a}_1, \hat{a}_2, \cdots, \hat{a}_n, \hat{b}_0, \hat{b}_1, \cdots, \hat{b}_m\right]$，进而有

$$E = Y - \phi\hat{\theta} \tag{8.41}$$

式中，$E$ 为残差向量，$E^{\mathrm{T}} = [e(n+k), e(n+k+1), \cdots, e(n+k+N+1)]$。

参数估计的最小二乘准则就是找出系统模型参数向量 $\theta$ 的估计量 $\hat{\theta}$：

$$\hat{\theta} = \left(\phi^{\mathrm{T}}\phi\right)^{-1}\phi^{\mathrm{T}}T \tag{8.42}$$

(2) 温度参数最小方差预报。将 $\hat{\theta}$ 作为参数向量 $\theta$ 的估计值回代至式(8.39)，忽略 $\xi(k)$，并引入移位算子 $z^{-1}$，将式(8.39)改写为

$$T(k) = \lambda\frac{1 + b_1'z^{-1} + b_2'z^{-1} + \cdots + b_m'z^{-m}}{1 + a_1'z^{-1} + a_2'z^{-1} + \cdots + a_n'z^{-n}}I(K) \tag{8.43}$$

令 $T(k+j|k)$ 为 $T(k+j)$ 的 $j$ 步最小方差预报，但规定它是现在与过去的输出量 $T$ 的某个线性组合，则有 $E[T(k+j) - T(k+j|k)]^2$ 最小，$T(k)$ 的 $j$ 步最小方差预报为

$$T(k+j|k) = \frac{D(z^{-1})}{B(z^{-1})}T(k) = H_P(z^{-1})T(k) \tag{8.44}$$

由于 $B(z^{-1})$ 只在单位圆内有零点，所以 $j$ 步预报器为

$$H_P(z^{-1}) = \frac{D(z^{-1})}{B(z^{-1})} = \frac{d_0 + d_1z^{-1} + d_2z^{-1} + \cdots + d_{n-1}z^{-1}}{1 + b_1'z^{-1} + b_2'z^{-1} + \cdots + b_m'z^{-1}} \tag{8.45}$$

于是

$$T(k+j|k) = h_0T(k) + h_1T(k-1) + h_2T(k-2) + \cdots + h_{n-1}T(k-n+1) \tag{8.46}$$

式中，$h_i(i = 0, 1, \cdots, n-1)$ 为常量。

该预报器的输入是 $T(k)$，输出是 $T(k+j|k)$。本次输出和前一次输出之差为预报变化率情况。

采用上述电缆温度参数估计和预测方法，计算电缆线路当前温度值和温度预测值。根据温度值进行过热风险辨识和预警机制如下：

(1) 若当前温度预测值大于预先设定的温度阈值，且变化率大于预先设定的温度变化率阈值，则判断线路当前处于过热状态；

(2) 若预测温度及其变化率大于预先设定的温度阈值及温度变化率阈值，则判断线路存在过热风险。

2) 基于阻抗参数在线估计的配电网电缆线路过热风险预警

实际运行中，电缆温度受外部环境温度的影响较大，且电缆接头温度过高，并不意味着电缆芯线导体的温度很高，因此根据温度监测和预测的方法得到的电缆接头过热风险预警信息过于保守，且不精确。为此，本节研究提出基于配电网电缆线路阻抗参数在线估计的配电网电缆线路过热风险预警方法，其基本原理是：利用导体温度和电阻之间的线性关系，从配电 SCADA 中提取电压、电流、有功功率、无功功率等配电网信息，在线分析计算线路阻抗，根据阻抗与温升之间的关系并结合电缆线路的载流量大小以及负荷水平的变化进行电缆过热风险预警。

这里根据线路两端多个时段 SCADA 测量数据和基本的电压、电流关系，对电缆线路阻抗参数进行估计。设功率和电流的参考方向均以流入线路为正，采用 π 形等值电路模型，如图 8.18 所示。

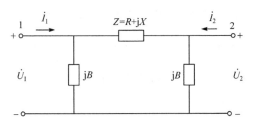

图 8.18    π形等值电路模型

首先以线路电阻、电抗和对地电容参数为状态变量，建立线路的多时段 SCADA 测量方程，并采用牛顿法求解。其次，以线路参数的估计值为样本，以随机样本的方差系数阈值为收敛判据，迭代计算线路参数估计值的均值，并将其作为最终的参数估计值。

其计算步骤如下：

(1) 计算第 $k$ 个时段线路参数的估计值。第 $k$ 个时段线路两端的电压幅值、有功功率和无功功率的方程组为

$$(4P_{2(k)}^2 + 4Q_{2(k)}^2 + 4Q_{2(k)}B_{(k)}U_{2(k)}^2 + B_{(k)}^2 U_{2(k)}^4)R_{(k)} - 4U_{2(k)}^2(P_{1(k)} + P_{2(k)}) = 0 \quad (8.47)$$

$$(4P_{2(k)}^2 + 4Q_{2(k)}^2 + 4Q_{2(k)}B_{(k)}U_{2(k)}^2 + B_{(k)}^2 U_{2(k)}^4)X_{(k)}$$
$$- 4U_{2(k)}^2(Q_{1(k)} + Q_{2(k)}) - 2B_{(k)}(U_{1(k)}^2 + U_{2(k)}^2)U_{2(k)}^2 = 0 \quad (8.48)$$

$$\left[ 2U_{2(k)}^2 - 2P_{2(k)}R_{(k)} - (2Q_{2(k)} + B_{(k)}U_{2(k)}^2 X_{(k)}) \right]^2$$

$$+ \left[ 2P_{2(k)}X - (2Q_{2(k)} + B_{(k)}U_{2(k)}^2)R_{(k)} \right]^2 - 4U_{1(k)}^2 U_{2(k)}^2 = 0 \tag{8.49}$$

应用牛顿法求解上面公式所示的非线性方程组，即可解得第 $k$ 个时段线路参数的估计值。

(2) 计算线路参数估计值的均值。第 $k$ 个时段在内的前 $N$ 个时段的线路参数估计值的均值，计算公式为

$$\overline{R} = \frac{1}{N}\sum_{k=1}^{N} R_{(k)} \tag{8.50}$$

$$\overline{X} = \frac{1}{N}\sum_{k=1}^{N} X_{(k)} \tag{8.51}$$

$$\overline{B} = \frac{1}{N}\sum_{k=1}^{N} B_{(k)} \tag{8.52}$$

式中，$\overline{R}$、$\overline{X}$ 和 $\overline{B}$ 为线路电阻、电抗和电纳估计值的均值。

若用 $a$ 分别代表 $R$、$X$、$B$，则线路参数估计值均值的方差系数 $\eta_a$ 为

$$\eta_a = \frac{\sqrt{\dfrac{1}{N(N-1)}\sum_{k=1}^{N}(a_{(k)} - \overline{a})^2}}{\overline{a}} \tag{8.53}$$

$$\eta_2 = \max(\eta_a) \tag{8.54}$$

式中，$\eta_a$ 分别为 $\overline{R}$、$\overline{X}$ 和 $\overline{B}$ 的方差系数；$\eta_2$ 为 $\eta_R$、$\eta_X$、$\eta_B$ 的最大值。

当 $\eta_2$ 小于设置的参数估计收敛精度 $\varepsilon_2$ 时，计算并输出 $\overline{R}$、$\overline{X}$ 和 $\overline{B}$，即线路正确参数的估计值；否则，读取第 $k+1$ 个时段线路两端的 SCADA 测量数据，再计算参数的估计值和方差系数 $\eta_2$，进行校验，如此循环，直至 $\eta_2 < \varepsilon_2$，即得到线路正确参数 $\overline{R}$、$\overline{X}$ 和 $\overline{B}$ 的估计值。

电缆芯线导体温度与电缆电阻之间存在线性关系，电缆运行温度过高，则会导致电缆电阻增大。根据导线发热引起的温升与导线电阻之间的关系，计算电缆导体最高允许工作温度下的电缆导体电阻允许的最高限值，作为电缆线路电阻阈值。具体计算方法如下。

导线发热引起的温升和导线电阻之间呈现出直接线性关系：

$$R_T = R_{20}\left[1 + \alpha(T - 20)\right] \tag{8.55}$$

式中，$R_{20}$ 为 20℃时的导体电阻；$T$ 为导线温度；$\alpha$ 为导体电阻温度系数，铜一般取 0.00393，铝取 0.00403。一般规定电缆导体的最高额定温度(最高允许工作温度)为 90℃，对应的电阻阈值计算公式为

$$R_{T_{\max}} = R_{20}\left[1 + \alpha(90 - 20)\right] \tag{8.56}$$

建立配电网电缆线路过热风险预警规则及判据，进行电缆线路过热风险预警，结果如表 8.28 所示。

表 8.28　基于阻抗参数估计配电网电缆线路过热风险辨识判据

| 规则 | 判据 | 风险预警结果 |
|------|------|------------|
| 1 | $\overline{R_H} < R_{T_{\max}}$ ，$\overline{R_F} < R_{T_{\max}}$ | 正常 |
| 2 | $\overline{R_H} > R_{T_{\max}}$ ，$\overline{R_F} < R_{T_{\max}}$ | 过热风险 |
| 3 | $\overline{R_H} < R_{T_{\max}}$ ，$\overline{R_F} > R_{T_{\max}}$ | 过热风险 |
| 4 | $\overline{R_H} > R_{T_{\max}}$ ，$\overline{R_F} > R_{T_{\max}}$ | 过热风险 |

(1) 若当前时刻之前一段历史时间段 $(t_1, t_2, \cdots, t_k, t_n)$ 内电缆线路电阻参数估计值 $(R_{t_1}, R_{t_2}, \cdots, R_{t_k}, R_{t_n})$ 的平均值 $\overline{R_H}$ 和当前时刻之后未来一段时间段 $(t_{n+1}, t_{n+2}, \cdots, t_{n+k}, t_{n+m})$ 内电缆线路电阻参数预测值 $(R_{t_{n+1}}, R_{t_{n+2}}, \cdots, R_{t_{n+k}}, R_{t_{n+m}})$ 的平均值 $\overline{R_F}$ 均小于预先设定好的电缆线路电阻阈值 $R_{T_{\max}}$ ，则电缆线路处于正常运行状态。

(2) 若当前时刻之前一段历史时间段 $(t_1, t_2, \cdots, t_k, t_n)$ 内电缆线路电阻参数估计值 $(R_{t_1}, R_{t_2}, \cdots, R_{t_k}, R_{t_n})$ 的平均值 $\overline{R_H}$ 大于预先设定好的电缆线路电阻阈值，而当前时刻之后未来一段时间段 $(t_{n+1}, t_{n+2}, \cdots, t_{n+k}, t_{n+m})$ 内电缆线路电阻参数预测值 $(R_{t_{n+1}}, R_{t_{n+2}}, \cdots, R_{t_{n+k}}, R_{t_{n+m}})$ 的平均值 $\overline{R_F}$ 小于预先设定好的电缆线路电阻阈值，则电缆线路处于过热风险状态，需预警。

(3) 若当前时刻之前一段历史时间段 $(t_1, t_2, \cdots, t_k, t_n)$ 内电缆线路电阻参数估计值 $(R_{t_1}, R_{t_2}, \cdots, R_{t_k}, R_{t_n})$ 的平均值 $\overline{R_H}$ 小于预先设定好的电缆线路电阻阈值，而当前时刻之后未来一段时间段 $(t_{n+1}, t_{n+2}, \cdots, t_{n+k}, t_{n+m})$ 内电缆线路电阻参数预测值 $(R_{t_{n+1}}, R_{t_{n+2}}, \cdots, R_{t_{n+k}}, R_{t_{n+m}})$ 的平均值 $\overline{R_F}$ 大于预先设定好的电缆线路电阻阈值，则电缆线路处于过热风险状态，需预警。

(4) 若当前时刻之前一段历史时间段 $(t_1, t_2, \cdots, t_k, t_n)$ 内电缆线路电阻参数估计值 $(R_{t_1}, R_{t_2}, \cdots, R_{t_k}, R_{t_n})$ 的平均值 $\overline{R_H}$ 和当前时刻之后未来一段时间段 $(t_{n+1}, t_{n+2}, \cdots, t_{n+k}, t_{n+m})$ 内电缆线路电阻参数预测值 $(R_{t_{n+1}}, R_{t_{n+2}}, \cdots, R_{t_{n+k}}, R_{t_{n+m}})$ 的平均值 $\overline{R_F}$ 均大于预先设定好的电缆线路电阻阈值，则电缆线路处于过热风险状态，需预警。

3) 考虑不同负荷水平的配电网电缆过热风险预警

由于电缆阻抗参数的变化除了与温升直接有关以外，还与电缆线路的负荷水平间接相关，为了全方位、多角度反映电缆线路的过热风险，本节在配电网电缆线路阻抗参数估计的基础上，结合配电网负荷水平，挖掘电缆线路实时阻抗均值在该时间段内的波动规律，根据配电网过热风险辨识规则和预警机制，进行配电网电缆线路局部过热风险辨识，具体流程如图 8.19 所示，其内容包括以下方面。

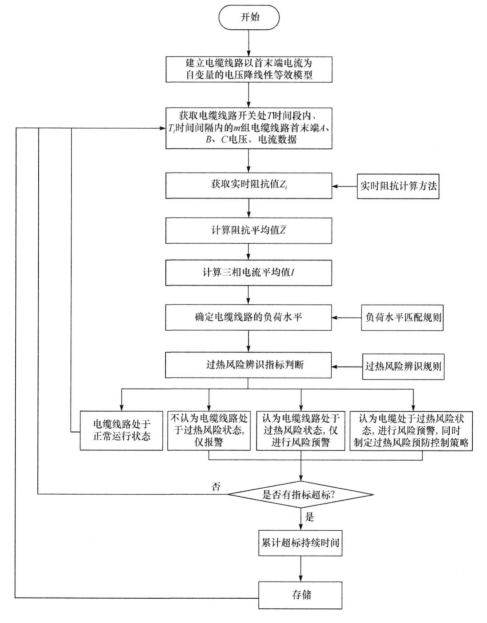

图 8.19　考虑不同负荷水平的配电网电缆过热风险预警流程

(1) 计算电缆线路在 $T$ 时间段内的平均负荷水平。

获取电缆线路在 $T$ 时间段内的三相电流数据，根据算数平均法、几何平均数法、调和平均数法计算 $T$ 时间段内三相电流平均值 $I$，并将其作为该时间段内的平均负荷水平。

(2) 建立电缆线路在 $T$ 时间段内负荷水平的匹配规则。

① 获取电缆线路首末端历史一段时间内的三相电压、三相电流数据。

② 将电缆线路在该历时时间段内获取的三相电流数据分为高、中、低三个层次，分别代表电缆线路在该历时时间段内的平均负荷水平，其中高负荷水平对应的电流区间为 $(I_1, I_2)$，中负荷水平对应的电流区间为 $(I_0, I_1)$，低负荷水平对应的电流区间为 $(0, I_0)$。

③ 计算 $T$ 时间段内的三相电流平均值 $I$，与所选历时时间段内的高、中、低负荷水平对应的电流区间相比较，落在高/中/低区间，则认为 $T$ 时间段内的负荷水平对应为高/中/低负荷水平。

(3) 离线计算电缆线路阻抗整定阈值 $Z_0$。

情况一：可以获取电缆线路三相电压、三相电流历史运行数据。

① 获取电缆线路首末端历史一段时间内的三相电压、三相电流数据。

② 将电缆线路在该时间段内获取的三相电流数据分为高、中、低三个层次，分别代表电缆线路在该时间段内的平均负荷水平，其中高负荷水平对应的电流区间为 $(I_1, I_2)$，中负荷水平对应的电流区间为 $(I_0, I_1)$，低负荷水平对应的电流区间为 $(0, I_0)$。

③ 取该时间段内高、中、低三层次负荷水平中对应的电缆线路三相电压、电流数据，采用配电线路阻抗计算方法以及阻抗均值计算方法，计算电缆线路在一段历史时间内高、中、低三层次负荷水平下对应的阻抗均值 $Z_{\text{高}0}$、$Z_{\text{中}0}$、$Z_{\text{低}0}$ 作为阻抗整定阈值。

情况二：无电缆线路三相电压、电流历史运行数据。

获取历史时间内的三相电压、电流运行数据，直接将累计计算得到的电缆线路在该时间段内的高、中、低三层次负荷水平下对应的阻抗均值 $Z_{\text{高}0}$、$Z_{\text{中}0}$、$Z_{\text{低}0}$ 作为后续进行过热风险辨识时的阻抗整定阈值。

(4) 计算配电网电缆线路在线阻抗参数值。

建立以首末端电流为自变量的电压降线性等效模型，获取配电网一段时间 $T$ 内，$n$ 个时间间隔 $(T_1, T_2, \cdots, T_n)$ 内所采集的 $n \times m$ 组电缆线路首末端 $A$、$B$、$C$ 三相电压、电流采集值，计算 $T$ 时间段内 $n$ 个时间间隔 $T_i$ 内的电缆线路在线阻抗值 $(Z_1, Z_2, \cdots, Z_n)$，并计算电缆线路在 $T$ 时间段内获取的 $n$ 个在线阻抗 $(Z_1, Z_2, \cdots, Z_n)$ 的平均值 $\overline{Z}$。

(5) 建立过热风险辨识判据和预警机制。

取计算得到的阻抗平均值 $\overline{Z}$ 的实部 $\overline{R}$，电缆线路阻抗整定值 $Z_{高0}$、$Z_{中0}$、$Z_{低0}$ 的实部 $R_0$，将 $\overline{R}$ 与 $R_0$ 进行比较，进行过热风险辨识，判据如下。

判据 1：若 $\overline{R} < R_0$，则电缆线路处于正常运行状态。

判据 2：若 $\overline{R} > R_0$，且 $\overline{R} - R_0 < \delta_0$、$T < T_{\text{limit-0}}$，则电缆线路处于正常运行状态。

判据 3：若 $\overline{R} > R_0$，且 $\overline{R} - R_0 > \delta_0$、$T > T_{\text{limit-0}}$，则电缆线路存在过热现象，不认为电缆线路处于过热风险状态，仅进行过热报警。

判据 4：若 $\overline{R} > R_0$，且 $\overline{R} - R_0 > \delta_1$、$T < T_{\text{limit-1}}$，则电缆线路存在过热现象，不认为电缆线路处于过热风险状态，仅进行过热报警。

判据 5：若 $\overline{R} > R_0$，且 $\overline{R} - R_0 > \delta_1$、$T_{\text{limit-1}} < T < T_{\text{limit-2}}$，则电缆线路存在过热风险，但过热风险不严重，仅进行过热风险报警。

判据 6：若 $\overline{R} > R_0$，且 $\overline{R} - R_0 > \delta_1$、$T > T_{\text{limit-2}}$，则电缆线路存在过热风险，但过热风险严重，进行过热风险报警，同时制定预防控制策略。

判据 7：若 $\overline{R} > R_0$，且 $\overline{R} - R_0 > \delta_2$、$T < T_{\text{limit-3}}$，则电缆线路存在过热现象，不认为电缆线路处于过热风险状态，仅进行过热报警。

判据 8：若 $\overline{R} > R_0$，且 $\overline{R} - R_0 > \delta_2$、$T_{\text{limit-3}} < T < T_{\text{limit-4}}$，则电缆线路存在过热风险，但过热风险不严重，仅进行过热风险报警。

判据 9：若 $\overline{R} > R_0$，且 $\overline{R} - R_0 > \delta_2$、$T > T_{\text{limit-4}}$，则电缆线路存在过热风险，但过热风险严重，进行过热风险报警，同时制定预防控制策略。

上述 $\delta_0$、$\delta_1$、$\delta_2$ 为预先设定的电阻值波动边界限值，且 $\delta_0 < \delta_1 < \delta_2$；$T_{\text{limit-0}}$、$T_{\text{limit-1}}$、$T_{\text{limit-2}}$、$T_{\text{limit-3}}$、$T_{\text{limit-4}}$ 为预先设定的电缆线路允许过热时间限值。

4) 基于多重判据校准的配电网电缆线路过热风险预警

将上述三种方法得到的过热风险预警结果进行融合，若采用判据 1 判断出配电网存在过热风险，而判据 2、判据 3 未判断出配电网存在过热风险，则判断配电网处于正常运行状态；若判据 3 判断出配电网不存在过热风险，判据 2 或判据 3 判断出配电网存在过热风险，则判断配电网存在过热风险；若三种方法都判断出配电网存在过热，则判断配电网存在过热风险，如表 8.29 所示。

**表 8.29　考虑负荷水平的配电网电缆过热风险辨识判据**

| 规则库 | 阻抗整定值(取实部) $R_0$ | 允许过热持续时间 $T_{\text{limit-0}}$ | 电缆运行状态 |
|---|---|---|---|
| 判据 1 | $\overline{R} < R_0$ | | 正常运行状态 |
| 判据 2 | $\overline{R} > R_0$，且 $\overline{R} - R_0 < \delta_0$ | $T < T_{\text{limit-0}}$ | 正常运行状态 |
| 判据 3 | $\overline{R} > R_0$，且 $\overline{R} - R_0 < \delta_0$ | $T > T_{\text{limit-0}}$ | 存在过热现象，未达过热风险状态 |

| 规则库 | 阻抗整定值(取实部) $R_0$ | 允许过热持续时间 $T_{limit-0}$ | 电缆运行状态 |
|---|---|---|---|
| 判据4 | | $T < T_{limit-1}$ | 存在过热现象, 未达过热风险状态 |
| 判据5 | $\overline{R} > R_0$, 且 $\overline{R} - R_0 > \delta_1$ | $T_{limit-1} < T < T_{limit-2}$ | 存在过热风险, 但过热风险不严重, 仅进行过热风险报警 |
| 判据6 | | $T > T_{limit-2}$ | 存在过热风险, 但过热风险严重, 进行过热风险报警, 同时制定预防控制策略 |
| 判据7 | | $T < T_{limit-3}$ | 存在过热现象, 未达过热风险状态 |
| 判据8 | $\overline{R} > R_0$, 且 $\overline{R} - R_0 > \delta_2$ | $T_{limit-3} < T < T_{limit-4}$ | 存在过热风险, 但过热风险不严重, 仅进行过热风险报警 |
| 判据9 | | $T > T_{limit-4}$ | 存在过热风险, 但过热风险严重, 进行过热风险报警, 同时制定预防控制策略 |

# 8.8 配电网连锁并发故障风险辨识

复杂故障具有一定的发生、发展过程, 并且往往具有一定的征兆。主动防御对于减少、避免配电网事故具有重要价值, 风险预警与预防是实现主动防御的关键技术。

配电网连锁并发故障风险预警与预防, 主要包括三类: ①利用元件故障概率模拟系统连锁事故发生的概率的配电网连锁并发故障风险预警方法; ②考虑连锁并发故障过程中最常见的保护误动、元件过载、低压切机切负荷等元件停运模型, 通过人工指定或者随机抽取源发性故障元件的方式, 按照预先规定的连锁并发故障终止判据, 进行连锁并发故障的风险评估指标的计算; ③基于功能组分解和事件树分析的配电网连锁并发故障风险评估方法, 侧重于利用功能组分解和事件树分析法, 选择连锁并发故障的初始系统状态, 进行相继故障过程分析和风险计算。

在配电网连锁并发故障、复杂故障方面的研究停留在事故过程分析、原因分析、事故后故障快速处理与恢复等方面, 在配电网风险预警方面的研究主要侧重于对单一类型风险的评估和预警, 用于配电网连锁并发故障风险、并发故障风险的预警具有一定的局限性; 同时, 由于配电网连锁并发故障风险发生机理与配电网连锁并发故障发生机理有所不同, 现有的配电网连锁并发故障风险预警方法尚不适用于配电网复杂故障风险预警。

## 8.8.1 配电网连锁并发故障风险演变

连锁并发故障风险演变分为以下三个阶段。

1) 初始阶段

由于不同的原因(恶劣天气、设备故障、保护误动成拒动等)，单个元件发生故障，该阶段扰动的发生不可控，其有一定的随机性，故障严重程度以及对配电网的影响范围有限，扰动造成的后果可控。

2) 扩大阶段

初始故障出现后，由于某些设备(一次设备或保护装置)的运行状况异常导致跳闸或调度人员未予重视、处置不当等，此类因素致使故障影响范围扩大，配电网运行工况恶化，出现部分元件过载或退出运行，再加上保护装置隐性故障等，进一步恶化配电网运行状况，使系统的安全稳定裕度趋向极限，该阶段的扰动仍然是部分可控，保护装置的整定值正确或者采取及时、有效的调控措施，则能够将事故控制在有限的范围内。

3) 崩溃阶段

由于之前大量局部故障的累积或调控措施不当，潮流出现大范围转移，引起崩溃阶段大量线路或机组跳闸，系统电压崩溃，引发大面积停电。

电力系统发生大面积停电的主要原因是电力系统的连锁性故障，连锁性故障的具体表现为由于扰动或其他原因使配电网部分元件退出运行，由此会使其他线路或电源承受它所带来的冲击，导致其他线路或电源的连锁反应跳闸，使系统发生电压崩溃。

### 8.8.2　配电网连锁并发故障风险特征及辨识机理

配电网连锁并发故障风险总是由一定的风险事件或风险因素引起的，是配电网运行特征参数与配电网风险事件共同作用的结果，配电网中局部风险特征对整体风险严重程度和发展趋势及路径有一定的影响。配电网连锁并发故障风险是一个局部到整体发生、发展的过程，配电网正常运行时，由于某些局部扰动，局部区域故障风险水平上升，甚至会一个或几个元件因故障而退出运行，系统原来的潮流和拓扑发生变化，导致其他区域的运行故障风险水平上升，当风险值达到一定指标时，就会引发整体性的风险，甚至事故的发生。

配电网连锁并发故障风险的发展随风险事件的发生及其双向发展呈现出内在随机性，且事件和风险状态之间呈现多对多的映射关系，同时不同风险之间存在交织演变特性，在不同的演变路径下，配电网必将呈现出不同的关键电气参数变化轨迹。如何挖掘配电网偶发因素、风险事件与连锁并发故障的关联关系，提取连锁并发故障发生过程中典型外部环境特征、事件特征及配电网运行特征，识别各种典型特征参量的变化趋势及演变路径，是进行配电网连锁并发故障风险辨识的关键。

在实际运行中，进行连锁并发故障风险隐患识别的规则如下：

(1) 配电网处于正常运行状态，判断配电网是否处于风险状态，若处于风险状态，则进入步骤(2)，若不处于风险状态，则不存在连锁并发故障风险。

(2) 若配电网处于风险状态，则当配电网面临一种风险类型时，判断配电网不存在连锁并发故障风险状态；当配电网面临两种及以上风险类型时，判断配电网存在连锁并发故障风险。

(3) 若配电网处于故障状态，则当配电网面临一种风险类型时，判断配电网不存在连锁并发故障风险状态；当配电网面临两种及以上风险类型时，判断配电网存在连锁并发故障风险。

# 第9章 含大规模分布式电源配电网风险评估及预警方法

## 9.1 分布式电源对配电网风险的影响

分布式电源对配电网风险的影响包含如下方面：

(1) 分布式电源接入配电网使得配电网从原有的单电源供电系统变为一个具有分散电源的多电源供电系统，这会在较大程度上影响网络潮流的大小和方向以及电气元件和用户端的电压，增加电压稳定风险以及电气元件的过电压风险。

(2) 由于风电场风速或光伏电站光照强度等外部环境条件的动态波动变化，并网后分布式电源的输出功率存在较大随机波动，而间歇性的功率波动将增加配电网的电能质量风险。

(3) 分布式电源通常采用电力电子装置实施并网，而电力电子装置产生的电压、电流谐波也是不可避免的，甚至配电网不对称故障产生的负序电压以及配电网自身的电压谐波与分布式电源变流器相互作用将导致变流器产生附加谐波电流，增加谐波风险。

(4) 根据系统故障时双馈感应发电机(double-fed induction generators, DFIG)的等值模型，DFIG 的等值电压源与 DFIG 出力有关，难以作为一个恒定电压源参与系统短路电流计算，给继电保护整定带来了风险。另外，考虑到助增和外汲的影响，分布式电源接入配电网后，短路电流的变化会增加继电保护装置误动和拒动的风险。

(5) 当配电网发生故障，分布式电源处于孤岛运行状态时，由于分布式电源的控制能力较地区配电网弱，发电和供电产生不平衡将造成孤岛运行下电压和频率波动的风险，以及用户设备损坏风险，其次孤岛划分时不可避免地会损失负荷，产生停电风险。此外，分布式电源孤岛运行时可能与系统不同步，重新并入配电网时会产生不同步的风险。

## 9.2 风险影响因素

### 1. 分布式电源出力与容量

分布式电源出力的随机性引起配电网的线路潮流波动，造成主网的间歇性功率波动，进而导致配电网电压波动，增加电压稳定风险。

分布式电源容量在一定范围内时，配电网的馈线电压升高量与分布式电源容量的增加成正比，而靠近分布式电源接入点的节点将产生电压越限风险。

2. 分布式电源种类及类型

常见的分布式电源中，以燃料作为一次能源的微型燃气轮机，由于其出力可控，对配电网的风险影响最小；而光伏电池组只输出有功功率，不输出无功功率，对配电网的电压升高风险影响较小；相比之下，风电机组对配电网的风险影响较大。

分布式电源分为半逆变型分布式电源、全逆变型分布式电源。全逆变型分布式电源的暂态过程对配电网的故障风险影响较小，可以忽略不计。

3. 分布式电源接入位置

分布式电源接入线路的始端时，对配电网的电压升高风险影响最小，但同时对提高电压稳定性的作用很小。而分布式电源接入位置越靠近末端，对配电网的电压支持作用越强，越有利于降低电压稳定风险，但会增加电压升高风险。

4. 分布式电源并网控制策略

分布式电源并网时要通过直流/交流(DC/AC)逆变器，逆变器的控制方式主要有电压控制方式和电流控制方式。对于电压控制方式，多个电压控制型逆变器并联会产生无功环流难以实现的问题，不能限制故障电流以及对配电网的干扰；电流控制方式能够限制短路电流，但需要其他电源提供参考电压。

5. 分布式电源的短路电流

尽管分布式电源有逆功率保护功能，正常运行时不会向配电网注入功率和电流，但当配电网线路发生故障时，短路的瞬间仍会有分布式电源的短路电流注入配电网，可能使配电网侧馈电开关的短路电流超标，增加故障风险。另外，短路电流的变化也会提高继电保护装置不正确动作的风险。

6. 分布式电源的投退

分布式电源的投退会引起配电网的电压闪变，增加电压稳定性风险。

7. 分布式电源的低电压穿越能力

分布式电源的低电压穿越能力越弱，故障时分布式电源越容易进入孤岛运行状态，进而电压风险、频率风险越大。

## 9.3　大规模分布式电源接入引起的主要风险

随着分布式能源的发展,配电网将逐步成为包含分布式电源接入的有源网络,结构更加复杂,运行特性更加复杂、多样。配电网大规模分布式电源的接入改变了配电网传统的无源特性,同时改变了潮流和电压分布规律,特别是对配电网电能质量、继电保护、可靠性、运行方式的影响深远,这使得配电网的安全可靠运行面临着巨大的挑战。分布式电源的接入使配电网面临原有风险的同时也会增加新的风险。大规模分布式电源接入引起的部分主要风险如表 9.1 所示。

**表 9.1　含分布式电源配电网的主要风险类型**

| 序号 | 含分布式电源配电网风险类型 | 序号 | 含分布式电源配电网风险类型 |
|---|---|---|---|
| 1 | 电压波动 | 5 | 频率越限 |
| 2 | 电压升高 | 6 | 失稳(极端条件下) |
| 3 | 短路电流增大 | 7 | 保护拒动、误动 |
| 4 | 电压偏移 | 8 | 谐波 |

在上述风险中,电压波动风险、电压升高风险是含分布式电源配电网常见的两种风险类型。含分布式电源的配电系统,在负荷、分布式电源、上级配电网、无功功率补偿等事件作用下,配电网电压不断升高,如果此时事件进一步推动,最终将引起电压越限,并最终导致高电压下的绝缘损坏和设备退出等问题。在这类风险的发展过程中,电压作为最直观和直接的表征变量,能够有效反映风险发展程度。9.4 节和 9.5 节具体给出含分布式电源配电网电压波动风险和电压升高风险的预警方法。

## 9.4　含大规模分布式电源的配电网电压波动风险预警方法

### 9.4.1　电压波动对配电网接纳分布式电源能力的制约机制

配电网中的电压波动是电压均方根值一系列的变动或连续的改变。它采用电压变动限值和电压变动频度两个指标衡量。电压变动限值以用户公共供电点在时间上相邻的最大与最小电压均方根值之差对配电网额定电压的百分比来表示;电压变动频度用单位时间内电压波动(变动)的次数来表示。

在传统配电网中,电压波动主要是由冲击性功率的电力负荷设备(如电弧焊机、感应炉的变频电源、绞车和轧钢机、冶炼电弧炉、电气机车、采矿的挖掘机、锯木机和粉碎机等)在运行过程中有功功率和无功功率的大幅度变动引起的,使其他电力用户的正常用电都受到影响,构成电力公害。

当大规模分布式电源接入配电网后,分布式电源出力的随机性、强波动性等特性会进一步加剧系统中的电压波动情况,例如,新能源发电出力受季节和气候影响,热电联产机组的出力随供热要求的变动而变动,受经济利益驱动或配电网强扰动的影响所造成的分布式电源的随机投入与退出等。由此,大规模分布式电源接入后,配电系统无法满足国家标准《电能质量 电压波动和闪变》(GB/T 12326—2008)中规定的电压波动限值,如表 9.2 所示。

**表 9.2 电压波动限值**

| $r/(次/h)$ | | $r≤1$ | $1<r≤10$ | $10<r≤100$ | $100<r≤1000$ |
|---|---|---|---|---|---|
| $d/\%$ | LV、MV | 4 | 3 | 2 | 1.25 |
| | HV | 3 | 2.5 | 1.5 | 1 |

注:LV 代表低压;MV 代表中压;HV 代表高压;$r$ 代表电压变动频度;$d$ 代表电压变动幅度。

当由大规模分布式电源接入所引起的系统电压波动超过表 9.2 所列的限值时,常会导致许多电力设备不能正常工作,严重影响配电系统的安全稳定运行,具体危害如下:

(1) 导致工作室、车间和生活居室灯等场所的照明灯光闪烁,影响生活质量和工作效率;

(2) 造成电动机(直接与交流电源连接的)转速不均匀,时而加速、时而制动,危及安全运行,电机寿命和产品质量都会受到影响;

(3) 使硅整流器的出力产生波动,从而导致换流失败等;

(4) 使电子计算机、自动控制设备、电子仪器设备不能正常工作;

(5) 对电压波动比较敏感的工艺或试验结果产生影响;

(6) 增加配电网的谐振,造成瞬时高电压、大电流;

(7) 增加附加损耗,降低发电、输电效率和设备使用率;

(8) 增加电耗从而增加电费支出。

综上可知,为了满足系统安全稳定运行的要求,电压波动必须满足标准中规定的限值,这样才能保证含分布式电源的配电系统的安全可靠运行。反之,当分布式电源接入规模超过配电网接纳能力的边界值时,电压变动限值和电压变动频度也将超出相应标准中规定的限值,从而严重影响配电系统的安全可靠运行。由此可以看出,电压波动成为配电网接纳分布式电源能力的重要制约因素,并可以进一步计算出配电网中允许的分布式电源渗透率边界。这就是电压波动对配电网接纳分布式电源能力的制约机制。

### 9.4.2　电压波动影响下配电网接纳分布式电源能力的边界模型

二维多分辨率建模的基本原理：首先，在配电网的一定布局条件下，选取一个区域的最大允许供电能力作为标准值，分别以分布式电源容量占标准值的百分比(简称分布式电源容量百分比)、负荷容量占标准值的百分比(简称负荷容量百分比)作为二维分辨率；其次，将常规的潮流计算模型用二维分辨率的形式表示，当改变分辨率时，计算系统中的相对电压变化率等与电压波动相关的参数；再次，采用多分辨率模型系的形式描述配电网电压波动的二维多分辨率模型；最后，基于此模型对配电网中的电压波动特性进行分析。

1) 确定配电网的布局条件，并选取标准值和二维分辨率

确定含分布式电源配电网的固定布局条件，包括配电网本身的布局情况以及分布式电源在其中的布局情况。在配电网本身的布局方面，不仅要考虑高、中、低压多级配电网之间的相互作用，而且要考虑多条馈线之间的相互影响；在配电网中分布式电源的布局方面，分布式电源可以选择风力发电、光伏发电、燃气轮机、燃料电池以及生物质能发电等多种形式，分布式电源接入数目大于等于 1，接入方式分为集中式接入和分散式接入，接入位置分为母线、馈线中间节点和馈线末端节点三种。

设配电网为包含若干条馈线的多级配电网，选取一个区域的最大允许供电能力为标准值 $S_B$，分布式电源容量百分比为 $a$，负荷容量百分比为 $b$，功率因数分别为 $\eta_a$ 和 $\eta_b$，则配电网的二维分辨率 $r$ 为

$$r = \langle a, b \rangle \tag{9.1}$$

2) 建立配电网的二维多分辨率潮流模型，并计算电压波动的相关参数

将常规的潮流计算模型用二维分辨率 $r$ 的形式表示，得到配电网的二维多分辨率潮流模型如下：

$$\begin{cases} S_B(a+\Delta a)\eta_a - S_B(b+\Delta b)\eta_b = U_i \sum_{j\in i} U_j (G_{ij}\cos\theta_{ij} + B_{ij}\sin\theta_{ij}) \\[2mm] S_B(a+\Delta a)\sqrt{1-\eta_a^2} - S_B(b+\Delta b)\sqrt{1-\eta_b^2} = U_i \sum_{j\in i} U_j (G_{ij}\sin\theta_{ij} - B_{ij}\cos\theta_{ij}) \\[2mm] \mathrm{d}\dot{U} = \dfrac{[S_B(a+\Delta a)\eta_a - S_B(b+\Delta b)\eta_b]R + [S_B(a+\Delta a)\sqrt{1-\eta_a^2} - S_B(b+\Delta b)\sqrt{1-\eta_b^2}]X}{U} \\[4mm] \qquad + \mathrm{j}\dfrac{[S_B(a+\Delta a)\eta_a - S_B(b+\Delta b)\eta_b]X - [S_B(a+\Delta a)\sqrt{1-\eta_a^2} - S_B(b+\Delta b)\sqrt{1-\eta_b^2}]R}{U} \end{cases}$$

$$\tag{9.2}$$

式中，$S_B$ 为区域的最大允许供电能力；$a$ 和 $b$ 分别为分布式电源容量百分比和负荷容量百分比；$\Delta a$ 和 $\Delta b$ 分别为相应的变化量；$r$ 为二维分辨率；$\eta_a$ 和 $\eta_b$ 分别为分布式电源和负荷的功率因数；$U_i$、$U_j$ 分别表示节点 $i$、$j$ 的电压幅值；$G_{ij}$ 和 $B_{ij}$ 分别表示节点 $i$、$j$ 的电导和电纳；$\theta_{ij}$ 表示节点 $i$ 和 $j$ 的电压相角差；$U$ 为参考电压；$dU$ 为电压降落；$R$ 和 $X$ 分别为等效电阻和等效电抗。

根据上述潮流模型，计算相对电压变化率等电压波动的相关参数。

当二维分辨率 $r$ 变化前，任一节点 $k$ 的自阻抗为 $Z_{kk}$；当 $r$ 变化后，节点 $k$ 的自阻抗变为 $Z'_{kk}=R'_{kk}+jX'_{kk}$，则此时从短路点看进去的配电网阻抗角 $\varphi'$ 为

$$\varphi' = \arctan\left(\frac{X'_{kk}}{R'_{kk}}\right) \tag{9.3}$$

此时，短路容量 $S'_k$ 为

$$S'_k = \sqrt{3} \times U_N \times I'_f \tag{9.4}$$

式中，$U_N$ 为额定电压；$I'_f$ 为三相故障电流。

在二维分辨率 $r$ 变化前后，节点 $k$ 的相对电压变化率为

$$d = \frac{\Delta U}{U} = \frac{S_B\left(a+\Delta a\right)\left|\cos(\varphi'+\xi)\right|}{S'_k} \tag{9.5}$$

式中，$\xi = \arccos \eta_a$，表示分布式电源的功率因数角。

3) 采用多分辨率模型系的形式描述配电网电压波动的二维多分辨率模型

配电网电压波动的二维多分辨率模型采用多分辨率模型系(multi-resolution model family，MRMF)的形式描述如下：

$$\text{MRMF}_E = \left\langle \{r\}, \{M_r\}, \{R_{i,j}\} \right\rangle \tag{9.6}$$

式中，$r$ 为二维分辨率，如式(9.1)所示；$M_r$ 为实体 $E$ 的分辨率为 $r$ 的模型，$M_r$ 使用离散事件系统(discrete event system, DES)规范描述如下：

$$M_r = \left\langle X^r, s_0, S^r, Y^r, \delta^r_{\text{int}}, \lambda^r \right\rangle \tag{9.7}$$

式中，$X^r$ 为输入事件的集合，包括改变分布式电源容量百分比 $a$ 和负荷容量百分比 $b$；$Y^r$ 为输出事件的集合，包括配电系统中任意节点的相对电压变化率；$s_0$ 为系统的初始状态，包括给定一个区域的最大允许供电能力 $S_B$，当分布式电源容量百分比为 $a_0=0$ 和负荷容量百分比为 $b_0$ 时，配电系统中任意节点的阻抗、电压、电流和短路容量；$S^r$ 为状态序列的集合，包括当分布式电源容量百分比为 $a$ 和负荷容量百分比为 $b$ 时，配电系统中任意节点的阻抗、电压、电流和短路容量；$\delta^r_{\text{int}}$ 为模型的内部状态转移函数，如式(9.1)~式(9.3)所示；$\lambda^r$ 为输出函数，如式(9.7)所示。

$R_{i,j}$ 用于建立不同分辨率模型之间的联系，其定义如下：

$$R_{i,j}:Y_R^i \to X_s^j \tag{9.8}$$

式中，$i,j \in \gamma$，$X_s^j \subset X^j$，$Y_R^i \subset Y^i$，分别为与模型的分辨率相关的输入输出，相关输入包括分布式电源容量百分比 $a$、负荷容量百分比 $b$，相关输出包括配电系统中任意节点的相对电压变化率等。

4) 基于二维多分辨率模型分析配电网中电压波动的变化情况

首先，以单一分辨率 $a$ 或 $b$ 为自变量，得到配电系统中电压波动的变化趋势图；然后，令二维分辨率中 $a$ 和 $b$ 同时变化，得到配电系统中电压波动的变化趋势图。

5) 配电网接纳分布式电源能力的边界模型

根据某一时间尺度内受分布式电源和负荷的随机特性影响的配电网电压波动的幅值和频度，得到电压波动影响下配电网接纳分布式电源能力的边界模型为

$$\begin{cases} \mathrm{MRMF}_E = \left\langle \{r\}, \{M_r\}, \{R_{i,j}\} \right\rangle \\ r = \langle a, b \rangle \\ M_r = \left\langle X^r, s_0, S^r, Y^r, \delta_{\mathrm{int}}^r, \lambda^r \right\rangle \\ R_{i,j}:Y_R^i \to X_s^j \\ d_k(\Delta r) = \dfrac{S_B(a + \Delta a)\left|\cos(\varphi' + \xi)\right|}{S_k'} \leqslant d_{\mathrm{limit}} \\ R_k \in R_{\mathrm{limit}} \end{cases} \tag{9.9}$$

式中，$k$ 为电压波动最大的节点；$d_k$ 为节点 $k$ 的电压波动幅值；$d_{\mathrm{limit}}$、$R_{\mathrm{limit}}$ 分别为电压波动相关标准中规定的波动幅值和频度的限值。

## 9.4.3　风险预警方法及仿真验证

含大规模分布式电源的配电网电压波动风险预警流程具体如图 9.1 所示，如下所述：

(1) 判断电压波动幅值和频度是否满足配电系统的安全稳定运行要求；

(2) 建立含分布式电源的配电网的二维多分辨率模型，分析不同分辨率情况下含分布式电源的配电网的电压波动特性；

(3) 建立电压波动影响下配电网接纳分布式电源能力的边界模型，计算某一典型场景中电压波动制约下分布式电源渗透率的允许变化范围；

(4) 同理，计算其他场景下分布式电源渗透率的允许变化范围，综合多场景模型分析得出电压波动影响下配电网接纳分布式电源能力的边界，判断含大规模分布式电源的配电网是否存在电压波动风险。

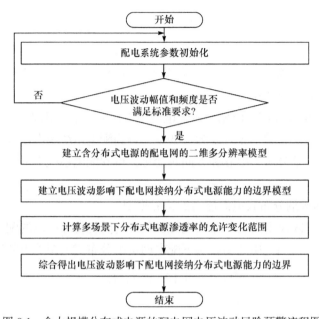

图 9.1　含大规模分布式电源的配电网电压波动风险预警流程图

建立含分布式电源的配电网图如 9.2 所示，模型中的具体参数如表 9.3 所示。

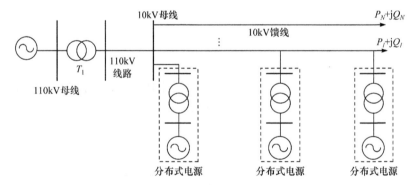

图 9.2　含分布式电源的配电网图

**表 9.3　含分布式电源的配电网模型的参数**

| 配电网设备 | 设备参数 |
|---|---|
| 变压器 $T_1$ | 额定电压 $U_{1N}/U_{2N}$=110kV/10.5kV<br>额定容量 $S_N$=40MV·A<br>短路电压百分数 $U_k$=10.5%<br>短路损耗 $P_k$=201.21kW |
| 110kV 配电线路 | 线路长度 $L$=10km<br>线路电阻 $R$=0.125Ω/km<br>线路电抗 $X$=0.38Ω/km<br>对地电容 $C$=0.18μF/km |

续表

| 配电网设备 | 设备参数 |
|---|---|
| 10kV 配电线路 | 线路长度 $L$=5km<br>线路电阻 $R$=0.2207Ω/km<br>线路电抗 $X$=0.3678Ω/km<br>对地电容 $C$=0.061μF/km |

在配电网本身的布局方面，不仅考虑了高、中压多级配电网之间的相互作用，而且还考虑了多条馈线之间的相互影响。在配电网中分布式电源的布局方面，分布式电源可以选择风力发电、光伏发电等多种形式；分布式电源接入数目大于等于 1；接入方式为集中式、分散式接入；接入位置分为母线、馈线中间节点和馈线末端节点三种，其中分散式接入的处理方法也可等效为集中接入至母线、馈线中间节点和馈线末端节点。

根据国家标准 GB/T 12326—2008 的规定，当分布式电源和负荷的变化引起的电压波动频度范围为 1～10 次/h 时，中压配电系统的电压波动幅值不得超过 3%。下面根据分布式电源接入的位置不同分为三种场景进行讨论。

1) 分布式电源接入母线的场景(场景 1)

图 9.3 表示负荷波动率 $b_f$ 分别为 10%、30%、50%、70%时所得到的分布式电源最大允许波动率，其中曲线 $s_1$ 为公共连接点(PCC)的电压波动特性随分布式电源波动率 $a_f$ 变化的情况，曲线 $s_2$ 为国家标准 GB/T 12326—2008 规定的电压波动限值。

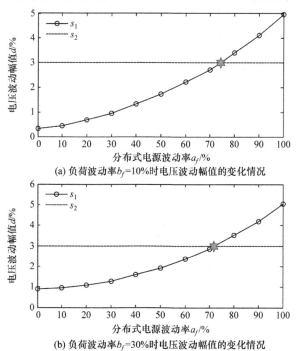

(a) 负荷波动率 $b_f$=10%时电压波动幅值的变化情况

(b) 负荷波动率 $b_f$=30%时电压波动幅值的变化情况

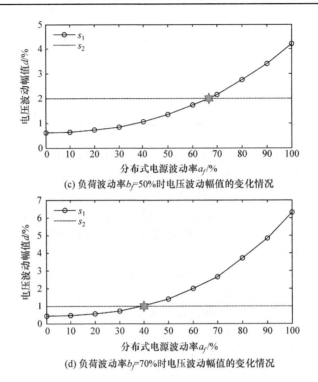

(c) 负荷波动率 $b_f$=50%时电压波动幅值的变化情况

(d) 负荷波动率 $b_f$=70%时电压波动幅值的变化情况

图 9.3　不同负荷变化率下电压波动随分布式电源输出的变化情况

图 9.4 表示含分布式电源的配电网电压波动特性以及分布式电源波动率 $a_f$ 和负荷波动率 $b_f$ 的允许变化范围。其中，曲面表示分布式电源并网点 PCC 的实际电压波动规律，曲线表示配电网的电压波动在规定范围内时分布式电源波动率 $a_f$ 和负荷波动率 $b_f$ 允许变化范围的边界。

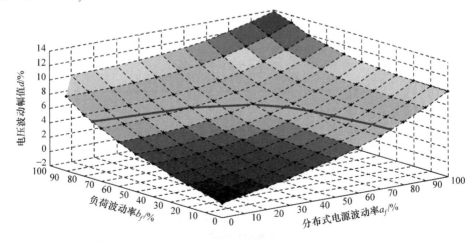

图 9.4　负荷与分布式电源二维分辨率分析下的电压波动情况三维图

由此，可得到不同负荷水平下不同种类分布式电源的渗透率边界如图 9.5 所示。

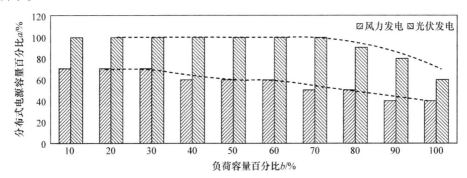

图 9.5　场景 1 不同负荷水平下不同种类分布式电源的渗透率边界

由此得出结论，当分布式电源接入母线、负荷水平保持在 80%～100%时：

(1) 若分布式电源为光伏发电，则配电网能够接纳分布式电源的允许渗透率在 88%～60%范围内。

(2) 若分布式电源为风力发电，则配电网能够接纳分布式电源的允许渗透率在 50%～40%范围内。

2) 分布式电源接入馈线中间节点的场景(场景 2)

如场景 1 中的分析过程，场景 2 下得到的不同负荷水平下不同种类分布式电源的渗透率边界如图 9.6 所示。

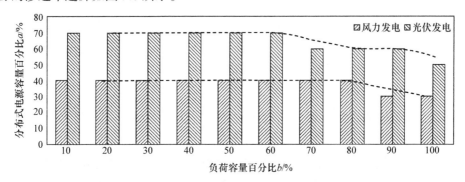

图 9.6　场景 2 下得到的不同负荷水平下不同种类分布式电源的渗透率边界

由此得出结论，当分布式电源接入馈线中间节点，负荷水平保持在 80%～100%时：

(1) 若分布式电源为光伏发电，则配电网能够接纳分布式电源的允许渗透率在 60%～50%范围内。

(2) 若分布式电源为风力发电，则配电网能够接纳分布式电源的允许渗透率在 40%～30%范围内。

3) 分布式电源接入馈线末端节点的场景(场景 3)

如场景 1 中的分析过程，场景 3 下得到的不同负荷水平下不同种类分布式电源的渗透率边界如图 9.7 所示。

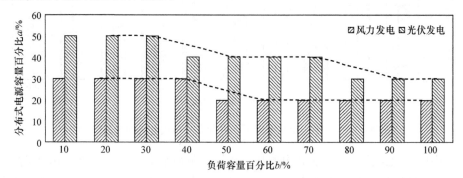

图 9.7　场景 3 下得到的不同负荷水平下不同种类分布式电源的渗透率边界

由此得出结论，当分布式电源接入馈线末端节点，负荷水平保持在 80%～100%时：

(1) 若分布式电源为光伏发电，则配电网能够接纳分布式电源的允许渗透率在 30%左右。

(2) 若分布式电源为风力发电，则配电网能够接纳分布式电源的允许渗透率在 20%左右。

根据电压波动制约下配电网接纳分布式电源能力的边界模型，综合上述六种场景(两种不同种类的分布式电源分别接入三种不同位置)，得出电压波动制约下分布式电源渗透率边界的极小值为 20%，极大值为 60%。

## 9.5　含大规模分布式电源配电网电压升高风险预警方法

传统配电网的调压原则是按照高压侧到低压侧的潮流单向流动考虑，通常将母线电压维持在一个较高范围内(如 103%～105%的额定电压)，从而保证线路上电压不低于额定的下限值。随着未来分布式电源的增多，特别是光伏发电系统在配电网中大规模、高渗透率的接入，一旦潮流出现反向，通过馈线阻抗产生的压降将提高线路末端电压水平，进而可能出现电压升高越限问题。因此，针对含分布式电源配电网，调度运行人员应对未来时段内的分布式电源出力和负荷功率对配电网电压水平的综合作用进行分析，实现含分布式电源的配电网电压升高风险辨识和预警。

### 9.5.1　分布式电源接入引起的电压升高风险机理及风险辨识关键点

在没有分布式电源接入时，馈线电压沿馈线从首端到末端逐渐降低，但接入分布式电源后，由于功率反向送入馈电线路，馈线电压有可能升高。当反向功率过大时，很有可能超过允许的电压升高限度。电压变化的大小与电流和线路阻抗有关，一般线路的功率因数角比较小，送端与受端电压差的幅值可以近似表示为

$$\Delta U = \frac{PR + QX}{U_s} \tag{9.10}$$

式中，$P$ 和 $Q$ 分别为流过线路的有功功率和无功功率；$R$ 和 $X$ 分别为线路电阻和电抗；$U_s$ 为送端电压。从式(9.10)可以看出，该问题尤其容易出现在多采用架空线、长度较长、阻抗相对较大的地区。

值得注意的是，虽然含大规模分布式电源配电网普遍存在电压升高风险已成为共识，但是由于电压升高是分布式电源和负载共同作用的结果，且若针对未来时段，这两个影响因素都具有很强的波动性、不确定性，给电压升高风险的辨识带来很大难度。下面给出光伏发电系统和负荷的典型功率概率模型：

$$f(S) = \frac{\Gamma(\alpha + \beta)}{\Gamma(\alpha)\Gamma(\beta)} \left(\frac{S}{S_{max}}\right)^{\alpha-1} \left(1 - \frac{S}{S_{max}}\right)^{\beta-1} \tag{9.11}$$

$$P = A\eta S \tag{9.12}$$

式中，$S$ 为实时光照强度；$S_{max}$ 为最大光照强度；$\Gamma$ 为 Gamma 函数；$\alpha$ 和 $\beta$ 均为 Beta 函数的形状参数；$P$ 为光伏发电系统输出功率；$A$ 为光伏电池方阵总面积；$\eta$ 为光伏电池方阵的光电转换效率。

$$f(P) = \frac{1}{\sqrt{2\pi}\sigma} \exp\left[-\frac{(P-\mu)^2}{2\sigma^2}\right] \tag{9.13}$$

$$f(Q) = \frac{1}{\sqrt{2\pi}\sigma} \exp\left[-\frac{(Q-\mu)^2}{2\sigma^2}\right] \tag{9.14}$$

式中，$\mu$ 为正态分布的数学期望；$\sigma$ 和 $\sigma^2$ 分别为相应的标准差和方差。

由此可见，含大规模分布式电源配电网的电压升高风险辨识和预警问题已经转换为概率性问题，即考虑含负荷及光伏发电双重不确定因素下，如何计算某时段内的电压越限风险概率。这种概率表征形式作为电压升高风险的关键电气变量，能够克服含大规模分布式电源配电网对未来运行状态无法进行确定性计算的缺点，同时能够直观地呈现出各节点电压在多种运行状态下的概率组合关系，对含

不确定因素的风险辨识具有很强的实用性。

### 9.5.2　分布式电源接入引起的电压升高风险预警模型及方法

本节提出直接以各节点电压越限概率为电压升高风险的关键电气变量，基于典型离散状态电压越限概率离线计算、电压越限概率态势在线分析及其与预警阈值比较三个层面，进行含分布式电源配电网电压升高风险辨识和预警。在进行电压升高风险辨识和预警过程中，该方法划分为节点负荷功率概率模型等效、典型状态电压越限概率离线计算、电压越限概率态势在线分析、预警决策四个环节，具体分析如下。

1) 节点负荷功率概率模型等效

本环节提出利用系统节点等效的方式简化辐射状配电系统运行状态参数，利用单个节点的等效负荷功率概率模型，表征整个系统负荷综合作用对该节点电压的影响，有效地简化与电压相关的系统运行变量描述。

2) 典型状态电压越限概率离线计算

将各节点获得的等效负荷功率概率模型，与能够表征光伏发电系统出力特性的光照强度概率模型参数融合，建立影响节点电压概率分布的等效随机状态参数模型。并选取典型离散状态，采用基于拉丁超立方采样的随机潮流方法计算、保存典型离散状态下各节点电压越限概率。

3) 电压越限概率态势在线分析

在实际运行中，针对风险辨识时段内负荷和光照强度的预测概率模型，计算对应该实际运行状态的等效随机状态参数。然后查找离线计算后存储的等效随机状态中与实际运行状态相邻的多组典型离散状态和计算结果，进行多维 Lagrange 插值，即可得到此时系统各节点的电压越限概率。

4) 预警决策

从营销系统中获取配电网中各节点负荷重要程度和对电压升高的敏感度，设置各节点电压升高越限概率预警阈值 $p_{i0}$。针对包含 $N$ 个节点的配电网，若某节点 $i$ 的电压升高越限概率为 $p_i$，进行该节点电压升高越限预警判据为

$$\text{flag} = \text{sign}(p_i - p_{i0}) \tag{9.15}$$

### 9.5.3　仿真验证

采用 IEEE 33 节点测试系统对所提方法进行验证。如图 9.8 所示，系统分别在 13、18、22、25 和 29 节点配置五个参数一致的光伏发电系统，相关功率参数如表 9.4 所示。采用 IEEE 33 节点测试系统所给负荷参数作为该测试系统基本运

行状态。该测试地区最大光照强度设为 1000W/m²。电压合格的上限为 1.05p.u., 下限为 0.95p.u.。

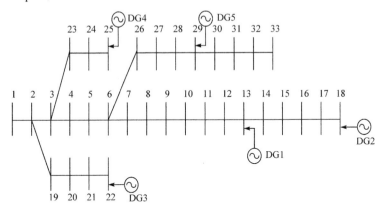

图 9.8 含光伏发电单元的 33 节点测试系统

**表 9.4 光伏发电单元参数**

| 接入节点 | 单个系统面积/m² | 光电转换效率/% | 最大光照强度/(W/m²) |
| --- | --- | --- | --- |
| 13,18,22,25,29 | 2000 | 14 | 1000 |

选择基本运行状态、轻载和严重过负荷三种情况验证节点等效的准确性，其中轻载状态各节点负荷为基本运行状态各节点负荷的一半，严重过负荷状态各节点负荷为基本运行状态各节点负荷的 2 倍。此时不考虑负荷波动性，等效于方差设定为零，主要针对节点等效负荷期望进行验证。计算了采用节点等效和保持原有各节点负荷两种方式下各节点的电压幅值和误差，如图 9.9～图 9.11 所示。

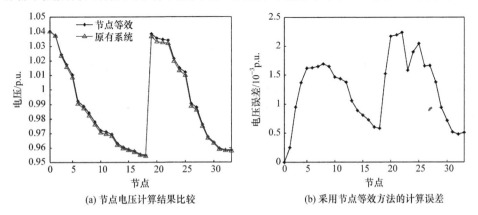

(a) 节点电压计算结果比较  (b) 采用节点等效方法的计算误差

图 9.9 基本状态两种方法结果比较

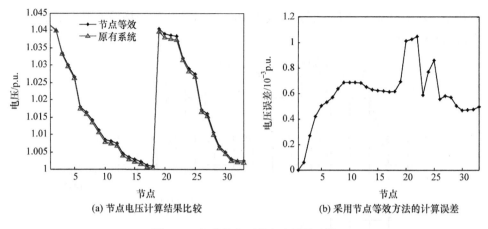

(a) 节点电压计算结果比较　　　　　(b) 采用节点等效方法的计算误差

图 9.10　轻载状态两种方法结果比较

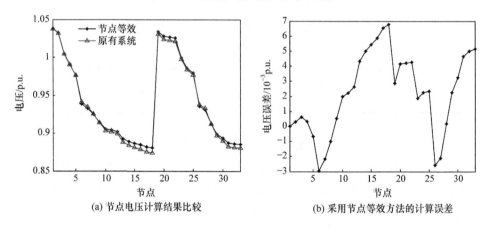

(a) 节点电压计算结果比较　　　　　(b) 采用节点等效方法的计算误差

图 9.11　严重过负荷状态两种方法结果比较

可以看出，节点负荷期望的等效效果比较理想，等效后的节点电压与实际系统节点电压非常接近。误差趋势方面，在基本状态和轻载状态下，等效计算各节点电压比实际电压均略高一些。在严重过负荷状态下，等效计算各节点电压在个别点比实际电压略低些，在多数节点仍比实际电压略高。在误差大小方面，负荷越大，误差越大，在基本运行状态之内，误差均能保持低于 0.25%。算例验证了节点等效负荷期望的有效性。

利用节点等效原理可将复杂的系统利用简单的等效参数描述，大大降低参数维度，特别是对需要利用功率概率模型对电压计算结果进行概率统计的电压越限风险，提供了离线计算的条件。

算例假设此时光照强度期望值为 600W/m²，标准差为 120W/m²。利用负荷期望与最大负荷比值的变化表征不同的运行场景，为了构建电压越限的场景，设定各节点负荷期望与最大负荷比值分别为 1/4 和 2。其负荷的有功功率和无功功率标准差与期望的比值均保持为 0.2。基于节点等效计算方式的拉丁超立方采样规模为 500。而在保持系统原有节点负荷的方式下，为了保证多维变量采样的充分覆盖性，各节点同时进行拉丁超立方采样的采样规模设定为 100000，并认为该条件下计算得到的是真实的概率结果。

当系统处于轻载状态时，在分布式电源的作用下某些节点可能发生电压升高的风险，由图 9.12 可以看出节点等效方式和实际的电压结果几乎相同，概率误差不超过 5%。从两种计算方式下节点 18 的多次采样结果直方图可以看出，其各段分布规律基本保持一致，有效地保障了越限电压概率计算准确度。

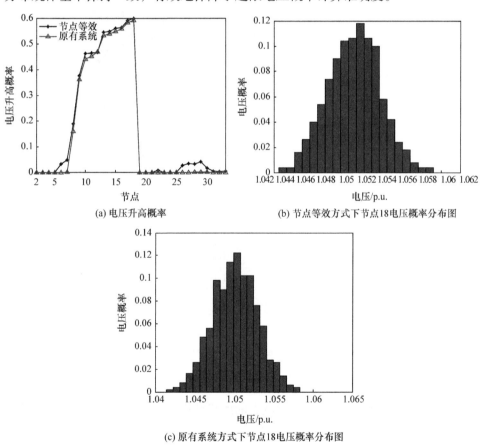

(a) 电压升高概率　　　　　　　　　(b) 节点等效方式下节点18电压概率分布图

(c) 原有系统方式下节点18电压概率分布图

图 9.12　节点等效方式与原有系统方式下的节点 18 电压概率分布对比图

(各节点负荷期望与基本负荷比值为 1/4)

当系统处于严重过负荷状态时，即使不考虑方差，节点等效后的计算误差也将增大。图 9.13 中节点等效方式下的低电压概率误差明显要比轻载时的电压概率误差大，但是即使在如此极端甚至不可能出现的情况下，节点等效计算结果误差仍保持在 10%以内，体现了节点等效方法良好的适用性。由计算误差较大的节点 18 多次采样结果直方图可以看出，在整体分布趋势和形状上，节点等效的方式和原有系统计算结果保持一致，但是节点等效方式在电压分布区域边缘更加外扩。

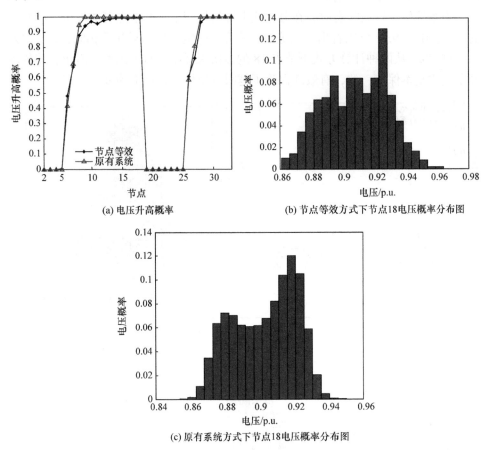

(a) 电压升高概率

(b) 节点等效方式下节点18电压概率分布图

(c) 原有系统方式下节点18电压概率分布图

图 9.13　各节点负荷期望与基本负荷比值为 2 时的电压概率分布

依据参数降维后系统典型离散状态的离线计算结果，实施电压风险的在线计算。根据实时的系统状态进行节点等效，然后根据等效参数选择邻近典型状态进行多维插值计算，大大降低了采样和大量潮流计算，只需进行查找和插值计算即可。

在本算例中，以基本状态为最大负荷状态，对各节点的等效负荷期望和方差进行离散化，即按照最大负荷状态的等效变量各平均取 10 个值，形成典型离散状态组合。然后设定某个实际运行状态光照强度的数学期望为 545W/m²，各节点负荷期望为各节点基本状态的 1/4，光照强度和负荷的标准差均设为与期望比值为 0.2。

以节点 18 为例，给出其多维插值过程所用离散状态。节点 18 的等效负荷及其各等效参数邻近离散状态如表 9.5 和表 9.6 所示。

**表 9.5　节点 18 等效负荷**

| 光照强度期望/(W/m²) | 有功功率期望/kW | 有功功率标准差/kW | 无功功率期望/kvar | 无功功率标准差/kvar |
|---|---|---|---|---|
| 545 | 186.5 | 9.4 | 127.3 | 7.0 |

**表 9.6　节点 18 等效负荷及其各等效邻近离散状态**

| 光照强度期望/(W/m²) | 有功功率期望/kW | 有功功率标准差/kW | 无功功率期望/kvar | 无功功率标准差/kvar |
|---|---|---|---|---|
| 500 | 149.2 | 7.5 | 101.8 | 5.6 |
| 600 | 223.8 | 11.3 | 152.7 | 8.4 |

## 9.6　含大规模电动汽车充放电装置的配电网电压暂降风险预警方法

### 9.6.1　含电动汽车配电网电压暂降风险发生及辨识机理

电动汽车充电负荷接入对配电网电压影响的机理如图 9.14 所示，主要表现如下。随着以电动汽车为代表的新的多样性负荷的接入，将会产生新的负荷高峰，甚至与已有负荷高峰重合，使配电系统超出设计和规划时的传输极限运行，由于电动汽车充放电装置具有恒压恒流充电特性，当配电网出现扰动、负荷增大等系统变更使负荷端电压急剧波动下降或向下偏移时，电动汽车充放电装置从配电网中取用的电流将增大，致使线路电压降增大，负荷端电压持续下降，一方面当电压持续下降至一定程度时，保护动作使得扰动消失，负荷端电压恢复正常，当扰动再次发生时，负荷端电压又持续下降，保护继续动作，负荷端电压恢复正常，短时间内，如此往复将形成负荷端电压频繁降低或升高，致使电压波动剧烈，恶化电能质量。另一方面，若运行人员和自动系统的控制已无法终止电压持续下降，系统就会产生电压失稳现象，这种电压衰落可能只需几秒钟，也可能长达几十分钟，甚至更长，如果电压持续下降至较低水平，且不可逆转，那么电压崩溃就会发生，威胁配电网的安全。

在含大规模电动汽车的实际电力系统中，恒阻抗类型负荷 $Z$、恒电流类型负荷 $I$、常规恒功率类型负荷 $P$ 以及电动汽车充电负荷 $P_{EV}$ 均接在 10kV 母线侧，如图 9.15 所示。

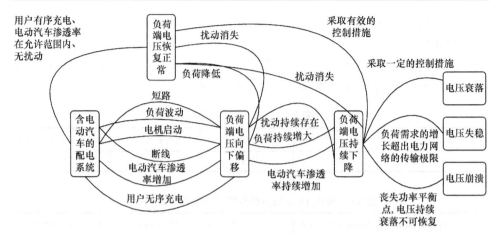

图 9.14　含电动汽车充放电装置的配电网电压风险演变机理

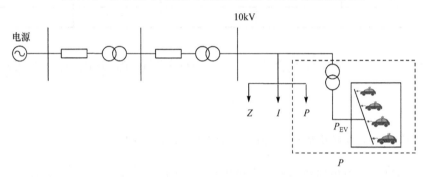

图 9.15　含电动汽车接入的配电系统

在研究未来含大规模电动汽车充放电装置的配电网电压暂降风险时,由于电动汽车充放电装置在恒流恒压充电过程中,恒流充电时间相对较长,在此期间,电池端电压变化幅度很小,充放电功率不会很快变化,因此在电压暂降风险机理分析中,考虑将电动汽车充放电装置看成恒功率负荷来处理。

将图 9.15 中的含电动汽车的电力系统等效为一个 2 节点系统,如图 9.16 所示。其中,节点 1 为系统等效电源节点,节点 2 为系统等效负荷节点,阻抗 $R+jX$ 为配电网等值阻抗,$Z$ 为恒阻抗负荷,$I$ 为恒电流负荷,$P$ 为恒功率负荷。

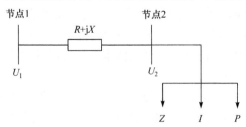

图 9.16　2 节点配电系统等值网络

由于配电网电压波动情况与负荷特性紧密相关，在研究电动汽车充放电装置对配电网电压影响时，选用经典 ZIP 负荷电压特性模型，表达式如下：

$$P = P_0 \left[ a_p \left( \frac{U}{U_0} \right)^2 + b_p \left( \frac{U}{U_0} \right) + c_p \right] \tag{9.16}$$

$$Q = Q_0 \left[ a_q \left( \frac{U}{U_0} \right)^2 + b_q \left( \frac{U}{U_0} \right) + c_q \right] \tag{9.17}$$

式中，电压二次项相当于恒阻抗负荷，电压一次项相当于恒电流负荷，电压零次项相当于恒功率负荷。其中，$U_0$ 为系统正常稳定运行时的节点电压；$P_0$、$Q_0$ 分别为系统在正常稳定运行电压 $U_0$ 下的节点有功功率和无功功率；$a_p$、$b_p$、$c_p$ 分别为恒阻抗、恒电流、恒功率负荷有功功率占接入节点总负荷有功功率的比例；$a_q$、$b_q$、$c_q$ 分别为恒阻抗、恒电流、恒功率负荷无功功率占接入节点总负荷无功功率的比例。

由经典 ZIP 负荷电压特性模型可知，恒阻抗负荷吸收的功率与负荷端电压的平方成正比，当负荷端电压下降时，恒阻抗负荷吸收的功率以及流经恒阻抗负荷的电流也随之下降，线路压降也随之下降，对负荷端电压的恢复起负反馈的作用；恒电流负荷流过的电流不随负荷端电压的变化而变化，对负荷端电压的恢复不起作用；恒功率负荷由于功率恒定，当负荷端电压下降时，恒阻抗负荷流过的电流将随之增加，线路压降也随之增加，对负荷端电压的恢复起正反馈的作用。当正反馈作用大于负反馈作用时，系统将不能维持电压稳定，如果不采取任何电压控制措施，长时间的电压失稳最终会导致电压崩溃的发生。

为了便于对考虑负荷特性的含电动汽车配电网电压波动机理进行建模，只考虑恒阻抗、恒电流、恒功率负荷的静态电压特性，不考虑其暂态特性，将受扰动后负荷端电压振荡过程划分为多个中间近似稳态状态，如图 9.17 所示。

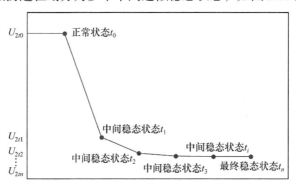

图 9.17　扰动引起电压稳定过程中负荷端电压中间稳态状态变化示意图

(1) 令配电网正常运行状态为 $t_0$，将配电网在扰动下电压振荡升高或下降过

程分为 $n$ 个稳态状态，令配电网在扰动下电压振荡升高或下降过程中第 $i$ 个稳态状态为 $t_i$。

(2) 确定状态 $t_i$ 下配电网线路电压降模型 $\Delta U_{ti}$，计算公式为

$$\Delta U_{ti} = \frac{P_{2ti}R + Q_{2ti}X}{U_{2ti}} \tag{9.18}$$

式中，$\Delta U_{ti}$ 为状态 $t_i$ 下配电网线路电压降；$P_{2ti}$ 为状态 $t_i$ 下配电网末端负荷有功功率；$Q_{2ti}$ 为状态 $t_i$ 下配电网末端负荷无功功率；$U_{2ti}$ 为状态 $t_i$ 下配电网末端负荷节点电压。

当 $i=1$ 时，状态 $t_1$ 下配电网末端负荷节点电压 $U_{2t1}$ 的计算公式为

$$U_{2t1} = (1 \pm x)U_{2t0} \tag{9.19}$$

式中，$U_{2t0}$ 为 $t_0$ 状态下配电网末端负荷节点电压；$x$ 为状态 $t_1$ 下配电网末端负荷节点电压变化率。

当 $i \in [2, n]$ 时，状态 $t_i$ 下配电网末端负荷节点电压 $U_{2ti}$ 的计算公式为

$$U_{2ti} = U_{2t(i-1)} + \Delta U_{t(i-2)} - \Delta U_{t(i-1)} \tag{9.20}$$

式中，$U_{2t(i-1)}$ 为状态 $t(i-1)$ 下配电网末端负荷节点电压；$\Delta U_{t(i-2)}$ 为状态 $t(i-2)$ 下配电网线路电压降；$\Delta U_{t(i-1)}$ 为状态 $t(i-1)$ 下配电网线路电压降。

(3) 确定状态 $t_n$ 下配电网末端负荷节点电压 $U_{2tn}$。令 $a_p = a_q = a$，$b_p = b_q = b$，$c_p = c_q = c$，且 $a+b+c=1$，其中，$c = c_1 + c_2$，$c_1$ 为常规恒功率负荷占比，$c_2$ 为电动汽车充电负荷占比，则确定状态 $t_n$ 下配电网末端负荷节点电压 $U_{2tn}$ 的计算公式为

$$U_{2tn} = U_{2t(n-1)} + (P_0R + Q_0X)\left[a\left(\frac{U_{2t(n-2)} - U_{2t(n-1)}}{U_0^2}\right) + (c_1 + c_2)\left(\frac{1}{U_{2t(n-2)}} - \frac{1}{U_{2t(n-1)}}\right)\right] \tag{9.21}$$

式中，电动汽车充电负荷占比 $c_2$ 的计算公式为

$$c_2 = \frac{P_{EV}}{P_0} \times 100\% \tag{9.22}$$

式中，$P_{EV}$ 为电动汽车充电负荷有功功率。

从上述风险发生的机理可以看出，系统总负荷、网架结构、线路参数、各类负荷接入的比例、系统因扰动引起的电压下降百分比等因素的变化与负荷端电压波动的变化强相关。因此，进行含电动汽车充放电装置的配电网电压暂降风险辨识的关键是分析这些因素的变化对配电网电压波动的影响，并根据实际配电网采集的多信息源数据，通过数据层、规则层、决策层三层次多源信息融合方法实现含电动汽车充放电装置的配电网电压暂降风险辨识及预警。

### 9.6.2 含电动汽车配电网电压暂降风险预警模型及方法

配电网在当前运行状态下，需要根据当前的负荷变化情况、运行工况、扰动情况以及各类负荷占比情况，分析计算电压波动的趋势，判断电动汽车充电负荷的接入是否会导致配电网电压暂降风险的发生。本节针对以下两种情况，提出含电动汽车充放电装置的配电网电压暂降风险辨识规则。

情况一：获取实际配电网中各类负荷占比，通过比较电压波动变化率与电压波动幅值限定值进行电压暂降风险的辨识。

根据电压暂降风险机理分析推导出配电网在扰动下电压波动变化率计算公式为

$$\mathrm{d}U = \frac{U_{2t0} - U_{2tn}}{U_{2t0}} \times 100\% \tag{9.23}$$

若配电网在扰动下电压波动变化率 $\mathrm{d}U$ 满足 $|\mathrm{d}U| < \mathrm{d}U_{\mathrm{limit}}$，则所述配电网不存在电压暂降风险；若配电网在扰动下电压波动变化率 $\mathrm{d}U$ 满足 $|\mathrm{d}U| \geqslant \mathrm{d}U_{\mathrm{limit}}$，则所述配电网存在电压暂降风险。其中，$U_{\mathrm{limit}}$ 为配电网电压波动幅值限定值。

情况二：若无法获取配电网中各类负荷占比，则以恒阻抗负荷占比 $a$ 和恒功率负荷占比 $c$ 为变量，并根据电压波动相关标准中规定的波动幅值的限值 $\mathrm{d}U_{\mathrm{limit}}$，求解得到含电动汽车充放电装置的配电网允许电压波动的边界条件：

$$c = a(1-x)\left(\frac{U_{2t0}}{U_0}\right)^2 \tag{9.24}$$

根据边界条件，求解随恒阻抗负荷和恒功率负荷占比变化的配电网负荷端电压波动边界曲面，如图 9.18 所示。

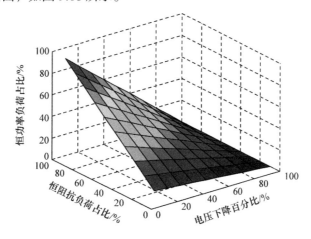

图 9.18　电压稳定边界曲面

电压暂降风险辨识规则为：获取对应的恒功率负荷占比限值，若实际配电网中电动汽车充电负荷比例超过恒功率负荷占比限值，则认为配电网可能存在电压暂降风险；反之，不认为配电网存在电压暂降风险。

### 9.6.3　含电动汽车配电网电压暂降风险预警信息

在实际配电网中，进行含电动汽车充电装置的电压暂降风险预警，采用的多源信息主要包括：从用电信息采集系统获取的电动汽车充放电监控信息，用于确定电动汽车充放电装置的实际充电功率；从调度自动化系统获取的配电网运行工况信息、电动汽车充电装置的分布信息，用于对含电动汽车充放电装置的配电网进行拓扑分析及等值建模；从营销系统获取的电动汽车充电功率、配电网总的负荷有功功率信息，预测电动汽车充电功率，计算配电网各类负荷占比。

通过以上信息的获取，采用多源信息数据融合方法，得到含电动汽车充放电装置的配电网电压暂降风险预警模型所需要的有功功率、无功功率、配电网等值参数、各类负荷占比等参数信息，计算含电动汽车充放电装置的配电网电压波动率，根据电压暂降风险辨识规则，进行含电动汽车充放电装置的配电网电压暂降风险辨识，如图 9.19 所示。

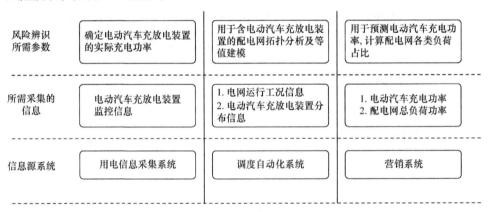

图 9.19　风险预警所需多源信息

# 第10章　配电网风险预防控制方法

预防控制是指在发现配电网处于不安全状态时，采取相应的控制措施使其返回安全状态，从而保证配电网的安全可靠运行，它是以发现配电网处于不安全状态为起点的针对性控制，也是依据风险辨识和预警的结果而对配电网实施的一种校正手段。以往配电网的监测设备配置较少，无法全面了解配电网实时运行状态，多处于"盲调"和"事后应对"状态，配电网故障发生率在整个配电网中长期占据较大比例。随着配电自动化的普及，配电网的在线监测、评估和预警方面都得到了快速发展，预防控制也逐渐得到重视和发展。

## 10.1　配电网风险预防控制总体思路

针对不同的风险辨识和预警结果，预防控制手段所属层面有所区别。下面重点阐述风险预防的总体思路和层次体系。

风险主要分为设备风险和运行风险两种。设备风险是指可能造成电气一次、二次设备(母线、断路器、变压器、继电保护装置等)发生故障从而引发停电事故的风险，对于预防控制而言，是一种具有控制目标确定性和单一性的风险。运行风险是指由于运行策略不当造成运行指标越限，从而导致系统存在安全运行隐患的风险，对于预防控制而言，这类风险预防控制方式具有综合性。风险原因特性的不同直接影响风险预防方式。针对配电网不同的风险成因及严重程度，风险预防控制可采用"运行-检修-建设"三层次风险预防架构体系。

1. 运行层面风险预防控制

随着配电网在装备、结构等方面的不断发展，配电网的运行控制形态日益复杂，源、网、荷、储多类设备特性耦合是一把双刃剑，在丰富了配电网控制手段的同时，也对有效运行控制提出了更高的要求。由于配电网的运行状态与每个控制设备相关，所以与设备风险不同，针对不当控制策略引起的安全运行隐患，风险预防控制更多的是一种趋于更优的综合协调控制，以消除和减缓风险的发生和发展。

从本质上讲，这类风险预防控制可在风险辨识结果、风险评估指标作为目标或约束的基础上，以源、网、荷、储等多种调控手段为控制变量，进行优化计算。

针对具体的风险类型和等级，利用专家库的方式选择对消除和减缓风险灵敏度最高的控制变量和合适的控制区域，并根据决策者的偏好建立源、网、荷、储各层次的优先顺序，以解耦控制变量耦合程度，降低风险预防控制所采用的优化模型的广度和维度，从而进一步提高预防控制方案生成的快速性和针对性。

2. 检修层面风险预防控制

对于挖掘的一些风险隐患，如设备存在的风险隐患，通常不能通过运行手段进行消除，此时需要通过有针对性的检修手段提高配电网及设备安全水平。

3. 建设层面风险预防控制

除了上面两层分别针对设备风险和网络风险在某一时间断面上的预防控制方式之外，还应该考虑在较长时间尺度上某种或某类风险频发状态下，已不能够简单利用单一时间截面的运维或是运行层面下的预防控制方式，而需要采用长时间尺度有效控制方式，即规划建设层面风险预防控制，如更换设备，拓展网架，增加一次、二次装置等。

## 10.2　风险预防控制策略

针对10.1节"运行-检修-建设"三层次风险预防架构体系，可以根据风险源的物理性质制定有针对性的预防控制策略。

在运行层面，风险预防主要依赖网络拓扑结构与运行方式，降低配电网整体运行风险，消除运行中越限指标，尽量增大各类电气指标的安全裕度，以预防大面积停电事故。实际的风险预防中，在考虑风险事件发生的概率和后果的同时，也需要考虑预防手段自身调控难易程度和预防控制效果。在风险的预防控制过程中，所能采取的控制措施往往是多样的，包括配电网无功优化、发电功率再调度、负荷削减、网络重构等多种方式。风险控制措施可以是针对具体风险事件预防控制效果最好的单一手段，也可以是多种控制手段的组合。因此，在实际配电网运行控制中，针对不同风险特性，对风险预防控制手段进行优先性分级，制定层级化的预防控制策略，符合配电网运行实际。

在检修层面，设备风险评估的结果能有效指导设备检修计划的制订，优先安排风险等级高的设备或区域进行检修。另外，设备的停运检修也必将降低供电可靠率，导致运行风险增加。在检修计划制订过程中，根据设备故障率和重要度等因素，优先检修故障率较大和重要度高的设备。

在建设层面，当外部环境无重大变化，但配电网风险事件频发且时间周期长时，表明风险事件不再是偶发事件，这时重点问题已经转变为系统的供电可靠性问题，要从整个配电网规划建设的角度来降低风险，这是针对配电网一种有效的长期风险控制方式，一般从局部配电网规模、网架结构、设备升级等方面制订规划建设和改造方案解决。

下面重点从运行层面介绍多层级的风险预防控制典型案例。

# 10.3 配电网运行层面风险预防控制方法

## 10.3.1 电压升高风险预防控制

下面以含大规模分布式光伏发电系统的配电网电压升高风险为例，介绍采用多层次、多种管控手段相结合的预防控制方法。

随着能源和环境问题的日益加剧，可再生能源应用获得了快速发展，促进可再生能源利用且为集中式发电有效补充的分布式发电技术也得到了广泛应用。作为分布式发电技术的重要代表，在中低压配电网中，光伏发电系统以规模小、易装设、分散灵活、能源清洁等优势发展最为突出。但是高渗透率光伏系统并网不可避免地引入一系列电能质量问题，特别是在配电网实际运行中，有源特性造成的电压升高越限问题已成为影响光伏系统消纳和管控的重要制约因素。依据电压升高越限风险评估方法和指标，利用营配调协调控制手段，在实际运行中有针对性地进行电压升高风险管控，对智能配电网的安全可靠运行具有重要意义。

电压升高风险预防控制模型分为三个层次，如图 10.1 所示。

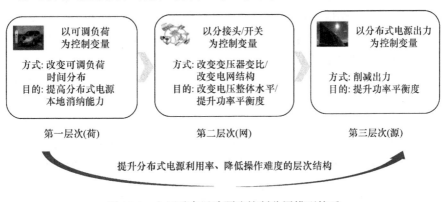

图 10.1 电压升高风险预防控制分层模型体系

第一层次：充分发挥电动汽车等可调负荷的有功功率调节能力，在配电网中利用这类设备的有功功率时移特性，提升分布式电源出力的本地消纳能力，降低分布式电源出力过剩造成的电压升高风险。

第二层次：电压升高越限风险可通过调节变压器的有载调压分接头进行有效控制。但是这种方式只适合于电压水平普遍偏高的运行状态，在某些馈线电压水平偏高的条件下，调节变压器分接头可能引起其余馈线低电压问题。这种电压水平不均衡的运行状态，归根结底由分布式电源和负荷功率分布不平衡造成，因此通过配网重构重新配置分布式电源和负荷的功率平衡关系，也是有效降低电压升高风险的手段之一。

第三层次：由分布式电源自身出力过剩引起的问题最直接的管控方式就是削减分布式电源的出力，虽然这种方式简单有效，但是不利于可再生能源的充分利用。因此，调度层面的控制方式并不是解决问题的最优选择。

综上可见，营配调协同手段均能够在不同程度上降低甚至消除电压升高风险，但是这些管控方式在操作代价、操作难度、能源利用等方面的影响不尽相同。因此，在营配调管控手段之间设立优先级别，依据优先级别依次进行管控，直至最终达到设定的风险管控目标，是营配调协同管控最有效、有益且利于实用化的方式。考虑到目前对可再生能源消纳的要求，以及配网重构操作的次数限制，本节依次优先考虑第一层次、第二层次和第三层次的管控手段。下面分别介绍不同层面的预防控制模型。

### 1. 第一层次预防控制模型

预防控制第一层次为利用可调负荷的需求侧响应。需求侧响应是指需求侧或终端消费者通过对基于市场的价格信号、激励，或者来自于系统运营者的直接指令产生响应改变其短期电力消费方式(消费时间或消费水平)和长期电力消费模式的行为。需求响应可以有效地减缓高峰负荷时用于供电和备用的发电投资和运行成本的增长，同时可以相应减少输配电的投资和损耗，此外有助于电力用户更多地参与电力市场，并积极地促进整个电力系统的节能减排，产生一定的环境效益。将需求侧响应资源与供应侧资源在各类市场和综合资源规划中平等甚至优先对待，能起到提升社会整体资源的利用效率和提高社会整体福利的重要作用。

需求侧响应一般分为价格型需求侧响应和激励型需求侧响应两大类：

(1) 价格型需求侧响应措施主要有分时电价(TOU)、实时电价(RTP)、尖峰电价(CPP)、极端负荷日电价(EDP)等。

(2) 激励型需求侧响应措施主要有直接负荷控制(DLC)、可中断负荷(IL)、需求侧竞价(DSB)、紧急需求响应(EDR)、容量/辅助服务计划(CASP)等。

电动汽车作为电力负荷，需要从配电网汲取电能以供日常行驶的需要，同时，电动汽车作为一种交通工具，具有移动性、随机性等特点，其充电需求具有一定的灵活性。另外，电动汽车的电池具备的储能特性使它不同于常规的负荷。电动汽车电池的储能能力使得用户在充电时间上有了更灵活的选择，充电时间可以人为改变。因此，可以通过控制电动汽车用户的充电行为，改变电动汽车充电负荷的时空特性，这使得电动汽车具有了一定的可控性。本章将电动汽车充换电站作为第一层次预防控制模型中的主要可调负荷变量。

在第一层次预防控制模型中，电压升高预防控制模型的主要目标包含两个方面：一方面尽量降低调节变量的变化值，以此降低调节产生的附加费用；另一方面尽量降低风险评估指标，以此达到电压升高有效预防控制的目的。因此，综合而言，电压升高预防控制模型的目标函数为

$$\min f\left(P_{i,\text{EV}}\right) = k_1 S\left(P_{i,\text{EV}}\right) + k_2 R\left(P_{i,\text{EV}}\right) \tag{10.1}$$

式中，$i$ 为节点号；$P_{i,\text{EV}}$ 为节点 $i$ 处换电站的负荷调节量；$S(P_{i,\text{EV}})$ 为配电网中所有换电站负荷总调节量；$R(P_{i,\text{EV}})$ 为配电网电压升高风险评估指标；$k_1$ 和 $k_2$ 分别为换电站负荷总调节量和电压升高风险指标的权重。

该预防控制模型相应满足的约束如下。

(1) 潮流平衡约束：

$$P_i - U_i \sum_{j=1}^{N_{\text{node}}} U_j (G_{ij} \cos\delta_{ij} + B_{ij} \sin\delta_{ij}) = 0 \tag{10.2}$$

$$Q_i - U_i \sum_{j=1}^{N_{\text{node}}} U_j (G_{ij} \sin\delta_{ij} - B_{ij} \cos\delta_{ij}) = 0 \tag{10.3}$$

式中，$N_{\text{node}}$ 为节点数；$P_i$ 和 $Q_i$ 分别为节点 $i$ 注入的有功功率和无功功率；$G_{ij}$、$B_{ij}$ 和 $\delta_{ij}$ 分别为节点 $i$、$j$ 之间的电导、电纳和相角差。

(2) 控制变量约束：

$$0 \leqslant P_{i,\text{EV}} \leqslant P_{i\max} \tag{10.4}$$

式中，$P_{i\max}$ 为第 $i$ 个节点电动汽车换电站负荷的最大调节量。

(3) 运行变量约束：

$$U_i^{\min} \leqslant \bar{U}_i \leqslant U_i^{\max} \tag{10.5}$$

$$\bar{S}_{ij} \leqslant S_{ij}^{\max} \tag{10.6}$$

式中，$\bar{U}_i$、$U_i^{\min}$ 和 $U_i^{\max}$ 分别为节点 $i$ 电压幅值均值、幅值下限和幅值上限；$\bar{S}_{ij}$ 和 $S_{ij}^{\max}$ 分别为节点 $i$ 和节点 $j$ 之间支路的视在功率均值和视在功率上限。

(4) 风险指标约束：

$$R\left(P_{i,\text{EV}}\right) \leqslant R_{\max}\left(P_{i,\text{EV}}\right) \tag{10.7}$$

式中，$R_{\max}(P_{i,\text{EV}})$ 为风险指标上限。

2. 第二层次预防控制模型

第二层次预防控制手段主要包含调节变压器有载调压分接头和配网重构两种方式。调节变压器有载调压分接头的方式适用于变压器出线电压水平普遍偏高的运行状况,而配网重构适用于变压器出线电压水平和功率分布不平衡的运行状况,因此在考虑第二层面预防控制时,首先要对运行状态进行分析评估。

实施变压器分接头调节的条件满足下述其一即可:

(1) 存在电压升高风险的馈线所接变压器所有出线均存在电压升高风险。

(2) 存在电压升高风险的馈线所接变压器所有出线虽然没有同时存在电压升高风险,但是也不存在低电压风险。

利用变压器分接头调节的电压升高预防控制模型为逐次法:

(1) 分接头调低一档。

(2) 重新评估馈线的电压越限风险。

(3) 同时满足电压升高风险指标和低电压风险指标约束则完成本次调节,否则转至步骤(4)。

(4) 若不满足电压升高风险指标约束,但满足低电压风险指标约束,且分接头仍有下调的裕度,则转至步骤(1)。

(5) 若步骤(3)和(4)均不满足,则认为调节变压器分接头不具有实际可操作性,转至配网重构方案。

采用配网重构方案的电压升高预防控制模型的主要目标包含两个方面:一方面尽量降低开关状态变化引起的操作费用;另一方面尽量降低风险评估指标,以此达到电压升高有效预防控制的目的。因此,综合而言,电压升高预防控制模型的目标函数为

$$\min f(K_i) = k_1 C(K_i) + k_2 R(K_i) \tag{10.8}$$

式中,$i$ 为开关编号,$K_i$ 为第 $i$ 个开关的状态变化量,$K_i=1$ 表示开关状态有变化,$K_i=0$ 表示开关状态无变化;$C(K_i)$ 为配网重构操作费用;$R(K_i)$ 为配电网电压升高风险评估指标;$k_1$ 和 $k_2$ 分别为重构操作费用和电压升高风险指标的权重。

该预防控制模型相应满足的约束如下。

(1) 潮流平衡约束:

$$P_i - U_i \sum_{j=1}^{N_{\text{node}}} U_j (G_{ij} \cos \delta_{ij} + B_{ij} \sin \delta_{ij}) = 0$$

$$Q_i - U_i \sum_{j=1}^{N_{\text{node}}} U_j (G_{ij} \sin \delta_{ij} - B_{ij} \cos \delta_{ij}) = 0$$

式中,$N_{\text{node}}$ 为节点数;$P_i$ 和 $Q_i$ 分别为节点 $i$ 注入的有功功率和无功功率;$G_{ij}$、$B_{ij}$ 和 $\delta_{ij}$ 分别为节点 $i$、$j$ 之间的电导、电纳和相角差。

(2) 控制变量约束。对控制变量的约束整体表现在各开关变化量体现在配网结构约束上，具体包含两方面：

① 配电网保证辐射状运行；

② 配电网中每一个负荷点都被供电，即不存在电力孤点或电力孤岛。

(3) 运行变量约束：

$$U_i^{\min} \leqslant \bar{U}_i \leqslant U_i^{\max}$$

$$\bar{S}_{ij} \leqslant S_{ij}^{\max}$$

式中，$\bar{U}_i$、$U_i^{\min}$ 和 $U_i^{\max}$ 分别为节点 $i$ 电压幅值均值、幅值下限和幅值上限；$\bar{S}_{ij}$ 和 $S_{ij}^{\max}$ 分别为节点 $i$ 和节点 $j$ 之间支路的视在功率均值和视在功率上限。

(4) 风险指标约束：

$$R(K_i) \leqslant R_{\max}(K_i) \tag{10.9}$$

式中，$R_{\max}(K_i)$ 为风险指标上限。

### 3. 第三层次预防控制模型

在调度层面，电压升高预防控制模型的主要目标包含两个方面：一方面尽量降低弃风弃光造成的可再生能源发电电量损失；另一方面尽量降低风险评估指标，以此达到电压升高有效预防控制的目的。因此，综合而言，电压升高预防控制模型的目标函数为

$$\min f(\alpha_i) = k_1 C(\alpha_i) + k_2 R(\alpha_i) \tag{10.10}$$

式中，$i$ 为分布式电源编号；$\alpha_i$ 为第 $i$ 个分布式电源出力比值；$C(\alpha_i)$ 为分布式电源少发电量损失；$R(\alpha_i)$ 为配电网电压升高风险评估指标；$k_1$ 和 $k_2$ 分别为分布式电源少发电量损失和电压升高风险指标的权重。

该预防控制模型相应满足的约束如下。

(1) 潮流平衡约束：

$$P_i - U_i \sum_{j=1}^{N_{\text{node}}} U_j (G_{ij} \cos \delta_{ij} + B_{ij} \sin \delta_{ij}) = 0$$

$$Q_i - U_i \sum_{j=1}^{N_{\text{node}}} U_j (G_{ij} \sin \delta_{ij} - B_{ij} \cos \delta_{ij}) = 0$$

式中，$N_{\text{node}}$ 为节点数；$P_i$ 和 $Q_i$ 分别为节点 $i$ 注入的有功功率和无功功率；$G_{ij}$、$B_{ij}$ 和 $\delta_{ij}$ 分别为节点 $i$、$j$ 之间的电导、电纳和相角差。

(2) 控制变量约束。考虑到分布式电源逆变器具有多种控制模式，可以进行出力削减控制，因此分布式电源出力比值约束为

$$0 \leqslant \alpha_i \leqslant 1 \tag{10.11}$$

(3) 运行变量约束:

$$U_i^{\min} \leqslant \bar{U}_i \leqslant U_i^{\max}$$

$$\bar{S}_{ij} \leqslant S_{ij}^{\max}$$

式中, $\bar{U}_i$、$U_i^{\min}$ 和 $U_i^{\max}$ 分别为节点 $i$ 电压幅值均值、幅值下限和幅值上限; $\bar{S}_{ij}$ 和 $S_{ij}^{\max}$ 分别为节点 $i$ 和节点 $j$ 之间支路的视在功率均值和视在功率上限。

(4) 风险指标约束:

$$R(\alpha_i) \leqslant R_{\max}(\alpha_i) \tag{10.12}$$

式中, $R_{\max}(\alpha_i)$ 为风险指标上限。

综上, 各层次电压升高预防控制模型的汇总比较如表 10.1 所示。

表 10.1 电压升高预防控制模型

| 层次 | 控制变量 | 优化目标 | 约束条件 |
|---|---|---|---|
| 第一层次 | 可调负荷 | 负荷调节量最小<br>风险指标最小 | 潮流约束<br>控制变量约束<br>运行变量约束<br>风险指标约束 |
| 第二层次 | 分接头/联络开关/分段开关 | 设备动作次数最少<br>风险指标最小 | |
| 第三层次 | 分布式电源出力 | 分布式电源弃风弃光量最小<br>风险指标最小 | |

### 4. 第一层次预防控制模型求解

从前面不同调控层面的电压升高预防控制模型可以看出, 考虑到电压升高风险指标是概率统计分析结果, 因此优化模型中的目标函数和约束均是考虑分布式电源和负荷出力不确定性的采样结果。针对这类模型, 宜采用基于随机潮流的人工智能算法进行求解。

### 1) 随机潮流计算

对于考虑负荷和光伏发电功率随机性的电压越限概率计算, 其计算方法建立在随机潮流计算基础上。基于分析时段内的负荷和光伏发电的随机模型, 选择精度较高的模拟法进行分析计算。同时, 为提高计算效率, 引入计算量较小的基于拉丁超立方采样的 Monte Carlo 模拟法。

拉丁超立方采样是 McKay 等学者在 1979 年提出的一种分层采样方法, 现已在多个领域中得到应用。与传统的随机采样相比, 拉丁超立方采样具有如下优点:

在相同的采样规模下，拉丁超立方采样所覆盖的随机变量采样空间大；拉丁超立方采样的稳健性好。

针对随机变量相互独立的情况,拉丁超立方采样方法分采样与排序两步进行。采样的核心在于保证所有的采样区域都能够被采样点覆盖,排序的目的在于改变各随机变量采样值的排列顺序,使相互独立的随机变量采样值的相关性趋于最小。

假设 $X_1$, $X_2$,…, $X_p$ 是待求概率问题中的 $p$ 个随机输入变量, $X_p$ 是其中任意一个随机变量,其累积概率分布函数为

$$Y_p = F_p(X_p) \tag{10.13}$$

采用中值拉丁超立方采样方法,设 $N$ 为采样规模,拉丁超立方采样将曲线 $Y_p=F_p(X_p)$ 纵轴分为 $N$ 个等间距不重叠区间,则每个区间宽度为 $1/N$,选择每个区间的中点作为 $Y_p$ 的采样值,然后利用 $Y_p=F_p(X_p)$ 的反函数计算 $X_p$ 的采样值,则 $X_p$ 的第 $n$ 个采样值为

$$X_{pn} = F_p^{-1}\left(\frac{n-0.5}{N}\right) \tag{10.14}$$

每一个随机变量的采样值排成矩阵的一行。当 $P$ 个输入随机变量采样结束时,按照随机顺序排列每行中各元素的位置,最终采样值形成一个 $P×N$ 的采样矩阵。

2) 人工智能算法

遗传算法(GA)具有很强的全局优化解搜索能力,因此被广泛应用于配电网优化问题中。本节中人工智能算法采用遗传算法。利用遗传算法解决问题时,必须在染色体位串与目标问题实际表示之间建立一个联系。对于给定的优化问题,问题空间由遗传算法个体的表现型集合所得空间组成,遗传算法编码空间由其基因型个体的空间组成。

(1) 编码方法。利用遗传算法进行问题求解时,首先要确定的是问题的目标函数和变量,这就必须在目标问题实际表示与染色体位串之间建立一个联系,将目标问题转化为染色体位串的操作称为编码,反之称为解码。这样做的原因主要是在遗传算法中,问题的解是用数字串来表示的,而且遗传算子也是直接对数字串进行操作。

(2) 初始种群的产生。遗传算法是在解的群体上进行的,这是它与传统随机类搜索算法的最大区别之一。正是这一特点使遗传算法具有了搜索过程的全局性、并行性和鲁棒性,可见整个遗传算法的运行性能具有基础性的决定作用的是对群体规模的设定。初始种群是由程序随机产生 NP 个长度为 $L$ 的二进制字符串,其中 NP 表示种群的规模,是常数。群体规模越大,群体中个体的多样性越高、遗传算法陷入局部解的危险就越小。但是随着群体规模增大,计算量也显著增加。若群体规模太小,遗传算法的搜索空间将受到限制,则可能产生未成熟收敛的现

象，因此应该选择合适的值。$L$ 表示个体的长度，与配电网系统中的负荷点个数相同。

(3) 适应度函数值的计算。在遗传算法中，染色体位串空间被表示成问题空间。为了执行适者生存的法则，必须评价个体位串的适应性。由于群体中个体生存机会选择的唯一确定性指标是适应值，所以群体的进化行为直接由适应度函数的形式决定。在进行适应度函数值计算时，考虑约束条件，以罚函数的形式加入适应度函数中。

(4) 遗传操作。选择、交叉和变异是标准遗传算法操作算子的三种基本形式，是遗传算法具备强大搜索能力的核心所在，自然选择以及遗传过程中发生的繁殖、交叉和突变现象的主要载体是通过这三种基本形式进行模拟的，群体进化是利用遗传算子产生新一代群体来实现的，遗传策略的主要组成部分是算子的设计，其也是控制和调整进化过程的基本工具。

① 选择：从当前群体中选择适应度函数值高的个体以生成交配池的过程。最基本的选择方法是适应度函数值比例选择，其中每个个体的适应度函数值和群体平均适应度函数值的比例与该个体被选择的期望数量有关，一般实现的方式采用轮盘赌方式。这种方式首先对每个个体的适应度函数值进行计算，然后得到此适应度函数值在群体适应度函数值总和中所占的比例，表示该个体在选择过程中被选中的概率。生物进化过程中"适者生存，优胜劣汰"的思想在该选择过程得到了充分体现，以确保优良基因能够遗传给下一代个体。

② 交叉：进化算法中遗传算法具备的原始性的独有特征是交叉操作。对自然界有性繁殖的基因重组过程的模仿形成了遗传算法交叉算子，其作用在于将原有的优良基因遗传给下一代个体，新个体将包含更复杂的基因结构。

③ 变异：模拟自然界生物进化中染色体某位基因发生的突变现象，从而染色体的结构和物理性状得到改变。按变异频率对个体位串上的基因值进行变异操作，即 0 变成 1，或 1 变为 0。为了保证个体变异后不会与其父体产生太大的差异，变异概率一般取值较小，以保证种群发展的稳定性。

(5) 精英保留策略。精英保留策略即使父代中的优良个体直接进入子代。采用的步骤如下：

① 将父代 $P_i$ 和子代 $Q_i$ 全部个体合成一个种群 $R_t = P_i \cup Q_t$，$R_t$ 的个数为 $2N$。

② 按照每个个体适应度函数值，将种群 $R_t$ 从大到小排序，选取适应度函数值最大的前 $N$ 个个体。

③ 在此基础上开始新一轮的选择、交叉和变异，形成新的种群。

3) 基于随机潮流的遗传算法

电压升高的风险评估指标 $R(P_{i,EV})$ 是概率分析指标，因此与一般的确定性优化问题的区别在于其在进行适应度函数值计算时将随机潮流计算取代单次潮流计算。其具体求解流程如图 10.2 所示：

(1) 输入风险时刻的网络结构、各支路阻抗、各节点负荷等数据。

(2) 选取染色体，生成初始种群。

(3) 基于随机潮流算法计算各染色体的适应度函数值。

(4) 对得到的染色体个体采用 Pareto 非劣解集保留策略，优化解集。

(5) 进行遗传操作，经过选择、交叉、变异后，得到新一代种群。

(6) 判断是否达到最大迭代次数，若未达到，则重复步骤(3)~(6)。

(7) 输出结果。

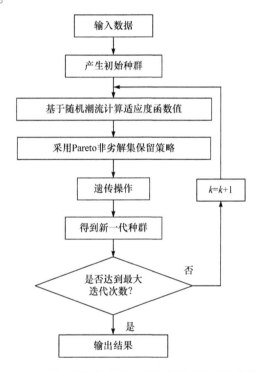

图 10.2　基于随机潮流和智能优化算法的求解流程

5. 第二层次预防控制模型求解

在第二层次预防控制模型中，对于调节变压器分接头的方式，其具体求解过程此处不再赘述。下面着重介绍采用配网重构方式的预防控制模型求解方法。

采用配网重构方式的预防控制模型的目标主要有两方面：一方面降低开关操作次数和费用；另一方面降低风险指标。采用人工智能优化算法可以实现全局寻优，但是对于配网重构，其控制变量为离散的开关状态变量，对于联络结构较为简单且不存在馈线本身隔点联络的线路，采用一定规则下的针对性寻优方式可以实现更快速高效的寻优，即使最终解为次优解而不是最优解，也能满足预防控制需要，简化工程应用复杂度。

本节提出基于开关交换算法的预防控制求解方法，该方法的基本思想为：依次选取电压升高风险最高的线路，在其可联络线路间选取电压风险最低的线路进行联络，计算闭环功率，然后在流通功率最小的分段开关处断开，实现一次线路间的功率平衡。依次进行，直至电压升高风险指标全部满足要求。

这种方法的目的是在满足配电网电压升高风险指标的前提下，尽量降低开关操作次数，因此对于由两部分组成的优化目标，相当于弱化了对风险指标最小化的要求，只需保证风险指标的基本约束即可：

$$\min f(K_i) = k_1 C(K_i) + k_2 R(K_i) \tag{10.15}$$

式中，$k_1=1$ 和 $k_2=0$。

这种算法的提出是在本质上解决馈线间功率分布不平衡的问题，其基本流程如下：

(1) 计算配电网电压升高风险。

(2) 选取电压升高风险最高的馈线作为重构对象。

(3) 寻找该馈线可联络馈线中风险最低的馈线。

(4) 闭合两条馈线间联络开关，进行潮流计算。

(5) 在该闭合路径寻找潮流最小的可分断支路断开。

(6) 重新评估配电网电压升高风险，判断是否仍需启动配网重构，否则结束本次流程，否则返回步骤(2)。

### 6. 第三层次预防控制模型求解

第三层次和第一层次的控制变量类似，均为有功功率的连续变量，因此可以采用和第一层次相同的基于随机潮流的遗传算法。但是考虑到这种方法收敛速度较慢，因此本节提出一种简化的计算方法。辐射状配电网存在如下特点。

假设节点 $h$ 和 $k$ 是辐射线路中两个相邻节点，则忽略对地支路后的线路压降关系为

$$\dot{V}_{hk} = \dot{I}_{hk}(R_{hk} + jX_{hk}) = \left(\frac{\overline{S}_k}{\dot{E}_k}\right)^* (R_{hk} + jX_{hk}) \tag{10.16}$$

式中，$\dot{V}_{hk}$ 为节点 $h$ 和 $k$ 之间的压降；$\dot{I}_{hk}$ 为线路电流；$R_{hk}$ 和 $X_{hk}$ 分别为线路电阻和电抗；$\overline{S}_k$ 和 $\dot{E}_k$ 分别为流过节点 $k$ 的复功率和电势。

此时假设 $\dot{E}_k = \dot{E}_n = E_n \angle 0$，即忽略在功率和电流转换过程中的线路压降，节点 $h$ 和 $k$ 之间的压降为

$$\dot{V}_{hk} = \frac{1}{E_n} \bar{S}_k^* \dot{Z}_{hk} \tag{10.17}$$

如果忽略线路损耗，则存在

$$\bar{S}_k = \sum_{j \in N_k} \bar{S}_j \tag{10.18}$$

式中，$N_k$ 为从线路首端看去系统中节点 $k$ 之后的所有节点。

因此，对于辐射网中任一节点 $i$，其与系统母线节点 0 之间的压降可表示为其间所有相邻节点线路压降之和：

$$\dot{V}_{0i} = \sum_{hk \in L_i} \dot{V}_{hk} = \sum_{hk \in L_i} \left[ \frac{\dot{Z}_{hk}}{E_n} \left( \sum_{j \in N_k} \bar{S}_j^* \right) \right] \tag{10.19}$$

式中，$L_i$ 为节点 0 到 $i$ 之间所有线路段的集合。

$$\dot{E}_i = \dot{E}_0 - \dot{V}_{0i} = \dot{E}_0 - \sum_{hk \in L_i} \left[ \frac{\dot{Z}_{hk}}{E_n} \left( \sum_{j \in N_k} \bar{S}_j^* \right) \right] \tag{10.20}$$

将阻抗和复功率展开，有

$$\dot{E}_i = \dot{E}_0 - \frac{1}{E_n} \sum_{hk \in L_i} \left[ (R_{hk} + \mathrm{j}X_{hk}) \sum_{j \in N_k} (P_j - \mathrm{j}Q_j) \right]$$

$$= E_0 - \frac{1}{E_n} \sum_{hk \in L_i} \left[ \left( R_{hk} \sum_{j \in N_k} P_j + X_{hk} \sum_{j \in N_k} Q_j \right) + \mathrm{j} \sum_{hk \in L_i} \left( X_{hk} \sum_{j \in N_k} P_j - R_{hk} \sum_{j \in N_k} Q_j \right) \right] \tag{10.21}$$

假设

$$A = E_0 - \frac{1}{E_n} \sum_{hk \in L_i} \left( R_{hk} \sum_{j \in N_k} P_j + X_{hk} \sum_{j \in N_k} Q_j \right) \tag{10.22}$$

$$B = -\frac{1}{E_n} \sum_{hk \in L_i} \left( X_{hk} \sum_{j \in N_k} P_j - R_{hk} \sum_{j \in N_k} Q_j \right) \tag{10.23}$$

则节点 $i$ 的电势对节点 $m$ 的注入功率的偏导为

$$\frac{\partial E_i}{\partial P_m} = \frac{A}{\sqrt{A^2 + B^2}} \frac{\partial A}{\partial P_m} + \frac{B}{\sqrt{A^2 + B^2}} \frac{\partial B}{\partial P_m} \tag{10.24}$$

$$\frac{\partial E_i}{\partial Q_m} = \frac{A}{\sqrt{A^2 + B^2}} \frac{\partial A}{\partial Q_m} + \frac{B}{\sqrt{A^2 + B^2}} \frac{\partial B}{\partial Q_m} \tag{10.25}$$

式中

$$\frac{\partial A}{\partial P_m} = \frac{1}{E_n} \sum_{hk \in L_m} R_{hk} \tag{10.26}$$

$$\frac{\partial B}{\partial P_m} = \frac{1}{E_n} \sum_{hk \in L_m} X_{hk} \tag{10.27}$$

$$\frac{\partial A}{\partial Q_m} = \frac{1}{E_n} \sum_{hk \in L_m} X_{hk} \tag{10.28}$$

$$\frac{\partial B}{\partial Q_m} = -\frac{1}{E_n} \sum_{hk \in L_m} R_{hk} \tag{10.29}$$

式中，节点 $m$ 所在线路与 $L_i$ 存在距 $m$ 最近的交点，$L_m$ 为节点 0 到该交点之间所有线路段集合。

可见，在 $A$ 和 $B$ 的数值相差较大时，存在

$$\frac{A}{\sqrt{A^2 + B^2}} \approx 1 \tag{10.30}$$

$$\frac{B}{\sqrt{A^2 + B^2}} \approx 0 \tag{10.31}$$

此时灵敏度近似只与线路参数相关：

$$\frac{\partial E_i}{\partial P_m} = \frac{1}{E_n} \sum_{hk \in L_m} R_{hk} \tag{10.32}$$

$$\frac{\partial E_i}{\partial Q_m} = \frac{1}{E_n} \sum_{hk \in L_m} X_{hk} \tag{10.33}$$

当配电网满足该条件时，可充分利用其在各种运行条件下灵敏度近似不变的原理，简化智能优化算法中随机潮流计算方法。具体变化为在每次计算适应度函数值时，不再进行基于拉丁超立方采样的随机潮流计算，取而代之直接利用灵敏度计算电压值即可。具体流程如图 10.3 所示：

(1) 输入风险时刻的网络结构、各支路阻抗、各节点负荷等数据。

(2) 判断配电网是否满足该方法适用条件，若是，则继续，否则转入基于随机潮流的智能优化算法。

(3) 在优化前利用随机潮流计算保存各随机变量采样矩阵和节点电压各次采样计算值。

(4) 选取染色体，生成初始种群。

(5) 利用灵敏度方法直接计算染色体对应的电压变化值，与保存的各次采样计算值进行叠加，计算电压升高风险指标等适应度相关值。

(6) 对得到的染色体个体采用 Pareto 非劣解集保留策略，优化解集。

(7) 进行遗传操作，经过选择、交叉、变异后，得到新一代种群。

(8) 判断是否达到最大迭代次数，若未达到，则重复步骤(3)～(6)。

(9) 输出结果。

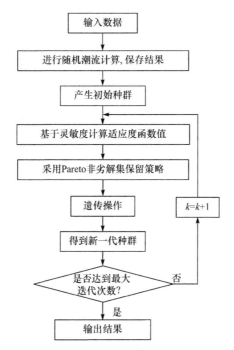

图 10.3　基于灵敏度和智能优化算法的求解流程

各层次模型不同求解方法的适用性和优缺点如表 10.2 所示。

表 10.2　电压升高风险预防控制模型求解

| 层次 | 求解方法 | 适用条件 | 优缺点 |
|---|---|---|---|
| 第一层次 | 基于随机潮流的人工智能算法 | 全部 | 全局寻优，计算量大 |
| | 基于灵敏度的人工智能算法 | 满足式(10.30)和式(10.31) | 计算量小，灵敏度分析存在一定误差 |
| 第二层次 | 逐次法&基于随机潮流的人工智能算法 | 全部 | 全局寻优，计算量大 |
| | 逐次法&开关交换算法 | 馈线自身无联络 | 开关交换算法结果和配电网初始状态有关，结果可能是次优解 |
| 第三层次 | 基于随机潮流的人工智能算法 | 全部 | 全局寻优，计算量大 |
| | 基于灵敏度的人工智能算法 | 满足式(10.30)和式(10.31) | 计算量小，灵敏度分析存在一定误差 |

7. 算例分析

算例采用 IEEE 33 节点测试系统进行电压升高风险预防控制，具体网络结构如图 10.4 所示。该系统有 1 个变电站电源点、33 个节点、3 条支路，在线路 7-20、8-14、11-21、17-32、24-28 上有联络开关，其余位置为分段开关。系统内接入 5 个光伏电源，分别在 7、13、17、30、32 节点，其额定功率均为 400kW，功率因数为 0.9；16、23 节点的负荷为可调负荷，其功率实时调节范围由营配调大数据系统给定。

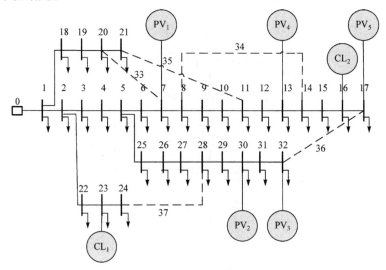

图 10.4　IEEE 33 节点测试系统

本算例中，电压上限取 10.7p.u.，预防控制模型的目标函数为最小操作代价，即目标权重取 $k_1=1$ 和 $k_2=0$。电压风险指标阈值取 0.04，该值可感性认为是在越限概率为 40%，越限幅值为 0.1p.u.时获得。

本算例的硬件环境为 Windows 8 操作系统、Inter(R) Core(TM)i9-3230M CPU@2.80GHz、8GB 内存配置的计算机，仿真平台为 MATLAB R2012a。

为了验证模型算法的有效性，针对以下三个场景分别进行优化计算。值得说明的是，为验证模型和算法有效性，此处的算例为三个同一初始状态的独立算例。

Case 1：通过优化可调负荷出力来降低配电网运行风险。

Case 2：通过优化网络结构来降低配电网运行风险。

Case 3：通过光伏电源出力的直接削减来降低配电网运行风险。

以下是各个场景优化计算的结果。

表 10.3 和图 10.5 是 Case 1 的优化结果，由表可知，通过对优化可调负荷的出力，23 节点上的可调负荷增加 104kW，电压风险指标降低 0.012，降至电压风险阈值范围之内。由图 10.5 可以看出，各个节点的电压风险指标相较于优化前都有所降低。表 10.4、图 10.6 及图 10.7 是 Case 2 的优化结果，由表可知，通过 8 次开关操作进行网络重构，电压风险指标降低 0.041,降至电压风险阈值范围之内，最高节点电压降低 0.0274p.u.，优化效果明显；由图 10.7 可以看出，各个节点的电压风险指标相较于优化前有明显降低。表 10.5 和图 10.8 是 Case 3 的优化结果，

由表可知，通过削减光伏电源的出力，光伏电源出力降低 136.98kW，电压风险指标降低 0.012，降至电压风险阈值范围之内。

表 10.3　Case 1 优化前后结果比较

| 比较项 | 可调负荷 1 出力/kW | 可调负荷 2 出力/kW | 最高节点电压/p.u. | 电压风险指标 |
| --- | --- | --- | --- | --- |
| 优化前 | 190 | 38 | 1.1184 | 0.052 |
| 优化后 | 294 | 38 | 1.1093 | 0.040 |

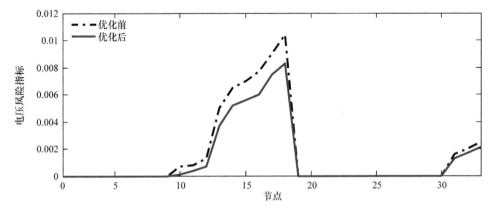

图 10.5　Case 1 优化前后各节点电压风险指标比较

表 10.4　Case 2 优化前后结果比较

| 比较项 | 断开支路号 | 最高节点电压/p.u. | 电压风险指标 |
| --- | --- | --- | --- |
| 优化前 | 20-7、11-14、21-11、19-32、28-28 | 1.1184 | 0.052 |
| 优化后 | 9-8、16-17、10-11、24-28、21-11 | 1.0910 | 0.011 |

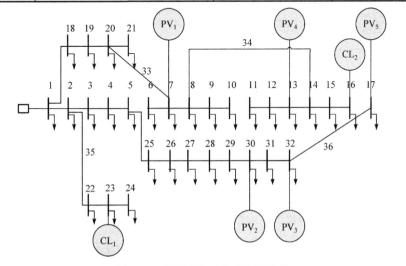

图 10.6　配网重构后的配电网结构

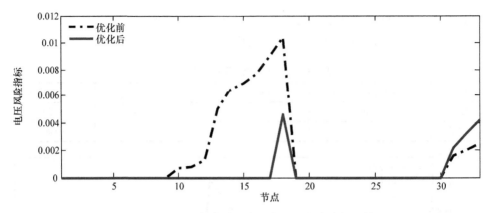

图 10.7　Case 2 优化前后各节点电压风险指标比较

**表 10.5　Case 3 优化前后结果比较**

| 比较项 | PV$_1$ 削减量/kW | PV$_2$ 削减量/kW | PV$_3$ 削减量/kW | PV$_4$ 削减量/kW | PV$_5$ 削减量/kW | 最高节点电压/p.u. | 电压风险指标 |
|---|---|---|---|---|---|---|---|
| 优化前 | 0 | 0 | 0 | 0 | 0 | 1.1184 | 0.052 |
| 优化后 | 18.83 | 14.40 | 88.98 | 8.82 | 5.95 | 1.1098 | 0.040 |

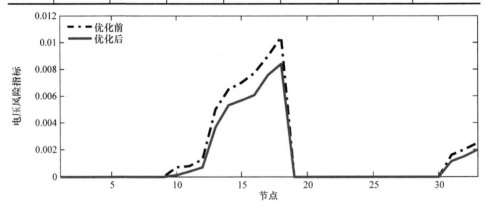

图 10.8　Case 3 优化前后各节点电压风险指标比较

　　值得注意的是，Case 1 和 Case 2 控制变量为连续调节变量，因此对于电压升高风险指标可进行连续调节，优化后的最大节点电压升高风险指标恰为阈值。而利用配网重构的方案由于其变量的离散性，其对于节点电压的调节作用也并不连续，优化后的最大节点电压升高风险指标远小于阈值。

### 10.3.2　低电压风险预防控制

　　10.3.1 节的风险预防控制模型目标函数中直接包含了预防控制操作费用和风险指标，但是为了便于优化求解，这种模型目标函数中的风险指标设定往往较为简单。本节以低电压风险预防控制为例，构建多目标风险预防控制模型，目标中仅包含配电网本身的电气指标值，而风险预感控制效果则采用后评估方式，依据可行的风险预防控制策略综合评价得到最优控制方案。

1. 多目标风险控制模型

目标函数同时包含展示配电网整体供电水平的 $f_1$ 和体现电压偏差的 $f_2$：

$$\min f_1 = \sum_{j=1}^{N} \left| \frac{S_j}{S_{j\max}} \right|^2 \tag{10.34}$$

$$\min f_2 = \max \left\{ \left| 1 - \frac{V_k}{V_N} \right| \right\}, \quad k \in N_r \tag{10.35}$$

式中，$S_j$ 为流过支路 $j$ 的视在功率；$S_{j\max}$ 为支路 $j$ 的最大功率；$V_k$ 为节点 $k$ 的电压；$V_N$ 为节点额定电压；$N_r$ 为节点集合。

约束条件如下。

(1) 节点电压约束：

$$V_{\min} \leqslant V_k \leqslant V_{\max} \tag{10.36}$$

式中，$V_{\min}$ 和 $V_{\max}$ 分别为节点电压上限和下限；$V_k$ 为节点 $k$ 的电压。

(2) 功率平衡约束：

$$P_i - V_i \sum_{j=1}^{n} V_j (G_{ij} \cos \delta_{ij} + B_{ij} \sin \delta_{ij}) = 0 \tag{10.37}$$

$$Q_i - V_i \sum_{j=1}^{n} V_j (G_{ij} \sin \delta_{ij} - B_{ij} \cos \delta_{ij}) = 0 \tag{10.38}$$

式中，$P_i$ 和 $Q_i$ 分别为节点 $i$ 注入的有功功率和无功功率；$G_{ij}$、$B_{ij}$ 和 $\delta_{ij}$ 依次为节点 $i$、$j$ 之间的电导、电纳和电压相角差；$n$ 为系统节点总数；$V_i$、$V_j$ 分别为节点 $i$、$j$ 的电压幅值。

(3) 支路功率约束：

$$P_j \leqslant P_j^{\max} \tag{10.39}$$

式中，$P_j$ 为支路 $j$ 的有功功率值；$P_j^{\max}$ 为支路 $j$ 的有功功率允许最大值。

(4) 配电网辐射运行约束：

$$g \in G \tag{10.40}$$

式中，$g$ 为重构后的网络拓扑结构；$G$ 为网络辐射状拓扑结构的集合。

2. 风险预防控制方案评价指标

本节以低电压风险预防控制为例,增加了对风险预防控制方案的评价,以便配电网运控人员对多种可行方案进行后评估,选择综合最优方案。针对不同运行状态的特点,从配电系统的供电能力、供电可靠性、电压质量和经济性四个方面,通过指标关联性分析对配电网运行各类指标进行筛选,最终选取 10 个与配电网经济运行密切相关的参数指标进行研究。

1) 供电能力

(1) 线路最高负载率($A_1$)。该指标主要评价配电网线路的最高负载率水平,若最高负载率重载、过载,则表明其供电区域剩余供电裕量少,安全性存在隐患。在正常运行状态下,计算公式为

$$A_1 = \sum_{t=1}^{T} \max \left\{ \frac{S_j^t}{S_{j\max}} \right\}, \quad j \in N_b \tag{10.41}$$

在恢复和风险状态下,计算公式为

$$A_1 = \max \left\{ \frac{S_j}{S_{j\max}} \right\}, \quad j \in N_b \tag{10.42}$$

式中,$S_j^t$ 为时段 $t$ 流过支路 $j$ 的视在功率;$S_j$ 为流过支路 $j$ 的视在功率;$S_{j\max}$ 为支路 $j$ 的最大功率;$N_b$ 为支路集合。

(2) 线路平均负载率($A_2$)。该指标主要评价配电网线路的整体负载率水平,计算公式为

$$A_2 = \frac{\sum_{t=1}^{T} \sum_{j=1}^{N} \left\{ \frac{S_j^t}{S_{j\max}} \right\}}{TN} \tag{10.43}$$

(3) 线路间的负荷转移量($A_3$)。该指标用于评价故障修复后网络恢复至正常运行状态的能力,在正常运行状态下,计算公式为

$$A_3 = \sum_{i=1}^{M} \sum_{k=1}^{K} y_k^i P_{\text{avk}}^i \tag{10.44}$$

在恢复和风险状态下,计算公式为

$$A_3 = \sum_{k=1}^{K} y_k P_k \tag{10.45}$$

式中,$y_k$ 为负荷是否被转移的判断系数,当 $y_k=1$ 时,表示节点 $k$ 的负荷被转移到其他电源供电,当 $y_k=0$ 时,表示节点 $k$ 的负荷没有被转移到其他电源供电。

2) 供电可靠性

(1) 系统可靠性($B_1$)。该指标用于评价系统的可靠性水平,计算公式为

$$B_1 = \sum_{i=1}^{M} \sum_{k=1}^{K} w_k \mathrm{ENS}_k^i \tag{10.46}$$

$$\mathrm{ENS}_k^i = P_{\mathrm{av}k}^i L_k^i \tag{10.47}$$

式中，$\mathrm{ENS}_k^i$ 为时段划分后第 $i$ 时段负荷点 $k$ 的停电能量损失；$w_k$ 为负荷点 $k$ 的权重系数；$P_{\mathrm{av}k}^i$ 为时段 $i$ 负荷点 $k$ 的平均负荷；$L_k^i$ 为时段 $i$ 负荷点 $k$ 的平均停电时间。

(2) 重要负荷停电量($B_2$)。该指标评价故障恢复后重要负荷的恢复情况，计算公式为

$$B_2 = \sum P_{\mathrm{IM}k} y_{\mathrm{IM}k}, \quad k \in N_{\mathrm{IM}} \tag{10.48}$$

式中，$P_{\mathrm{IM}k}$ 为节点 $k$ 上的重要负荷功率；$y_{\mathrm{IM}k}$ 为状态变化参数，$y_{\mathrm{IM}k}=1$ 表示未恢复供电，$y_{\mathrm{IM}k}=0$ 表示恢复供电；$N_{\mathrm{IM}}$ 为重要负荷集合。

(3) 非重要负荷停电量($B_3$)。该指标评价故障恢复后一般负荷的恢复情况，计算公式为

$$B_3 = \sum P_k y_k, \quad k \in N \tag{10.49}$$

式中，$P_k$ 为节点 $k$ 上的负荷大小；$y_k$ 为状态变化参数，$y_k=1$ 表示未恢复供电，$y_k=0$ 表示恢复供电。

(4) 馈线容量裕度($B_4$)。馈线容量裕度是指发生二次故障时的恢复储备程度，该指标评价当前配电网承受二次故障的能力，计算公式为

$$B_4 = \min \left[ \frac{L_{\mathrm{TS}1}}{L_{L1}}, \frac{L_{\mathrm{TS}2}}{L_{L2}}, ..., \frac{L_{\mathrm{TS}j}}{L_{Lj}}, ..., \frac{L_{\mathrm{TS}X}}{L_{LX}} \right] \tag{10.50}$$

式中，$L_{\mathrm{TS}j}$ 为与馈线 $j$ 相连的联络开关的备用容量；$L_{Lj}$ 为馈线 $j$ 的负荷值；$X$ 为参与供电恢复且有联络开关相连的馈线数目。

3) 电压质量

电压质量用电压偏离水平($C$)表征，该指标评价配电网各负荷点的电压偏移情况，在正常运行状态下，计算公式为

$$C = \sum_{t=1}^{T} \max \left\{ \left( \frac{V_{k\max} - V_k^t}{V_{k\max}} \right), \left( \frac{V_k^t - V_{k\min}}{V_{k\min}} \right) \right\}, \quad k \in N_r \tag{10.51}$$

在恢复和风险状态下，计算公式为

$$C = \max \left\{ \left( \frac{V_{k\max} - V_k}{V_{k\max}} \right), \left( \frac{V_k - V_{k\min}}{V_{k\min}} \right) \right\}, \quad k \in N_r \tag{10.52}$$

式中，$V_k^t$ 为时段 $t$ 节点 $k$ 的平均电压；$V_{k\max}$ 为节点 $k$ 最大允许电压；$V_{k\min}$ 为节点 $k$ 最小允许电压。

4) 经济性

(1) 线路损耗费用($D_1$)。该指标评价线路的损耗产生的费用，在正常运行状态下，计算公式为

$$D_1 = \sum_{t=1}^{T} c_{\text{ep}}^{t} P_{\text{loss}}^{t} \Delta t \tag{10.53}$$

在恢复和风险状态下，计算公式为

$$D_1 = c_{\text{ep}} P_{\text{loss}} \Delta t \tag{10.54}$$

(2) 开关操作费用($D_2$)。该指标评价系统内所有开关动作所产生的费用，在正常运行状态下，计算公式为

$$D_2 = \sum_{j=1}^{N} \sum_{i=1}^{M} c_{\text{swi}} \left| s_{ji} - s_{j(i-1)} \right| \tag{10.55}$$

在恢复和风险状态下，计算公式为

$$D_2 = \sum_{j=1}^{N} \left| s_j - s_j' \right| \tag{10.56}$$

不同运行状态对系统安全性、供电能力、供电可靠性、经济性等各类优化目标的关切程度和缓急关系不尽一致，因此各个状态下所选取的指标也是不同的，具体选择情况如表 10.6 所示。

表 10.6 不同运行状态下各类指标属性表

| 指标项 | 指标名称 | 指标所属运行状态 | | |
|---|---|---|---|---|
| | | 正常 | 恢复 | 风险 |
| 供电能力 | 线路最高负载率($A_1$) | √ | √ | √ |
| | 线路平均负载率($A_2$) | √ | | |
| | 线路间的负荷转移量($A_3$) | √ | √ | √ |
| 供电可靠性 | 系统可靠性($B_1$) | √ | | |
| | 重要负荷停电量($B_2$) | | √ | |
| | 非重要负荷停电量($B_3$) | | √ | |
| | 馈线容量裕度($B_4$) | | √ | |
| 电压质量 | 电压偏离水平($C$) | √ | √ | √ |
| 经济性 | 线路损耗费用($D_1$) | √ | √ | √ |
| | 开关操作费用($D_2$) | √ | √ | √ |

3. 风险预防控制方案综合评价函数

采用层次分析和专家评价方法分别计算风险状态的网络重构方案指标权重，得到的结果如表 10.7 所示。

**表 10.7　不同典型应用场景下指标权重计算结果**

| 运行状态 | 典型应用场景 | $A_1$ | $A_2$ | $A_3$ | $B_1$ | $B_2$ | $B_3$ | $B_4$ | $C$ | $D_1$ | $D_2$ |
|---|---|---|---|---|---|---|---|---|---|---|---|
| 风险 | 过负荷 | 0.48 | — | 0.05 | — | — | — | — | 0.20 | 0.18 | 0.09 |
| | 电压偏高 | 0.22 | — | 0.06 | — | — | — | — | 0.46 | 0.16 | 0.10 |
| | 电压偏低 | 0.22 | — | 0.06 | — | — | — | — | 0.46 | 0.16 | 0.10 |

考虑到方案层的 10 个指标的量纲不一致，其优劣程度不可以直接通过其数值进行判断，因此需要采用满意度综合评价方法对方案层的 10 个指标进行满意度评价，根据其特性构造满意度评估函数。通过对各个指标的研究发现指标可以分为两种类型，一种是指标数值越大，满意度越高，如线路间的负荷转移量和馈线容量裕度；另一种指标数值越小，满意度越高，如线路最高负载率、电压偏离水平、线路损耗费用等技术指标。根据各个技术指标的特性不同，主要构造极大值最优型满意度评估函数 $F_{\max}$ 和极小值最优型满意度评价函数 $F_{\min}$。满意度评价函数具体表达形式如下：

$$F_{\max} = \begin{cases} 1, & P \geqslant P_{\max} \\ \dfrac{P - P_{\min}}{P_{\max} - P_{\min}}, & P_{\min} < P < P_{\max} \\ 0, & P \leqslant P_{\min} \end{cases} \tag{10.57}$$

$$F_{\min} = \begin{cases} 1, & P \leqslant P_{\min} \\ \dfrac{P_{\max} - P}{P_{\max} - P_{\min}}, & P_{\min} < P < P_{\max} \\ 0, & P \geqslant P_{\max} \end{cases} \tag{10.58}$$

式中，$P$ 为各评价指标在各个网络组态方案中的计算结果；$P_{\max}$ 为该评价指标的理论最大值；$P_{\min}$ 为该评价指标的理论最小值。

针对 10 个评价指标分别建立其满意度评价函数，进而计算出各个候选网络组态方案评价指标的满意度。以各运行状态指标满意度加权和最大为目标函数建立网络组态方案满意度评价模型如下：

$$\max f = \sum_{i=0}^{m} W_i F_i \tag{10.59}$$

式中，$W_i$ 为在某一运行状态下第 $i$ 个评价指标的指标权重；$F_i$ 为在某一运行状态下第 $i$ 个评价指标的满意度；$m$ 为在该运行状态下评价指标的数量。

4. 算例分析

采用 IEEE 33 节点测试系统来验证算法在单联络线路中算法的可行性。电压等级为 12.66kV，有 1 个电源点、33 个节点、3 条支路，联络支路为 7-20、8-14、11-21、17-32、24-28，其余为分段开关。在晚上 7:00，系统判断此时配电网处于低电压风险场景，启动配电网重构进行风险预防控制。

在低电压风险场景下，最为关注电能质量优化指标，经过优化后的最优方案是方案 3，该方案电压质量指标优化效果明显，电压偏离水平降低了 65%。在单联络线路中，通过对不同运行状态下候选网络组态方案进行满意度评价，能够得到最优的组态方案，有效改善各运行状态下的关键指标，可以对网架结构的调整提出合理化建议，如表 10.8 和表 10.9 所示。

表 10.8　单联络线路中风险状态下配电网组态方案

| 风险状态 | 开断开关的集合 | | | | |
|---|---|---|---|---|---|
| 重构前 | 7-20 | 8-14 | 11-21 | 17-32 | 24-28 |
| 方案 1 | 6-7 | 11-21 | 12-13 | 17-32 | 26-27 |
| 方案 2 | 8-14 | 17-32 | 11-12 | 22-23 | 30-31 |
| 方案 3 | 18-19 | 11-12 | 17-32 | 20-21 | 28-29 |

表 10.9　单联络线路中风险状态下配电网组态方案满意度评价比较

| 风险状态 | $A_1$ | $A_3$ | $C$ | $D_1$ | $D_2$ | 满意度评价指标值 |
|---|---|---|---|---|---|---|
| 重构前 | 0.53 | 0 | 0.33 | 0.27 | 1 | — |
| 方案 1 | 0.78 | 0.57 | 0.82 | 0.65 | 0.45 | 0.7320 |
| 方案 2 | 0.81 | 0.60 | 0.82 | 0.66 | 0.46 | 0.7430 |
| 方案 3 | 0.83 | 0.65 | 0.83 | 0.70 | 0.55 | 0.7704 |

# 参 考 文 献

白牧可, 唐巍, 张璐, 等. 2013. 基于机会约束规划的分布式电源与配电网架多目标协调规划[J]. 电工技术学报, 28(10): 346-354.

陈绍辉, 孙鹏, 张彩庆. 2011. 配电网运行风险识别与评估[J]. 华东电力, 39(4): 604-607.

陈为化. 2007. 基于风险的电力系统静态安全分析与预防控制[D]. 杭州: 浙江大学.

陈为化, 罗龙. 2008. 电力系统线路过载的风险评估与预防控制[J]. 华东电力, 36(7): 788-791.

丁剑, 白晓民, 赵伟, 等. 2007. 基于复杂事件处理技术的电网故障信息分析及诊断方法[J]. 中国电机工程学报, 27(28): 40-45.

龚静. 2011. 小波分析在配电网单相接地故障选线中的应用[M]. 北京: 中国电力出版社.

韩祯祥. 1997. 电力系统分析[M]. 杭州: 浙江大学出版社.

何永秀, 戴爱英, 杨卫红, 等. 2010. 基于模糊理论的城市电网风险识别与评价[J]. 电网技术, 34(9): 127-132.

何正友. 2011. 小波分析在电力系统暂态信号处理中的应用[M]. 北京: 中国电力出版社.

黄志龙, 曹路, 李建华. 2010. 华东电网风险防控体系的研究和建设[J]. 华东电力, 38(5): 597-601.

贾清泉, 刘连光, 杨以涵, 等. 2001. 应用小波监测故障特变特性实现配电网小电流故障选线保护[J]. 中国电机工程学报, 21(10): 78-82.

李树广. 2006. 电网监控与预警系统的研制[J]. 电网技术, 30(9): 77-82.

梁睿, 孙式想. 2013. 单端行波故障测距的组合方法研究[J]. 电网技术, 37(3): 699-706.

林圣, 武骁, 何正友, 等. 2013. 基于行波固有频率的电网故障定位方法[J]. 电网技术, 37(1): 270-275.

刘宝柱, 朱涛, 于继来. 2005. 电力系统电压态势分析等级的多级模糊综合评判[J]. 电网技术, 29(34): 31-36.

刘健, 张小庆, 陈星莺, 等. 2013. 集中智能与分布智能协调配合的配电网故障处理模式[J]. 电网技术, 37(9): 2608-2614.

刘若溪, 张建华, 吴迪. 2011. 基于风险理论的配电网静态安全性评估指标研究[J]. 电力系统保护与控制, 39(15): 89-95.

刘万顺, 黄少锋, 徐玉琴. 2010. 电力系统故障分析[M]. 北京: 中国电力出版社.

刘伟, 郭志忠. 2003. 配电网安全性指标的研究[J]. 中国电机工程学报, 23(8): 85-90.

刘友波, 刘俊勇, 杨嘉湜, 等. 2011. 基于故障演化的电网阶段脆弱性及其可视化预警[J]. 电网技术, 35(1): 46-52.

吕颖, 孙宏斌, 张伯明, 等. 2006. 在线继电保护智能预警系统的开发[J]. 电力系统自动化, 30(4): 1-5.

苗友忠, 孙雅明, 杨华. 2004. 中性点不接地配电系统馈线单相接地故障的暂态保护新原理[J]. 中国电机工程学报, 24(2): 28-32.

倪广魁, 鲍海, 张利, 等. 2010. 基于零序电流突变量的配电网单相故障带电定位判据[J]. 中国电机工程学报, 30(31): 118-122.

潘贞存, 张慧芬, 张帆, 等. 2007. 信号注入式接地选线定位保护的分析与改进[J]. 电力系统自动化, 31(4): 71-75.

施吉林, 刘淑珍, 陈桂芝. 1999. 计算机数值方法[M]. 北京: 高等教育出版社.

孙东亮, 蒋军成, 杜峰. 2009. 基于事故连锁风险的区域危险源辨识技术研究[J]. 工业安全与环保, 35(12): 48-53.

孙雅明, 苗友忠. 2004. 谐振接地配电系统馈线单相接地故障的暂态保护新原理[J]. 中国电机工程学报, 24(3): 62-66.

唐昆明, 唐辰旭, 罗建. 2014. 一种基于特征根的配电网单端故障测距的新方法[J]. 电网技术, 38(3): 762-767.

万永革. 2012. 数字信号处理的 MATLAB 实现[M]. 北京: 科学出版社.

王博, 游大海, 尹项根, 等. 2011. 基于多因素分析的复杂电力系统安全风险评估体系[J]. 电网技术, 35(1): 40-45.

王宁, 陈为化, 罗龙. 2008. 基于风险的电力系统低电压安全预警[J]. 华东电力, 36(3): 66-69.

吴天明, 赵新力, 刘建存. 2010. MATLAB 电力系统设计与分析[M]. 北京: 国防工业出版社.

吴子美, 刘东, 周韩. 2009. 基于风险的电力系统安全预警的预防性控制决策分析[J]. 电力自动化设备, 29(9): 105-109.

徐高, 龚庆武, 关钦月, 等. 2014. 利用行波固有频率和原子能量熵的故障选相方法[J]. 电网技术, 38(6): 1688-1693.

薛永端, 冯祖仁, 徐丙垠. 2004. 中性点非直接接地电网单相接地故障暂态特征分析[J]. 西安交通大学学报, 38(2): 195-199.

严剑峰, 于之虹, 田芳, 等. 2008. 电力系统在线动态安全评估和预警系统[J]. 中国电机工程学报, 28(34): 87-93.

于群, 曹娜. 2011. MATLAB/Simulink 电力系统建模与仿真[M]. 北京: 机械工业出版社.

余志国, 陈为化, 王超, 等. 2009. 基于电压风险的电力系统预防控制[J]. 安徽电力, 26(1): 48-53.

张伯明, 吴素农, 蔡斌, 等. 2006. 电网控制中心安全预警和决策支持系统设计[J]. 电力系统自动化, 30(6): 1-5.

张国华, 张建华, 杨志栋, 等. 2009. 电力系统 N-K 故障的风险评估方法[J]. 电网技术, 2009, 33(5): 17-27.

张丽英, 王绵斌, 谭忠富, 等. 2009. 基于集对故障树方法的电网安全运行风险评估模型[J]. 技术经济, 28(5): 26-31.

张利, 杨鹏, 司冬梅, 等. 2008. 基于零序功率方向的中性点不接地系统在线故障定位[J]. 电力系统自动化, 32(17): 79-82.

张喆, 李庚银, 魏军强, 等. 2013. 考虑分布式电源随机特性的配电网电压质量评估[J]. 中国电机工程学报, 33(13): 150-156.

赵珊珊, 盛万兴, 孟晓丽, 等. 2015. 分析电压质量对分布式电源渗透率影响的多分辨率模型与方法[J]. 中国电机工程学报, 35(6): 1306-1313.

赵伟, 白晓民, 丁剑, 等. 2006. 基于协同式专家系统及多智能体技术的电网故障诊断方法[J].

中国电机工程学报, 26(20): 1-8.

周韩, 刘东, 吴子美, 等. 2007. 电力系统安全预警评估指标及其应用[J]. 电力系统自动化, 31(20): 45-48.

周子冠. 2009. 电网多数据源在线诊断方法研究[D]. 北京: 中国电力科学研究院.

朱星阳, 黄宇峰, 张建华, 等. 2014. 基于随机潮流的含风电电力系统静态安全评估[J]. 电力系统自动化, 38(20): 46-53.

Fu W H, McCalley J D, Vittal V. 2001. Risk assessment for transformer loading[J]. IEEE Transactions on Power Systems, 16(3): 346-353.

Hajian M, Rosehart W D, Zareipour H. 2013. Probabilistic power flow by Monte Carlo simulation with Latin supercube sampling[J]. IEEE Transactions on Power Systems, 28(2): 1550-1559.

Hanninen S, Lehtonen M, Hakola T, et al. 1997. Characteristics of earth faults in power systems with a compensated or an unearthed neutral[C]. The 14th International Conference and Exhibition on Electricity Distribution.

Lee S T, Hofman S. 2001. Power delivery reliability initiative bears fruit[J]. IEEE Computer Applications in Power, 14(3): 56-63.

Li X, Li Y Z, Zhang S H. 2008. Analysis of probabilistic optimal power flow taking account of the variation of load power[J]. IEEE Transactions on Power Systems, 23(3): 992-999.

McCalley J D, Fouad A A, Vittal V, et al. 1997. A risk-based security index for determining operating limits in stability-limited electric power systems[J]. IEEE Transactions on Power Systems, 12(3): 1210-1219.

Mitra S K. 2011. Digital Signal Processing: A Computer-Based Approach[M]. 4th ed. New York: McGraw-Hill.

Mohammadi M. 2015. Probabilistic harmonic load flow using fast point estimate method[J]. IET Generation, Transmission & Distribution, 9(13): 1790-1799.

Ni M, McCalley J D, Vittal V, et al. 2003a. On-line risk-based security assessment[J]. IEEE Transactions on Power Systems, 18(1): 258-265.

Ni M, McCalley J D, Vittal V, et al. 2003b. Software implementation of online risk-based security assessment[J]. IEEE Transactions on Power Systems, 18(3): 1165-1172.

Rodrigues A B, Da Silva M G. 2007. Probabilistic assessment of available transfer capacity based on Monte Carlo method with sequential simulation[J]. IEEE Transactions on Power Systems, 22(1): 484-492.

Wan H, McCalley J D, Vittal V. 1999. Increasing thermal rating by risk analysis[J]. IEEE Transactions on Power Systems, 14(3): 815-828.

Wan H, McCalley J D, Vittal V. 2000. Risk based voltage security assessment[J]. IEEE Transactions on Power Systems, 15(4): 1247-1254.

Wang Q, McCalley J D, Zheng T X, et al. 2013. A computational strategy to solve preventive risk-based security-constrained OPF[J]. IEEE Transactions on Power Systems, 28(2): 1666-1675.